U0260134

国家出版基金项目
NATIONAL PUBLICATION FOUNDATION

"十三五"国家重点图书出版规划项目
现代马业出版工程
中国马业协会"马上学习"出版工程重点项目

马血液 与细胞诊断学

第 2 版

Diagnostic Cytology
and Hematology of the Horse
Second Edition

〔美〕里克·L. 考埃尔 （Rick L. Cowell）
〔美〕罗纳德·D. 泰勒 （Ronald D. Tyler） 编著

姚 刚 高 洪 翟少华 主译

中国农业出版社
北京

图书在版编目（CIP）数据

马血液与细胞诊断学 ：第2版 ／（美）里克·L.考埃尔（Rick L.Cowell），（美）罗纳德·D.泰勒（Ronald D.Tyler）编著；姚刚，高洪，翟少华主译.——北京 ：中国农业出版社，2019.6

现代马业出版工程　国家出版基金项目

ISBN 978-7-109-25651-4

Ⅰ．①马…　Ⅱ．①里…　②罗…　③姚…　④高…　⑤翟… Ⅲ．①马病－血细胞－血液检查②马病－细胞－诊断学 Ⅳ．①S858.21

中国版本图书馆CIP数据核字(2019)第127724号

合同登记号：图字01-2019-4327

马血液与细胞诊断学

Ma Xueye Yu Xibao Zhenduanxue

中国农业出版社出版

地址：北京市朝阳区麦子店街18号楼

邮编：100125

责任编辑：张艳晶

版式设计：刘亚宁　责任校对：刘丽香

印刷：北京通州皇家印刷厂印刷

版次：2019年6月第1版

印次：2019年6月北京第1次印刷

发行：新华书店北京发行所

开本：787mm×1092mm　1/16

印张：21.75

字数：400千字

定价：280.00元

ELSEVIER

Elsevier (Singapore) Pte Ltd.
3 Killiney Road, #08-01 Winsland House I, Singapore 239519
Tel: (65) 6349-0200; Fax: (65) 6733-1817

丛书译委会

///

主 任　贾幼陵

委 员　（按姓氏笔画排序）

　　　　王　勤　王　煜　王晓钧

　　　　白　煦　刘　非　孙凌霜

　　　　李　靖　张　目　武旭峰

　　　　姚　刚　高　利　黄向阳

　　　　熊惠军

本书译审人员

//

主　译　姚　刚　高　洪　翟少华

副主译　贺文琦　陈利平　马雪连

参　译　刘来珍　李淑娴　侯　宇

　　　　关继羽　赵　魁　李　姿

　　　　黄威翔　赖梦雨

主　审　高　丰

前言

血液、体液和组织样本的细胞学评价是兽医学中一种有价值的辅助诊断手段。本书旨在为兽医学生和兽医从业人员提供从收集的血液、体液和组织样本中制备涂片和进行细胞学评价所需的基础和实用知识，以及帮助学生和兽医从业人员整合这些样本的细胞学检查结果，包括血液学和临床体征和其他临床病理结果，以获得最准确的诊断结果。

《马血液与细胞诊断学》第2版是一本易于使用的参考教材，书中文字和图片均是常见的临床结果，具有实用的参考价值。第1章主要介绍样本采集和相关技术，其余部分分"系统"进行了阐述。在系统章节中，首先给出正常的形态，然后通过"分类"给出异常的变化。如细菌性病变、真菌性病变、寄生虫性病变等。样本评估程序（流程图）通过引导读者得出可能性最高的诊断结果，强化了正文中的论述。另外，附图部分可用于快速查看和比较细胞类型和病原。

本版相对于第1版在以下方面进行了改进，包括：
(1) 重新编写了胃肠道、脑脊液和滑膜液章节，展示了新的测试和采样方法。
(2) 加入了全新的检测技术。
(3) 完全改进全书艺术效果，新增百余幅彩色图片。
(4) 更新了本领域现行的通用术语，例如，新的细菌、病毒、原生动物物种命名。

在此感谢我们家人的支持和理解，也对众多的参与者表示真诚的感谢和认可。其中，特别感谢哈考特健康科学公司的琳达·邓肯和谢尔提供的耐心帮助，以及霍利斯科的文字录入和艺术设计。

能与这么多优秀作者一起工作是我们的荣幸，感谢他们所分享的时间、才能和专业知识。

里克·L.考埃尔
罗纳德·D.泰勒

原著编者

Claire B. Andreasen, DVM, MS, PhD
Interim DEO and Associate Professor
Veterinary Clinical Pathology
Department of Veterinary Pathology
College of Veterinary Medicine
Iowa State University
Ames, Iowa

Sylvie Beaudin, DVM
Resident, Veterinary Clinical Pathology
Department of Veterinary Pathobiology
College of Veterinary Medicine
Oklahoma State University
Stillwater, Oklahoma

Kimberly J. Caruso, DVM
Resident, Veterinary Clinical Pathology
College of Veterinary Medicine
Oklahoma State University
Stillwater, Oklahoma

Kenneth D. Clinkenbeard, PhD, DVM
Professor and Head
Department of Veterinary Pathobiology
College of Veterinary Medicine
Oklahoma State University
Stillwater, Oklahoma

Rick L. Cowell, DVM, MS, Dipl ACVP
Professor, Veterinary Clinical Pathology
Director, Clinical Pathology Laboratory
Department of Veterinary Pathobiology
College of Veterinary Medicine
Oklahoma State University
Stillwater, Oklahoma

Heather L. DeHeer, DVM
Instructor, Clinical Pathology
Department of Microbiology, Pathology, and Parasitology
North Carolina State University
College of Veterinary Medicine
Raleigh, North Carolina

Wynne A. Digrassie, DVM, PhD
SW Equine Medical and Surgical Center
Scottsdale, Arizona

Karen E. Dorsey, DVM
Senior Resident, Veterinary Clinical Pathology
Department of Veterinary Pathobiology
Oklahoma State University
Stillwater, Oklahoma

Elizabeth A. Giuliano, DVM
Ophthalmology Section
Department of Veterinary Medicine and Surgery
University of Missouri-Columbia
Columbia, Missouri

Carol B. Grindem, DVM, PhD, Dipl ACVP
Professor
Department of Microbiology, Pathology, and Parasitology
College of Veterinary Medicine
North Carolina State University
Raleigh, North Carolina

M.A. Guglick, DVM, Dipl ACVIM
Associate Professor
Department of Clinical Studies
School of Veterinary Medicine
St. George's University
St. George, Grenada, West Indies

G. Reed Holyoak, DVM, PhD, Dipl ACT
Boren Veterinary Medical Teaching Hospital
College of Veterinary Medicine
Oklahoma State University
Stillwater, Oklahoma

Kenneth S. Latimer, DVM, PhD, Dipl ACVP
Professor
Department of Veterinary Pathology
College of Veterinary Medicine
University of Georgia
Athens, Georgia

William B. Ley, DVM, MS, Dipl ACT
Head, Department of Veterinary Clinical
Sciences
College of Veterinary Medicine
Oklahoma State University
Stillwater, Oklahoma

Charles G. MacAllister, DVM, Dipl ACVIM
Professor
Department of Veterinary Clinical Sciences
College of Veterinary Medicine
Oklahoma State University
Stillwater, Oklahoma

Peter S. MacWilliams, DVM, PhD, Dipl ACVP
Professor of Clinical Pathology
Department of Pathobiological Sciences
School of Veterinary Medicine
University of Wisconsin
Madison, Wisconsin

Edward A. Mahaffey, DVM, PhD, Dipl ACVP
Associate Dean for Public Service and Outreach
College of Veterinary Medicine
University of Georgia
Athens, Georgia

James H. Meinkoth, DVM, PhD, Dipl ACVP
Associate Professor
Department of Veterinary Pathobiology
College of Veterinary Medicine
Oklahoma State University
Stillwater, Oklahoma

Cecil P. Moore, DVM, MS, Dipl ACVO
Chairman
Department of Veterinary Medicine and
Surgery
University of Missouri-Columbia
Columbia, Missouri

Rebecca J. Morton, DVM, PhD, Dipl ACVM
Associate Professor
Department of Veterinary Pathobiology
College of Veterinary Medicine
Oklahoma State University
Stillwater, Oklahoma

Bruce W. Parry, BVSc, PhD, Dipl ACVP
Professor, Clinical Pathology
Department of Veterinary Science
University of Melbourne
Werribee, Victoria, Australia

Pauline M. Rakich, DVM, PhD, Dipl ACVP
Associate Professor
Department of Veterinary Pathology
Athens Diagnostic Laboratory
College of Veterinary Medicine
University of Georgia
Athens, Georgia

Steven H. Slusher, DVM, MS, Dipl ACT
Dubai, United Arab Emirate

Ronald D.Tyler, DVM, PhD, Dipl ACVP
Vice-President, Medicines and Safety
Evaluations, USA
Glaxo-Wellcome, R&D
Research Triangle Park, North Carolina;
Adjunct Professor
Department of Veterinary Pathobiology
College of Veterinary Medicine
Oklahoma State University
Stillwater, Oklahoma

Joseph G. Zinkl, DVM, PhD, Dipl ACVP
Professor
Department of Pathology, Microbiology, and
Immunology
College of Veterinary Medicine
University of California–Davis
Davis, California

目录

第 1 章　简介

　　细胞学检查如果运用恰当，可给诊断提供非常有力的帮助[1~11]。一般而言，细胞学样本采样便捷、成本低廉，对病畜基本不造成危害。细胞学检查结果判读对于确立诊断、鉴别疾病（肿瘤及炎症反应）、指导治疗、预后，以及决定后续诊治方法等方面都非常有价值。通常畜主在候诊室等候的时间里，细胞学样本的制备、染色和结果判读就已经完成了。这使得在初诊时，即可根据细胞学检查结果进行后续的诊断，或改变治疗方案，从而使病畜能够得到更好、更迅速的诊治，畜主也更加满意。

Diagnostic Cytology
and Hematology of the Horse
Second Edition

一、风险与价值

　　细胞学检查作为诊断方法，其准确性在人类医学及兽医学的文献中得到了广泛研究和探讨[5,12~17]。大部分研究都集中在细胞学诊断结果与组织病理学诊断结果，或者与病变生物学表现的比较研究上。一些研究指出，适当的细针抽吸活检（fine-needle aspiration biopsy，FNAB），比起常规的粗针穿刺活检（core needle biopsy）或者细针穿刺活检（fine-aspirate core biopsy）结果更准确[12,13,16]，对病畜风险也比较小。腹腔器官（肝脏、脾脏、胰腺、前列腺）和腹部肿块的FNAB检查导致的并发症远比常规粗针穿刺活检少[17~19]。Livraghi等在一项11 700个人类病例的研究中指出，FNAB理论上会导致一些严重的并发症(贯穿消化道而引起的腹膜炎，瘘管形成，菌血症及肿瘤转移)，但是事实上这些并发症在实际应用中发生的概率极低[19]。恶性肿瘤因进行FNAB而导致肿瘤细胞沿着穿刺通道或血流转移的现象极为罕见，特别是当穿刺通道随肿瘤被切除后，对病畜没有实际危害[12,14,19,20]。然而，FNAB也确实存在一些禁忌证，这些禁忌证将会在相关章节中进行论述[2]。

二、专业术语

　　为了方便后续的讨论，本书中用到的一些专业术语简要描述如下。

　　肥大（Hypertrophy）：由于外来刺激，使得细胞的体积增加和功能增强。

　　增生（Hyperplasia）：由于外来刺激，细胞有丝分裂活动增强，而使得细胞的数目增加。如果一个组织具有细胞分裂的能力，增生可以与肥大同时发生。

　　肿瘤形成（Neoplasia）：不依赖外部刺激而发生的细胞复制。

　　化生（Metaplasia）：一种成熟细胞类型被另一种成熟细胞类型所替代的可逆过程。常表现为对刺激敏感类型的细胞被一些对刺激不敏感类型的细胞所替代的适应性过程。例如，由于慢性刺激，气管及支气管的柱状纤毛上皮细胞局灶性或广泛性地被复层鳞状上皮细胞所替代。

异型增生（Dysplasia）：医学上通常特指在刺激或炎症反应条件下出现的可逆性、不规则且非典型性的细胞增生性变化。

退行发育（Anaplasia）：指组织中的细胞分化不良。肿瘤细胞分化的程度越低，退行发育越好，恶性程度越高。

发育不良（Dyscrasia）：指一种或多种细胞成分或成熟细胞的数量增加或减少，与其他细胞成分或成熟阶段不成比例的组织阶段。

染色质型（Chromatin pattern）：指显微镜下细胞核内染色质分布的不同形态。一般而言，随着肿瘤的恶性程度增加，染色质形态也会变得更粗糙。有关染色质形态的常用术语参见表1-1。

罗曼诺夫斯基染色法（Romanowsky-type stains）：在本书中指常用于外周血液白细胞分类计数的血液学染色方法(瑞氏、姬姆萨、迪夫快速染色等)。

血液学染色（Hematologic stains）：泛指所有用于血液学检查的染色方法，包括罗曼诺夫斯基染色法及体外活体染色，如新甲烯蓝 (new methylene blue)染色法，或仅指罗曼诺夫斯基染色法。本书中涉及这些染色方法时，一般会注明。

表1-1 代表性染色质形态

类型	描述	示意图
平滑型（有时称为"良性"染色类型）	染色质丝精细均匀交织在一起，无聚集	
细粒型	平滑型中伴有细小的染色质聚体散在分布于细胞核内	
花边型（网状型）	中等大小的染色质均匀排布；无明显聚集；有时用"网状型"来描述比花边型的染色质丝更粗一些的染色质类型	

类型	描述	示意图
粗糙型（粗绳或粗索型）	染色质非常粗大的染色质类型	
团簇型	大块染色质聚集散布在整个细胞核中；也偶见于花边型和粗糙型中	
污迹型	染色质未散开；轮廓呈团簇型/或模糊团状；小淋巴细胞中的常见类型	

三、样本采集及抹片制备

细胞学样本的采集可以采用擦拭、刮取或抽吸病变组织的方法获得。被采样组织的解剖位置和特征，以及患畜的特征（例如，动物是否温驯）影响采样方式的选择。采样的目的始终是采集足够数量的具有代表性的样本，且尽量减少动物的应激和操作者的危险。如有可能，应采集足够的样本，制备多张切片，保留一部分不进行常规染色的切片，以便必要时进行特殊染色。

具体技术和制备程序将在相关章节中详细论述。细胞学样本采集和制备的常规注意事项如下。

1. 压片 用于细胞学诊断的压片可以用体表病灶或外科手术和剖检时摘除的组织制备。虽然易于操作，但是获得的细胞数目比刮取法获得的少，而较FNAB法污染大（细菌及细胞）。因此，由浅表病灶组织制备的压片，通常仅反映出组织的继发细菌感染，或者是炎症反应诱导的组织发育异常，从而明显阻碍了其在肿瘤诊断中的应用。

溃疡灶应该在被清洗前先做压片，然后用外科棉签及生理盐水擦洗后再做一次病灶刮取压片，同时病灶内部的样本也应该用FNAB方法取得。在某些情况下，如在刚果嗜皮菌（*Dermatophilus congolensis*）（链球菌病，streptothrichosis）及球孢子菌（*Coccidioides immitis*）感染的情况下，由未清洗前的病灶采样制备的压片中所含有的微生物远较清洁后制备的压片或FNAB法样本中多。由刚果嗜皮菌病灶痂下刮取组织制备的压片通常最具有诊断价值。在愈合期（干结痂），直接涂片一般很少得到阳性结果，最好把痂研碎并浸润后制作压片。其他情况下，清洁的病灶比污染的病灶可获得的信息更多。由外科手术或尸检组织制作压片，必须先切出一个新鲜的组织切面供压片制备。接下来用干净的吸水材料吸干病灶切面多余的血液和组织液，然后制备压片。过多的血液或组织液会阻碍组织细胞黏附于玻片上，导致压片质量不佳。同时过多的液体会妨碍载玻片上组织细胞的扩散，影响压片在空气干燥过程中细胞的正常大小和形态。吸干病灶表面多余的血液和组织液后，将病灶组织贴在清洁的显微玻片中央后直接上提。切忌病灶组织在玻片上滑动，以免导致细胞破裂。尽可能多制备几张压片，以备其他特殊染色之需。

2. 刮片 刮片可以由尸检或外科手术切除的组织获得，也可以由活动物体表病灶获取。刮取病变组织通常可比压片或涂片法获取更多的细胞。但刮取病变组织对于动物而言较压片更为疼痛，也无法采到FNAB法那样的深层细胞。因此，刮取病灶表面组织，常常仅反映出继发性细菌感染或是炎症反应诱发的组织发育异常，从而阻碍其在肿瘤诊断中的应用。刮片制备是用手术刀垂直于已清洁的病变表面沿操作者所在方向刮取数次，然后将刀片上的刮取物按照固体组织涂片和抹片的方法涂抹于玻片上。

3. 拭子抹片 一般而言，拭子抹片是在压片、刮片和抽吸无法实施时，采用如0.9%NaCl的等渗液浸润的无菌棉拭子擦拭病灶或待检组织部位而获得。这一方法可最大限度地减少采样过程或涂片过程中的细胞损伤。若病灶组织非常湿润，也可以无须湿润棉签。采得的拭子样本沿清洁的载玻片表面轻轻滚动。切忌将拭子在玻片上摩擦，以免导致人为的细胞损伤。

4. 肿物抽吸 细针抽吸活检可以用于皮肤凸起病灶、体表及体内的块状物（如淋巴结）以及内脏器官。该技术较刮片法采集的细胞量少，但避免了压片及刮片法带来的表面污染问题。

注射器及针头的选择： FNAB抽取组织时，使用21～22号针头及3～20mL的针筒为宜。病灶组织越软，应使用的注射器和针头越小。即便是抽取如纤维瘤一类的坚实组织，一般也很少用到大于21号的针头。用大于21号针头，可能抽取到组织块，而难以获取游离的细胞，同时大针头也易引起更严重的血液污染。

根据抽吸的目标组织来选择针筒： 柔软的组织如淋巴结可以用3mL的针筒。坚实的组织如纤维瘤及鳞状细胞癌，需要使用较大的针筒维持适当的负压，才能够抽取足量的细胞。如果组织质地不明，可以选用12mL的针筒。

抽吸部位的准备： 如果从体腔（胸腔、腹腔及关节等）穿刺取得的样本要进行微生物检验，那么抽吸部位就要使用外科无菌操作。另外，备皮基本也是疫苗接种或静脉穿刺所必需的。常用酒精棉棒来清洁采样区域。

抽吸的步骤： 首先紧握欲采样的肿块，针头接上针筒刺入肿块中心，将活塞回抽至3/4处以提供负压，连续抽取数个区域。注意抽取样品量要适当，也要避免抽取到周边的组织。因此，维持适当的负压，让针头在大肿块内以不同的方向穿刺，可以避免针头离开肿块时造成的危险。如果肿块太小，以至于针头无法在其中运转穿刺，可以考虑减小负压。通常高质量的采样样本不应该进入注射器内，甚至不应进入针栓内。

在对数个代表性的区域进行采样以后，释放负压后将针头由肿块及皮肤拔出。分离针头及针筒，抽取空气进入针筒，连接新针头，把针筒内组织推出至载玻片上。如果可能，进行如下的准备工作。

非抽吸式步骤 (毛细管技术，穿刺技术)： 非抽吸式技术曾经被用于细胞学的采样[21]。这项技术用于大部分的肿块采样，尤其富含血管的组织，非常实用。这里描述的这项技术是俄克拉何马州立大学应用的经过改良的方法。该技术与标准的细针抽吸技术相似，只是在采集过程中不施加负压。

这种方法使用21号或22号针头及5～12mL针筒。为了以后能够快速地将组织挤压入玻片上，首先抽取数立方厘米的空气进入针筒。捏住针头与针筒的连接处最有利于控制注射器，一些兽医师也喜欢用掷飞镖式的手法持注射器。用另外一只手固定肿块，将针头

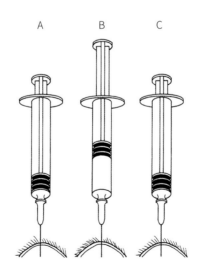

图1-1 致密肿物的细针抽吸采样

A. 细针插入肿块后，通过快速回抽活塞使针筒产生负压　B. 活塞回抽至针筒1/2至3/4处，在针头未抽离开肿块前，连续操作几次以维持负压　C. 在针头未抽离肿块前，释放活塞，解除针筒负压

插入，并沿着刺入方向，将针头来回快速地移动。这样可以借着切割及组织的压力收集细胞。注意针尖不要接触到周围的组织。抽离针头，迅速将针头内的组织挤到干净的玻片上，制作涂片。在针筒内保留一些空气，方便快速制作涂片，因此可以避免所收集的细胞干掉。

一般而言，一次操作取得的样本只足以做一张涂片。如果可能的话，应该重复操作几次，以取得具有诊断价值的样本，确保获得某一病灶具有代表性的样本。

5. 实性肿物样本涂片的制备　有几种方法可以用于制作致密组织（包括淋巴结）涂片供细胞学检查。个人经验及组织特性可以影响涂片制作技术的选择。我们推荐使用合并法制备涂片，以下做一简介。

合并法： 首先把一张载玻片（制作片）放置在一个平坦坚固的水平桌面上，中间放上抽吸样本，取第二张载玻片（扩散片）以45°角放置在样本的前1/3处，以制作血液涂片方式平滑且迅速地拉开（图1-2）。然后，以扩散片的另一干净侧面垂直放置于抽取物另一边后1/3处，利用载玻片自身的重量使样本扩散，不能用力挤压，保持扩散片的角度，迅速且平稳均匀地拉开。

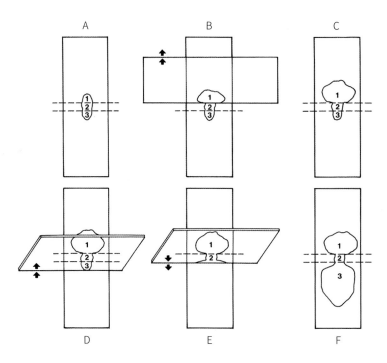

图1-2　合并式细胞涂片制作

A. 将样本挤到玻片（制作片）上　B. 放置另一玻片盖在样本1/3处。避免过多压力，以均匀力道向前推开　C. 前1/3样本被推压开（区域1）。推压用玻片也含有受挤压的样本（未标示）　D和E. 利用第二载玻片的另一边置于前载玻片抽取物的后1/3处，操作如B　F. 产生区域3，区域2保持原状，含有高浓度细胞

这种方法可以使后1/3处抽取物挤压式地展开，前1/3处则是轻巧平顺地展开，而保留中央1/3于原处。这样处理可以保留样本所有潜在特征。后1/3处可以打散展开困难的细胞团块，前1/3处可以避免脆弱的细胞受到过多的伤害，中间的1/3则成为样本细胞数量较少时最佳的观察评估区域。

挤压法： 在专家的眼里，挤压法可以提供非常好的细胞学涂片。但对于经验不足的人，由于制作的涂片中细胞破裂过多或者未被完全展开，会导致涂片无法判读。本法将样本放置于玻片中央，另取一张玻片，以直角十字架方式平放于上(图1-3)，迅速且平整地拉开。为避免细胞破裂太多，还可使用改良挤压法，将两张载玻片以十字架方式重叠放好后，第二张玻片旋转45°角后向上提起（图1-4）。

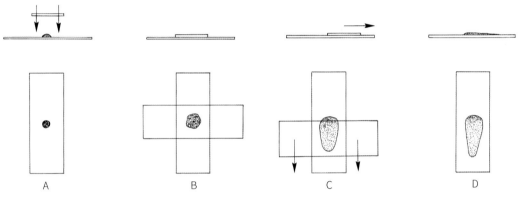

图1-3 挤压法涂片制作

A. 将样本置于玻片上，另取一玻片盖在样本上 B.使样本分散，不要用力过猛使细胞破裂 C.均力滑开两张玻片 D. 这种方法可以制作细胞分散均匀的涂片，但是可能引起过多细胞破裂

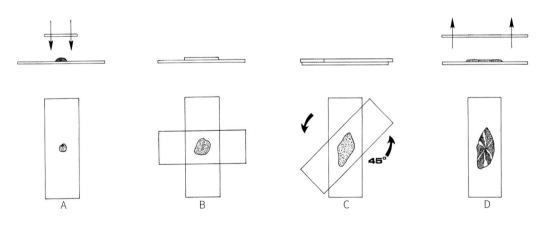

图1-4 改良挤压法涂片制作

A. 将样本置于玻片上，另取一玻片盖在样本上 B. 使样本分散，不要用力过猛使细胞破裂 C. 旋转上层玻片45°角后垂直离开 D.制作好的涂片有细微的山脊及山谷状

海星法： 将样本放置在玻片的中央，以针尖向四面八方拉开，形成海星样（图1-5）。这项技术的好处是不会破坏脆弱的细胞，但会使细胞周围保留较多的组织液。有时这些组织液会妨碍细胞，使得细胞的细微构造无法被评估。但是通常还是会有一些区域可供观察评估。

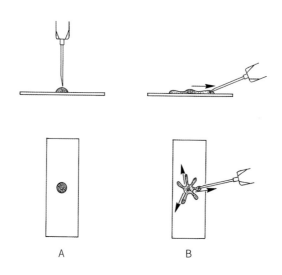

图1-5 针头涂抹法或称海星法

A. 将部分样本置于玻片上 B. 置针尖于抽取物上，然后向周围划开，向不同方向操作数次，产生多方向涂片

6. 液态涂片的制备 细胞学涂片应该在样本收集以后立刻制作。如果可能的话，液态样本收集后应该放置在EDTA试管内。使用血液涂片法（图1-6）、线形涂片法（图1-7）和挤压法（图1-3），可以直接使用新鲜、均质的液体样本或样本离心后的沉淀物制备涂片。液态样本的细胞量、黏稠度及均匀度都会影响涂片制备方法的选择。

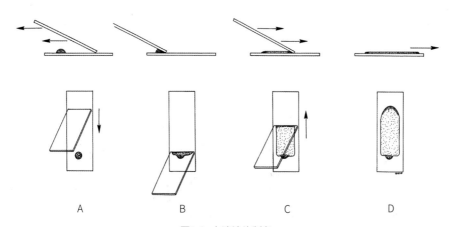

图1-6 血液涂片制备

A. 在玻片的一端放置一滴液态样本，另一端斜放另一玻片，滑动至接触样本前端 B. 接触样本，液体迅速沿接触面向两侧展开 C和D. 均匀沿着下面玻片往前推开，产生如羽毛状边缘的涂片

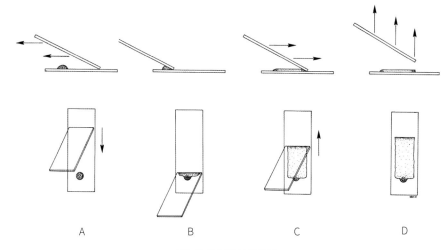

图1-7 线形涂片浓缩法

A. 在载玻片的一端放置一滴液态样本，另一端斜放另一载玻片滑动至接触样本前端　B. 接触样本，液体迅速沿接触面两侧展开　C. 以均匀力道迅速向前滑动载玻片　D. 滑动至2/3或3/4处，边缘如羽毛状，向上移开载玻片。如此制作涂片，在末端浓缩细胞呈线状而非呈羽毛状

　　挤压法可以用于浓稠的液态样本及固体物质较多的样本，效果比血液涂片方式及线形涂片法更好。如果均质的液态样本中细胞量不少于5 000个/μL，血液涂片技术通常可以取得较好的效果，但是如果细胞量少于这个数目，涂片的细胞量就不够。线形涂片可以用来浓缩细胞量低的样本，但是对于细胞量高的样本很难进行细胞分散。一般而言，半透明的液体含有少量至中等量的细胞数目，不透明的液体含有较高数量的细胞。因此，半透明的液体常需要采用离心或线形方式浓缩。如果可能的话，离心的效果会比较好。以血液涂片方式制备涂片，在玻片距离末端1～1.5cm处滴一小滴样本（图1-6），以另外一片载玻片成30°～40°置于液体上均匀向后滑动，如此涂片尾端呈羽毛状[14]。

　　以离心机浓缩液体，用165～360g离心5min。为了达到这种效果，可以使用14.6cm离心臂（大部分尿液离心机)以1 000～1 500r/min离心。离心结束后，分离上清液及沉淀物并分析总蛋白量。向沉淀中滴入数滴上清液，轻微摇晃重悬沉淀，使用重悬样本制作涂片，如果可能，以不同技术多做几片涂片。

　　如果液态样本不能借用离心浓缩或者离心后样本细胞量太少，可以考虑线形涂片技术（图1-7）以浓缩涂片上的细胞。滴一滴样本在干净的载玻片上，使用血液涂片技术，再往前推进至3/4处时提起载玻片，产生一条线，此处即含有最高密度的细胞。缺点在于这一方法可能滞留过多的液体而妨碍细胞的舒展。

四、染色

许多染色都可以用于进行细胞学检查。常用的有两大类，包括罗曼诺夫斯基染色法（Romanowsky-type stains）[瑞氏（Wright's stain）、姬姆萨（Giemsa stain）、Diff-Quik染色等]和巴氏染色法（Papanicolaou stain）及其衍生的染色法（如Sano's trichrome 染剂）。这两大类染色法的优缺点都会在以后相关的章节中进行论述。但是由于罗曼诺夫斯基染色效果更好，在临床应用中随时可用，此后章节中的细胞学染色以这种染色方法为主。

1. 罗曼诺夫斯基染色　这种染色方法价格低，临床兽医师很容易实施，并且染液制备、保存及使用都很方便。对病原体及细胞质染色效果很好。虽然细胞核及核仁染色效果不如巴氏染色法，但是已经足够用来区别癌症及炎症反应，同时可以用来评估肿瘤细胞恶性程度。使用这种染色，载玻片要先风干。因为风干可以起到部分固定的作用，使细胞可以附着在载玻片上，在染色时不会脱落。

有许多市售的罗曼诺夫斯基染色液，包括Diff-Quik，DipStat及其他快速的莱特氏染色液。大部分的罗曼诺夫斯基染色液都可以用于细胞学的检查。Diff-Quik染色液不能用于异染色(metachromatic)反应，因此，不能用于着染肥大细胞颗粒，否则容易被误判为巨噬细胞。如果用于肥大细胞瘤的诊断，可能发生误诊。只要熟悉常规的罗曼诺夫斯基染色液，辨别这一类染色液的差异应该不是问题[15]。

每一种染色液都有它独特的推荐染色步骤。在一般染色时，需要根据涂片的形式、厚薄度以及检查者的习惯对染色流程加以调整。涂片越薄或总蛋白质浓度越低，染色时间越短。反之，则时间加长。因此含有低蛋白及细胞量少的涂片，例如，腹腔液，染色时间应该比建议的少一半。至于厚的涂片，例如，淋巴瘤的涂片，染色时间可能要比建议的多1倍。每个检查人员都有自己喜爱的技术，他们通过调适染色时间，能够获得最佳染色效果。

2. 新甲烯蓝染色（NMB）　对于罗曼诺夫斯基染色，这是一种辅助的染色法。NMB胞质着色浅，但能很好地展现细胞核及核仁。红细胞通常不被着色或仅呈淡蓝色。

3. 巴氏染色　这种染色方法色较浅，细胞核细节清晰而细胞质染色较浅。即使在细胞呈团块的时候，也可以评估细胞核及核仁的变化。但是由于细胞质着色不如罗曼诺夫斯基染色深，无法评估细胞质的变化。对细菌及其他微生物的染色效果也不如罗曼诺夫斯基染色。

这种染色方法需要好几个步骤，比较耗费时间，所用试剂在实际中较难配制。并且巴氏染色法及其衍生方法要求标本湿法固定，即细胞涂片在干燥前必须固定。一般可以在涂片抹好后立刻用细胞固定液或者乙醇进行固定。如果用乙醇固定，要用蛋白包被过的载玻片，这样可以防止玻片浸润于试剂中时细胞剥落。

五、染色的常见问题

染色质量差常会困扰新手甚至有经验的细胞学家。如果采取以下防范措施，大部分的染色问题可以避免。

（1）使用新的载玻片、新过滤的染色液 (如果需要定期过滤) 及新的缓冲液 (如果需要缓冲液)。

（2）涂片风干以后尽快染色。

（3）任何时候都要小心，不要碰触到玻片的表面。

有时候样本可能被外来的物质（如K-Y凝胶及超声波耦合剂）改变染色的效果。表1-2列出了发生在罗曼诺夫斯基染色中的常见问题及解决方法[16]。

表 1-2　罗曼诺夫斯基染色常见问题及解决方法

问题	解决方法
蓝色着染过深	
● 染色时间过长	减少染色时间
● 冲洗不充分	增加冲洗时间
● 样本太厚	如果可能的话，涂片抹薄一点
● 染液、稀释液、缓冲液或者冲洗用水碱性太强	使用 pH 试纸检测并矫正 pH
● 被酒精或福尔马林湿固定	在固定前先风干涂片
● 未及时固定	如果可能，尽快固定
● 玻片表面呈碱性	使用新载玻片

问题	解决方法
红色着染过深	
● 染色时间不足	增加染色时间
● 冲洗时间过长	减少冲洗时间
● 染液或稀释液过酸	使用 pH 试纸检测并矫正 pH；可以使用新鲜的甲醇
● 红色染剂着染时间过长	减少红色染液染色时间
● 蓝色染剂着染时间不适当	增加蓝色染液染色时间
● 在玻片干燥之前就盖上盖载玻片	在盖上盖玻片之前，涂片须完全干燥
染色不足	
● 与染液接触时间不够	增加染色时间
● 染液陈旧	更新染液
● 染色过程中，涂片被另一玻片覆盖	载玻片尽可能分开
染色不均匀	
● 载玻片表面 pH 不均一（可能因为载玻片表面被碰触过或未清洗干净）	使用新的载玻片；在涂片制作前后均应避免碰触载玻片表面
● 在染色及冲洗完成后，水分仍旧滞留在载玻片的某些区域	在冲水完成以后垂直置放载玻片或者用风扇吹干载玻片
● 染液与缓冲液混合不均匀	染液与缓冲液混合均匀
涂片上有沉淀物	
● 染液过滤不适当	过滤或更新染液
● 染色后水洗不充分	在染色完成以后充分浸洗载玻片
● 载玻片不清洁	使用干净的新载玻片
● 在染色过程中染液干燥	使用足够的染液，不要让染液在载玻片上停留的时间过久
其他	
● 涂片染色过度	用 95% 甲醇脱色并重染；迪夫快速染色涂片使用红色的迪夫快速染液脱色以除去蓝色，但是这可能会破坏红色染液
● 使用迪夫快速染色，红细胞出现折旋光性人为物质（常因为固定液中的水滴所引起）	更换固定液

六、镜下观察

涂片制作完成后，在低倍镜(4～10倍物镜)下快速检查染色效果，是否有成片聚集的细胞，或具有特征性的区域。如果涂片制作不适当，应该重新制作。然而，并非所有的区域都要染色适当，例如，较厚的涂片只有边缘染色适当，涂片依然可以用于观察。任何细胞聚集区及具特征处都要观察。同时，较大的对象（如结晶体、外来物质、寄生虫及霉菌菌丝）都有可能用低倍物镜观察到。如果染色适当而且细胞分布均匀，就可以用10倍或者20倍物镜观察。在这个倍率之下，大部分细胞成分(炎症细胞、上皮细胞、梭状细胞等）都可以被辨识。另外，增加的细胞及细胞的特性也可以被评估[17]。

接下来用40倍的物镜观察。滴一小滴油在涂片上，盖上盖玻片后观察（可以通过减弱光的衍射来增加分辨率）。但是如果显微镜有50倍物镜(油镜)，上述的步骤就可以省略。在这个倍率下，可以评估单个细胞，并且与其他的细胞相比较。通常，可以看得见核仁及染色质的形态。有经验的人利用40倍物镜就可以看到大部分的病原体。但是可能需要100倍油镜才能看到某些病原体及包涵体，以确认40倍物镜所见。用100倍油镜可以评估细胞形态，包括细胞核染色质及核仁等。

七、判读

细胞学检查对临床兽医师是非常实用的一门技术，虽然并非都能实现确诊，但是如果方法使用正确，几分钟内就可以确定一般病变 (如炎症反应)。其实，以临床的实用性而言，并不一定需要确诊。即使细胞学检查不能提供确诊结果，至少这项技术可以协助确定后续的检查方案 (如分离培养、活检及影像学检查)。举例来说，细胞学检查只有炎症细胞存在，但是没有发现是否有病原体，就可以考虑进行样本培养；如果只有少数的组织细胞出现，就要考虑做活检。

只要技术人员具备显微镜操作的基本技能，几分钟内就可以评估细胞涂片制备的优劣。如果细胞学变化足以提供确诊的依据，应该在几分钟内就能做出诊断，如果无法确诊，就应该送请临床病理医师或细胞学家协助判读或另外考虑其他的检查方法。有时候特定病原体的临床或细胞学证据已经提供了足够的确定病原体的线索。例如，病畜出现球孢子菌病的临床症状，并且抹片中出现了巨噬细胞与多核巨细胞，那么就可能观察到球孢子菌（*Coccidioides immitis*）。然而有一些病例，即使花了很多时间也不容易找到病原体，常会让人有挫败感。此时就需要临床病理兽医师或细胞学家协助诊断，或考虑使用活检或血清学方法检查。

在解读细胞学样本时，最重要的判断可能就是病变是炎症性的还是肿瘤性的了。如果病变是炎症反应，就可以考虑使用抗炎药物、抗生素或其他相关的治疗。如果病变属于肿瘤，就要考虑切除、化疗或放射治疗。一般而言，判断病变是炎症反应还是肿瘤并不困难。如果样本中只有炎症细胞或炎症细胞伴有一些非发育不良细胞即表示是炎症病变，而样本中只有组织细胞即表示是肿瘤或增生性病变。如果混合炎症细胞及组织细胞，则表示可能是肿瘤伴随继发性炎症反应或炎症反应继发组织细胞的发育不良。

如果对于判定病变是炎症或肿瘤有疑问，可以采取下列两种办法。首先使用适当的抗生素治疗，如果病变消退，则为炎症反应，如果病变没有消退，再次进行抽吸采样确定肿物中的炎症成分是否有消退，以及能否判断肿物是否为肿瘤性。如果这样做，病变没有消

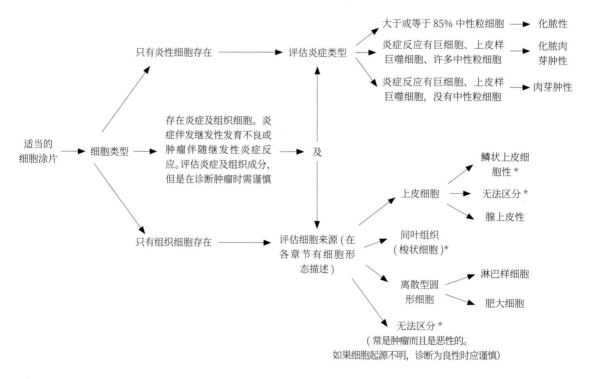

图1-8 细胞学涂片评估流程

*评估恶性肿瘤的指标。通常在许多细胞中发现有大于3个的细胞核恶性特征，即为恶性肿瘤；在一些细胞中发现1～3个的细胞核恶性特征，表示恶性肿瘤或良性肿瘤或细胞发育不良的增生；如果发现小于1个的细胞核恶性核特征，提示为良性肿瘤或增生，但是仍然不能排除恶性的可能。

退，并且仍然无法通过涂片来判断肿物性质，就要考虑使用活检并送请切片诊断。

炎症反应可分为多种类型。肿瘤可以分为良性、恶性，或分为上皮性、间叶性（梭形细胞）和离散型圆形细胞肿瘤。图1-8为常规细胞学评估的流程。

1.炎症　评估各类炎性细胞的数量和比例能判断炎症的种类。炎症细胞包括中性粒细胞、嗜酸性粒细胞、组织巨噬细胞、上皮样巨噬细胞以及多核巨细胞。有一些炎症反应中，例如，过敏性炎症，可能出现一些肥大细胞。

炎症可根据持续的时间来分类（急性、亚急性、慢性活动性、慢性），或根据炎症过程的类型分类（化脓性、肉芽肿性、嗜酸性粒细胞性）。另外炎症的严重程度可以用轻度、中度及重度来区别。

当炎症细胞中中性粒细胞大于70%，可以认为是急性炎症；50%～70%为中性粒细胞且30%～50%为巨噬细胞，则为亚急性或慢性活动性炎症；若巨噬细胞小于50%则是慢性炎症[9, 10]。如果大于85%的炎症细胞为中性粒细胞，可称为化脓性炎症，如果出现多核巨细胞及/或大量上皮样巨噬细胞，可称为肉芽肿性炎症，如果出现大量的嗜酸性粒细胞，可称为嗜酸性粒细胞性炎症或过敏反应。上述的炎症特征也可能会混杂出现，如化脓性及肉芽肿性炎症反应同时出现，可称为"化脓性肉芽肿性炎症"[20]。

2.肿瘤　当样本的细胞成分表现出肿瘤性特征时，可以将肿物分为上皮性、间叶性（梭形细胞）或离散型圆形细胞肿瘤，并可区分良性和恶性。

肿瘤细胞形态的判定：基于肿瘤细胞的大小、形状以及脱落的特性(脱落成单个细胞或整群细胞，脱落细胞数量的多少)，肿瘤可以区分为上皮性、间叶性(梭形细胞)或离散型圆形细胞瘤（表1-3）。有一些肿瘤无法用特征来确定细胞的来源，这些肿瘤常是恶性的。然而，如果不能诊断是恶性肿瘤，在将肿物归类为良性时也应十分谨慎，因为有一些恶性肿瘤，只有少部分的细胞具有恶性的特征。不同肿瘤细胞的特性将会在后文相关章节中讨论。

上皮细胞肿瘤常见细胞排列成片状或团块状，虽然仍然可以看到一些单独出现的细胞。腺瘤或腺癌细胞可以呈腺泡或管腔样排列。上皮来源的肿瘤细胞可能从大到非常大，具有中等到丰富的细胞质以及圆形细胞核。细胞核染色质通常为平滑至微粗糙型，如果恶性程度增加，染色质会变得更粗糙甚至呈绳索状。细胞核通常含有一个或两个明显的核仁，如果肿瘤恶性程度增加，核仁会变得更大而且形状不规则。恶性上皮细胞肿瘤常在细胞、细胞核、核仁三者的大小及形状上有明显的差异。同种细胞或一类细胞之间这样的差异尤为重要。此外，恶性上皮细胞肿瘤常表现为核质比明显增加[21]。

在局部炎症或其他刺激未引起细胞发育异常的良性上皮细胞肿瘤中，脱落的细胞常与来源组织的正常细胞难以区分，或可能比来源组织的正常细胞略活跃。核仁较明显而且圆，大小适中，细胞质偏嗜碱性，核质比微增。

表 1-3 基本肿瘤分类的细胞形态

肿瘤形态	细胞大小	细胞形状	示意图	抽取物的细胞量	常见团块或集群
上皮细胞	大	圆形至有尾形	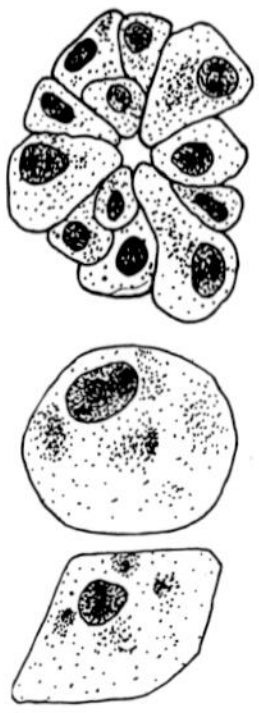	通常较高	是
间叶组织（梭形细胞）	小至中等	梭形至星形	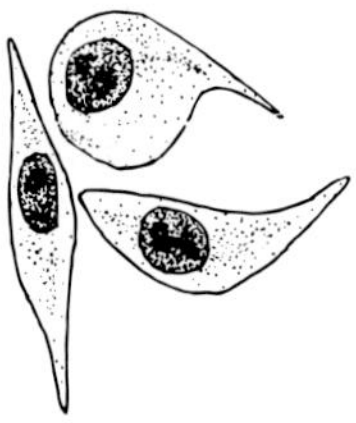	通常较低	否
离散型圆形细胞	小至中等	圆形	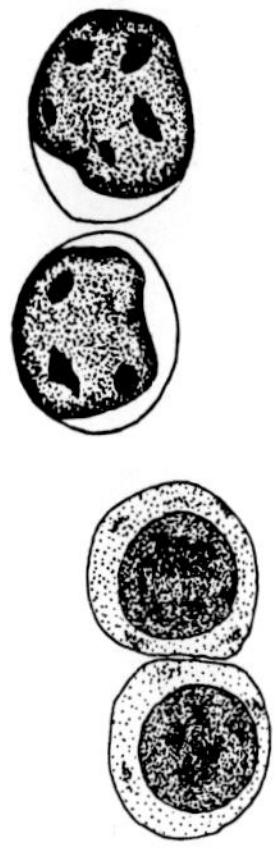	通常较高	否

肥大细胞
淋巴肉瘤

局部炎症反应或者其他的刺激可能引起上皮细胞发育不良。上皮细胞发育不良时，会有一些细胞、细胞核及核仁的大小与形状发生轻度至中等程度的变化，核质比增加及染色质变粗糙。发育不良通常不会有异常的细胞核及核仁的形态。同时，当怀疑细胞学样本中观察到的异常组织细胞形态是由发育不良引起时，应该采取活检进行病理学检查，并对引起发育不良的原因加以治疗，同时利用细胞学方法进行再评估。

间叶组织肿瘤常被称为梭形细胞肿瘤。这些肿瘤细胞一般不形成团状或片状，但是偶尔会有一小群细胞聚集在一起。"梭形细胞"是指这一类肿瘤的一些或多数细胞外观似纺锤状(依据肿瘤来源细胞及恶性度)。梭形细胞有纺锤状外形，细胞尾端朝一个或两个方向远离细胞核，大小由小至中等，细胞质含量中等呈浅至中度蓝色，并具有平滑或细花边形的染色质。通常在非肿瘤的梭状细胞核中不可见核仁。但是随着恶性程度增加，核仁变得明显而且染色质变粗糙，同时，细胞的梭形外形变得不明显。细胞质嗜碱性以及核质比增加，细胞、细胞核及核仁大小与外形多形性显著。

梭形细胞肿瘤在涂片上很难或者几乎不可能通过细胞学确诊。而且，肉芽组织聚集及幼稚的成纤维细胞可能出现恶性的特征，有时候很难区分，因此必须借助组织病理学的诊断。

局部炎症反应或者刺激可以导致间叶细胞发育不良。由发育不良引起的细胞形态改变与肿瘤性病变导致的细胞改变非常类似，但是严重程度通常呈轻度到中度。发育不良引起的细胞核及核仁的变化不如细胞质的变化显著。如果认为样本中的细胞形态学仅是由发育不良而非肿瘤性病变引起的，应进行组织病理学活检。可能的话，也可以针对发育不良的刺激源(炎症或刺激) 给予治疗，并且用细胞学方法再加以评估。

离散型圆形细胞瘤也可以称为皮肤圆形细胞瘤或皮肤离散型细胞瘤。这些肿瘤容易脱落成小至中等大小独立的圆形细胞。这一类代表性的肿瘤有肥大细胞瘤及淋巴肉瘤。恶性黑色素瘤及基底细胞瘤的细胞涂片中偶尔也会出现离散型的圆形细胞。

恶性程度的评估：肿瘤恶性程度的评估可根据退行发育及是否同步生长来进行（恶性指标）(表1-4)。在评估恶性程度上，细胞核的变化比细胞质的变化更可靠。由非肿瘤因子，如炎症，引起的细胞生理性改变中，细胞质所表现的恶性指标，相较细胞核指标更敏感。因此，因增生及/或发育不良引起的细胞质恶性指标相较细胞核更常见。在大多数肿瘤细胞中发现至少3种或以上的细胞核恶性特征，就足以确诊为恶性肿瘤。在某些肿瘤，只表现出1～3种的细胞核恶性特征，这个肿瘤可能是恶性或良性，此时进一步做组织病理学检查就可以确诊。

如果无法辨认出肿瘤的恶性特征，那么这个肿瘤很可能是良性的。然而，一部分恶性肿瘤可能只表现出很少的恶性特征。因此如果涂片中的细胞类型无法辨认，或检查人员不清楚哪些恶性肿瘤可能呈良性表现，下诊断时就必须十分谨慎。建议送请有经验的临床病理学家/细胞学家协助诊断或活检做组织病理学检查。

表 1-4 易识别的一般性及细胞核恶性指标

指标	描述	示意图
一般性指标		
细胞大小不均及巨细胞	细胞大小变异度大，一些细胞较正常细胞大 1.5 倍	
细胞量增加	由于细胞黏附性下降而导致剥落细胞增多	
细胞多形性（淋巴组织除外）	同类型细胞的大小及形态多变	
细胞核指标		
细胞核增大	细胞核增大，细胞核直径＞ 10μm 表示恶性	
核质比 (N:C) 增加	正常非淋巴类细胞通常依据不同组织，核质比为 1:3 ～ 1:8，≥ 1:2 表示恶性	红细胞 参考大核症
细胞核大小不均	核大小变异度大，这项变化在多核的细胞中尤其重要	
多细胞核	在一个细胞内具有多个核，如果核大小变异度大更具重要性	
有丝分裂象增多	正常组织中有丝分裂率	正常　　　异常

指标	描述	示意图
异常有丝分裂象	染色体排列异常	参考细胞分裂增加
染色质粗糙	染色质比正常细胞染色质粗糙，可能出现粗绳状或线状	
核形	同一细胞内或相邻细胞细胞核互相挤压变形	
核仁增大	核仁大小增加，核仁 ≥ 5μm 表示恶性（一般红细胞大小为 5～6μm，可供参考比对）	红细胞
多角形核仁	核仁呈梭形或呈多角形，而非正常圆形至微卵圆形	
核仁大小不均	核仁形状或大小变异度大（在同一个细胞核仁变异度大，尤具重要性）	参考多角形核仁

八、细胞学涂片及样本送检

　　如果自己实验室的条件不足以处理病例，就要考虑寄送给有经验的人员判读或者考虑活检做组织病理学检查。送检时，必须先与对方联络好并确定适当的寄送程序，例如要送检多少张涂片，在寄送前是否需要固定或染色等。下面将提供寄送样本时的一些基本要领。

　　如果条件允许，2～3张风干未固定涂片及2～3张风干经罗曼诺夫斯基染色涂片要一起送检。风干但没有染色的涂片能够让协助检查的病理医生根据他自己的需求染色。一些组织的涂片风干以后又等好几天再染色，效果可能不好。有时候玻片可能在寄送过程中碎裂而无法染色；但是碎裂涂片的部分区域也许还可以提供一些诊断的信息。如果只送检一对涂片，一张应先风干且不固定，另外一张风干并进行染色。涂片必须要用铅笔、抗酒精墨水或永存性标识进行标记。

如果使用帕帕尼古拉乌染色，应送检多张湿固定的涂片。

液态样本要尽快做成涂片。直接涂片及浓缩涂片都应该同时制作并送检。同时EDTA管（紫盖）及促凝管（红盖）装的液态样本也应一起送检。EDTA管中样本，可以用于有核细胞总数及蛋白质总量的检查。如果可能，促凝管中样本也可供化学分析使用。

寄送时，涂片必须要包装妥当。简单的纸板不足以提供良好的保护，载玻片容易在寄送过程中碎裂。即使在包装盒外面，注明"易碎品""玻璃""容易破裂"或"请小心轻放"等字样，也无济于事。通常在玻片保存盒的两侧填放包装气泡膜或泡沫塑料，会有保护效果。涂片的存放可以用塑料的切片盒，也可以用其他容器，如用药盒进行改造。载玻片不要与福尔马林样本一起寄送，而且要避免潮湿。因为福尔马林蒸汽可能会改变涂片染色的特性，而水分会引起细胞的溶解。

九、分离培养的样本寄送

样本的收集、制作及寄送都会严重影响培养的结果。下列要领可以使样本培养更容易成功。

- 在采集样本前与检测实验室先联络。
- 尽量以无菌操作采集样本。
- 寄送新鲜的样本用于培养。
- 使用适当的设备采集及寄送样本。
- 使用即时寄送服务。

1. 在采集样本前尽早与检测实验室联络 技术、培养液以及培养样本判读和次培养所需时间，都会因实验室而有所不同。与检测实验室联络时，需确定适当的样本形式、寄送所需培养液及寄送时间。有些实验室有完善的培养设备。如果需要昂贵和/或有效期短的材料，如血液培养管，可以向实验室订购。尽早与检测实验室联络，可以让实验室有足够时间准备，包括特殊培养需要的材料。

2. 尽量以无菌操作采集样本 所有样本都要尽量以无菌技术操作采集，甚至有一些样本，如皮肤的溃疡灶，即使已经有继发性的细菌感染，采集时仍然应该做好保护，避免再次污染。由多处病灶采集样本，应该避免交叉污染的情况发生。在不同的病灶采样，发现同样的病原体，就是该病原与病变有关的有力证据。因此不同病灶样本的交叉污染，可能会导致误判培养结果。采集液态样本时，抗凝管和促凝管不应该被视作是无菌的。由于EDTA能够作用于细菌的细胞壁，因此可以被认为具有抑菌或杀菌作用。

3. 新鲜样本寄送　样本采集完成后应该尽快寄送。液态样本、手术探查时取得的样本及其他方式取得的待送培养样本，事先都应与检测实验室沟通相关事宜，以方便尽速送达。在寄送过程中应该保持低温，但是不可以冷冻。

在做微生物培养时，组织或液态样本比拭子蘸取的样本好。分离培养用的组织样本大小约4cm³或大一点儿最好。Whirl-Pak袋(Nasco, Ft. Atkinson, WI)是已灭菌而且可以密封的袋子，非常适合用来送外科活检组织，可以避免表面受到污染。Zipper型或热封口的塑料袋也可以用来寄送有常在菌群或表面已污染的组织样本。组织如果要做厌氧培养，应该用厌氧袋寄送，如Gas-Pak Pouch (Becton-Dickinson, Rutherford, NJ)。有一些样本，如脓肿及皮肤，已知含有细菌，包装时必须与其他组织分开。Culturette型的寄送系统适合用来防止小的活检组织干燥。活检组织不应用灭菌生理盐水寄送，因为这样可能会造成阴性的培养结果。

液态样本（尿、乳汁、关节液、胸水、腹水、脓肿抽吸液）应该使用灭菌真空管、小的Whirl-Pak袋或灭菌注射器寄送。厌氧培养的液态样本需用注射器采集，排出空气，加盖后迅速送实验室培养。为了得到最佳的效果及考虑到可能遭遇的延误，液态样本应该置于兼具好氧与厌氧条件的寄送容器中。这些容器常常可以从能够做培养的实验室取得。商品化的容器，如Port-A-Cul小瓶(BBL Microbiology Systems, Cockeysville, MD)适用于液态样本的寄送。这些容器适用于20~25℃下72h内多种好氧与厌氧微生物样本的寄送。

当活检或抽吸样本无法取得时，可以用拭子替代，尤其用于黏膜表面及软组织深部病灶。培养基形式的拭子，如培养采集及寄送管(Curtin Matheson Scientific,vBurbank, CA)，含有木炭的埃米斯转运培养基可以用于寄送好氧培养用样本。这是适用于对环境挑剔的细菌绝佳的寄送用介质。厌氧培养用拭子，如Marion Scientific Anaerobic Culturette(Kansas City, MO)，已经预先制备了Cary-Blair 寄送培养基，可以用来寄送提供厌氧培养用的拭子样本。没有培养基的拭子样本容易在寄送过程中干燥，导致出现假阴性结果，而在肉汤培养基中寄送的拭子样本常常因为污染而导致细菌过度生长。如果还需要进行霉菌或病毒的培养，拭子样本应该分开采集。

在马的病例中，为了到达采样的位置，常需要长的拭子。因此拭子外需要一个保护装置，让采样时不至于在到达采样位置前遭受常在菌群或表面污染。Accu-CulShure 拭子(Accu-Med, Pleasantville, NY)带有保护装置，含有培养基并提供各种长度，其他公司出品的长拭子，如Tiegland拭子(Haver-Lockhard, Kansas City, KS)及Guarded培养仪器(Kalayjian Industries, Long Beach, CA)都可以用于样本采集。拭子可以在采集后削短，方便置入有适当的运输管中寄送。

　　一般而言，霉菌培养用的样本，需排除皮肤霉菌的干扰，可以依照细菌培养的方式采集样本寄送检查。同时，组织及体液适合用拭子采集。怀疑有皮肤霉菌感染时，应在从病灶边缘拔取毛发或刮取皮屑前，用70%的酒精轻柔擦洗，减少细菌的污染。皮肤霉菌的样本应该保持干燥，避免皮肤污染微生物的生长。因此毛发以及皮屑应该以干净、干燥方式寄送，如装入信封或类似纸制寄送袋。在寄送过程中，使用密封的玻璃或塑料容器装置样本常会有冷凝液滴形成，应该避免这种情况的发生。不应使用拭子寄送皮肤霉菌培养用的样本。如果对于寄送霉菌培养相关问题有疑虑，最好的解决方法就是立刻联络检测实验室。

参考文献

［1］Allen and Prasse: Cytologic diagnosis of neoplasia and perioperative implementation. Comp Cont Ed Pract Vet 8:72-80, 1986.

［2］Barton: Cytologic diagnosis of neoplastic diseases: an algorithm. Texas Vet Med J 45:11-13, 1983.

［3］Boon et al: A cytologic comparison of Romanowsky stains and Papanicolaou-type stains. I. Introduction,methodology and cytology of normal tissues. Vet Clin Pathol 11:22-30, 1982.

［4］DeNicola: Diagnostic cytology, collection techniques and sample handling. Proc 4th Ann Mtg ACVIM, 1987, pp 15-25.

［5］Griffith and Lumsden: Fine needle aspiration cytology and histologic correlation in canine tumors. Vet Clin Pathol 13:13-17, 1984.

［6］Meyers and Feldman: Diagnostic cytology in veterinary medicine. Southwestern Vet 25:277-282, 1972.

［7］Meyers and Franks: Clinical cytology, management of tissue specimens. Mod Vet Pract 67:255-259, 1986.

［8］O'Rourke: Cytology technics. Mod Vet Pract 64:185-189, 1983.

［9］Rebar: Diagnostic cytology in veterinary practice. Proc 54th Ann Mtg AAHA,1987, pp 498-504.

［10］Rebar, in Kirk: Current Veterinary Therapy VII. Saunders, Philadelphia,1980, pp 16-27.

[11] Seybold et al: Exfoliative cytology. VM/SAC 77:1029-1033, 1982.

[12] Bottles et al: Fine needle aspiration biopsy.Am J Med 81:525-529,1986.

[13] Cochland-Priolett et al: Comparison of cytologic examination of smears and histologic examination of tissue cores obtained by fine needle aspiration biopsy of the liver. Acta Cytol 31:476-480, 1987.

[14] Kline and Neal: Needle aspiration biopsy: a critical appraisal. JAMA 239:36-39, 1978.

[15] Kline et al: Needle aspiration biopsy: diagnosis of subcutaneous nodulesand lymph nodes. JAMA 235:2848-2850, 1976.

[16] Ljung et al: Fine needle aspiration biopsy of the prostate gland: a study of 103 cases with histological follow-up. J Urol 135:955-958, 1986.

[17] Lundquist: Fine needle aspiration biopsy of the liver. Acta Med Scand (suppl) 520:1-28, 1971.

[18] Mills and Griffiths: The accuracy of clinical diagnoses by fine-needle aspiration cytology. Aust Vet J 61:269-271, 1984.

[19] Livraghi et al: Risk in fine needle abdominal biopsy. J Clin Ultrasound 11:77-81, 1983.

[20] Zajicek:Aspiration biopsy cytology: 1. Cytology of supradiaphragmatic organs. Monogr Clin Cytol 4:1-211, 1974.

[21] Menard and Papageorges: Fine-needle biopsies: how to increase diagnostic yield. Comp Cont Ed Pract Vet 19:738-740, 1997.

[22] Meyer:The management of cytology specimens. Comp Cont Ed Pract Vet 9:10-16, 1987.

第 2 章　皮肤与皮下病变——肿块、囊肿、瘘管

当临床上无法轻易确诊皮肤及皮下病变时，尤其当治疗无效时，细胞学检查很有帮助。皮肤及皮下病变十分容易采样，并且没有明显的禁忌证。在采样时，动物通常不需要镇定与麻醉。通常，细胞学检查从采样、涂片制备、染色到镜检，能在数分钟内处理完毕，可提供诊断、预后、指导恰当的治疗和 / 或进一步的诊断。

Diagnostic Cytology
and Hematology of the Horse
Second Edition

一、样本采集技术

采样时，可通过拭子、印片、刮取与抽吸等方式进行，视病变特性与病畜温驯程度而定。溃疡病变应该先印片，接着清洁伤口，等干燥后再印片一次。印片之后，应获取刮片标本。深部组织或肿块样本，则在最后用抽吸法采集。若无表面糜烂或溃疡灶，应直接采用抽吸法采集标本。

1. 拭子　一般而言，在印片、刮片、抽吸法均不能使用时，才会选用细胞拭子抹片。采样时应使用浸湿的无菌棉花拭子与无菌等渗溶液（如0.9%的氯化钠溶液）。浸湿拭子有助于减少采集、涂抹时造成的细胞损伤，但在病灶本身湿润时则不需要。样本采集后，轻轻沿着清洁玻片的表面滚动拭子。切忌与玻片摩擦，否则会造成细胞过度损伤。若使用罗氏染色法，染色前需将涂片风干（参见第1章）。

2. 印片　印片指的是移除伤口表面的结痂后，以干净玻片接触病变表面。若怀疑刚果嗜皮菌感染，则应选择删除下侧面进行印片。病变应紧接着用无刺激性的消毒剂清洗，并用无菌纱布、海绵或其他干净的吸收材料拍干，再度进行印片。亦可使用活检标本制作高质量的细胞抹片（参见第1章）。

3. 刮片　皮肤病变的刮片，是指使用钝性器械的边缘，如玻璃载玻片或手术刀刀片的刀背在病变处进行刮擦。再将细胞于清洁、干燥的切片上展开，处理方法如第1章所述。

4. 实性肿块的抽吸

（1）抽吸技术　抽吸法应选用20～25号的针头与3～20mL的针管。若部分样本要进行微生物学检验，则应按照外科手术准备要求处理抽吸部位。否则，皮肤处理至少应符合静脉穿刺或疫苗接种时的原则。可用酒精棉球来清洁采样部位。

采样时，应固定采样的肿块以便控制细针刺入的方向。刺入针头，接上针管，针头深入肿块中心后，将活塞拉至针管1/2或3/4处（图1-1）来产生强负压。多采集同一个肿块的不同区域，但要避免将组织吸入针管中，或采集到肿块周围组织。当肿块够大、针头可直接在肿块内变换方向时，变换方向及移动针头时都要维持负压。当肿块不够大、必须拔出针头变换采样位置时，在变换方向及移动针头前应释放负压；即仅在针头静止不动时制造负压[1]。

完成细胞抽吸后（通常高质量采样在针管甚至针栓处都不应该看到组织），应先解除负压，再将针头移出肿块。若针头移出肿块时存在负压，皮肤与皮下的细胞与血液会被吸入而污染标本，干扰结果判读。若在针头拔出皮肤时负压还存在，针头和针栓处的样本则会被吸入针管内。当样本量很少又被吸入针管时将难以被取出，只能再次采样。一定要等到负压全部释放后，才可以将针头移出肿块与皮肤。接着将针头取下，将空气吸入针管后再将针头装回针管，快速按压针管活塞，排出空气，把样本自针头推到玻片上。

（2）**非抽吸技术**　在某些情况下需要选用非抽吸技术。例如，很难在不被周边血液污染的情形下采到足量的细胞时，建议使用非抽吸技术。抽吸技术很容易采集到阻力最小的组织；一旦小血管破裂，外周血即成为阻力最小的组织，而容易被抽出。非抽吸技术是利用针尖穿刺组织，使从组织脱落的细胞因毛细现象进入针头。

非抽吸技术使用的针头及针管尺寸与抽吸技术相似。而由于不需要抽吸细胞，可让针筒充满空气。采样时，紧捏针头针管接口处，握法如同握铅笔。如此能更好地控制针尖方向。以一手固定肿块，另一手控制进针方向。快速、重复地来回穿刺肿物，进针深度应穿透肿物的大部分，动作类似缝纫机。来回穿刺组织会使得肿瘤细胞脱落，产生细胞团块与组织液的混合物，部分会进入细针中。来回穿刺8~10次后，将针头拔出，并将针头内的细胞推到玻片上。通常针中正好有足够的样本涂一张玻片。需要对肿块不同区域进行反复采样，才能取得具代表性的样本[2]。

（3）**实性肿物标本的抽吸涂片**　肿物细胞抽吸样本的涂片方法有很多（图1-2至图1-5）。其中一种方法（图1-2）是准备两张玻片，载片与推片，将标本喷涂到载片中央，接着以45°角由前往后拉动推片直到接触到1/3的抽吸标本。接着就像推血涂片一样，往前平稳且快速地滑动推片。接着，从标本尾端由后往前拉动推片，保持两涂片的角度垂直，水平往后端平稳而快速地滑动涂片，将后1/3的标本压铺在预备片上。中间1/3的标本保持不动。

这个处理过程让前1/3的标本轻轻地展开。若标本是易碎组织，这个区域就会保有足量未破裂的细胞可供判读。后1/3标本是以剪切力铺平，如果标本包含难以展开的细胞团，则此区域的细胞得以充分铺开。若标本细胞量非常少，则中间1/3的标本细胞最集中，可供判读。

挤压法（图1-3）常用于铺开标本。有经验的操作者用此法可以制作精良的细胞涂片；如果经验不足，由于太多的细胞破裂或样本没有充分扩散，通常会产生无法判读的涂片。制作挤压法抹片时，先将抽吸标本喷涂于载片中央，接着将推片以适当角度盖置于标本上，保持推片与载片成90°，快速而平稳地将推片拉过载片。使用改良式挤压法制作涂片时，则将推片与载片盖置后，转45°后直接提起推片，即完成；此法一般不会破坏细胞（图1-4）。

另一种铺开抽吸标本的方式（图1-5）是用针尖向各方向拉开标本，使标本在玻片上呈海星状。这种方法不易破坏脆弱细胞，但往往在细胞周围留下厚厚的组织液。有时，组织液会使得细胞无法充分铺开，导致细胞收缩，使得细胞细节难以观察，但通常一定会有部分可观察区域。

（4）**充满液体的肿物或囊肿的抽吸**　充满液体的肿块与囊肿，可用20～25号针头连接3mL的针管进行抽吸采样。如果可以，抽足量液体制作多张细胞涂片，并进行有核细胞计数与总蛋白分析，且将部分样本进行培养。通常，1～3mL的标本就足够了。采样前的处理方法与坚实肿物相同。可直接用抽取的液体或将其离心后的沉淀物进行涂片，方法上可使用血液涂片、线状涂片与挤压法，如第1章所述。当病变同时包括实性与液体部分时，应尽量针对不同部分，分开进行抽吸采样[3]。

二、病变的一般特征

病变的基本外观特征对细胞学诊断十分有帮助。

1. 瘘管　瘘管通常由异物、死骨片或感染源引起。故对于瘘管，应探查异物，或用放射影像学检查死骨片或骨髓炎；微生物及细胞学拭子的样本应从瘘管深部采集。在进行细

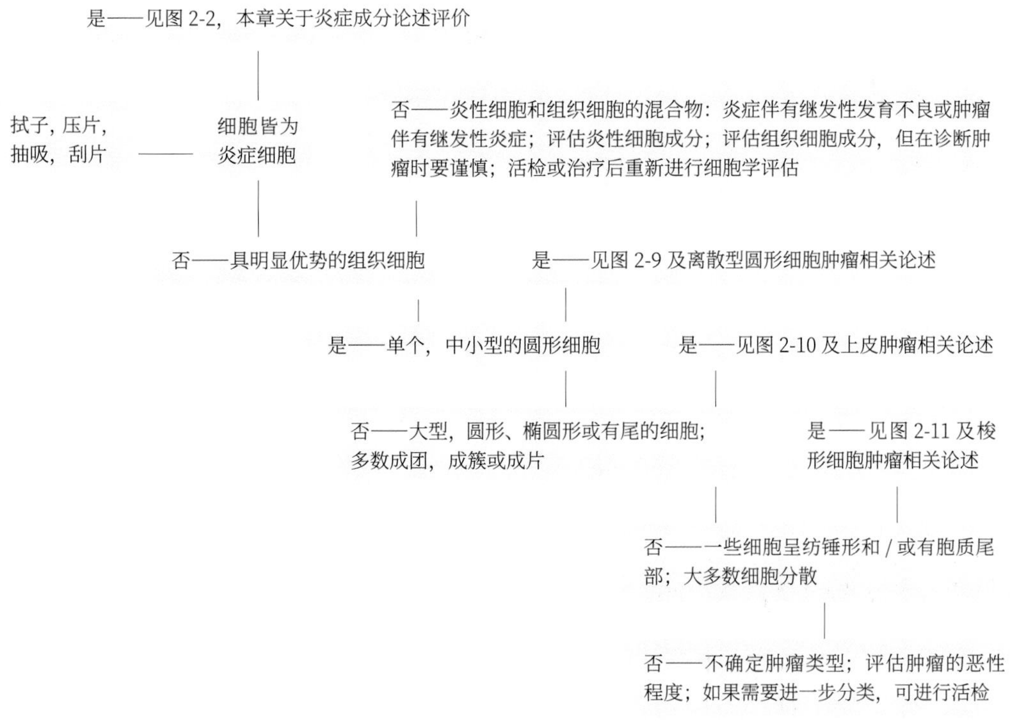

是——见图2-2，本章关于炎症成分论述评价

拭子，压片，抽吸，刮片 —— 细胞皆为炎症细胞

否——炎性细胞和组织细胞的混合物：炎症伴有继发性发育不良或肿瘤伴有继发性炎症；评估炎性细胞成分；评估组织细胞成分，但在诊断肿瘤时要谨慎；活检或治疗后重新进行细胞学评估

否——具明显优势的组织细胞

是——见图2-9及离散型圆形细胞肿瘤相关论述

是——单个，中小型的圆形细胞

是——见图2-10及上皮肿瘤相关论述

否——大型，圆形、椭圆形或有尾的细胞；多数成团，成簇或成片

是——见图2-11及梭形细胞肿瘤相关论述

否——一些细胞呈纺锤形和/或有胞质尾部；大多数细胞分散

否——不确定肿瘤类型；评估肿瘤的恶性程度；如果需要进一步分类，可进行活检

图2-1　实性病变细胞成分分类流程

胞涂片判读时，在罗氏染色法下，要仔细检查是否有丝状杆菌，其特征为淡蓝色丝状带有间断性粉红到紫色小点（附图3F）。此为诺卡氏菌属与放线杆菌属的特征，这两类细菌常导致瘘管的发生。此外，有时厌氧菌（如梭杆菌属）亦会导致瘘管。

2. 溃疡性病变　溃疡性病变可能因皮肤外伤和/或感染继发性炎症反应所致，也可能发生在皮肤或皮下肿物表面。一般而言，通过触诊可以确定溃疡下是否有肿物。溃疡病变可由感染、异物、过敏、寄生虫或肿瘤而引起。

3. 非溃疡性肿物　非溃疡性肿物可能为实性的或充满液体。非溃疡性实性肿物的来源通常是缓慢生长的肿瘤。然而，炎症也可以导致快速变大、非溃疡性实性肿物的出现。充满液体的非溃疡性肿物通常是非肿瘤性的，但囊性肿瘤也偶有发生。

三、细胞学涂片的判读

细胞涂片判读，首先应判断是否有足量的完整细胞、样本是否均匀分布与染色是否恰当。若反复采样都无法获得足够量的细胞以供判读，则需选用其他替代方法，如活检与分离培养（依照病变特征而定）。

一旦细胞涂片制作完成，观察时应先寻找是否存在炎症与肿瘤性增生（图2-1）。如果来自某个实性肿物的细胞都是组织细胞（即没有看到炎症细胞），则这个病变可能是肿瘤性或增生性病变，但也有可能是只采集到肿块周围组织而未采到肿块本身。若所有细胞均为炎症细胞，则此病变的主要病因很有可能是炎症反应，但仍不能排除肿瘤继发炎症的可能。炎症细胞和发育异常的组织细胞的混合物可由炎症继发组织细胞发育不良或肿瘤继发炎症引起。因此，如果发现炎症迹象，对肿瘤进行诊断时必须小心谨慎[4]。

1. 炎症细胞组成的评价　图2-2为皮肤及皮下病灶炎症细胞组成的评估流程。表2-1提供了炎症反应的几种常见病因。如果大多数炎性细胞是中性粒细胞（附图1A至附图1D、附图3A），但未发现细菌，则可能存在隐性感染，或中性粒细胞炎性反应可能是由表2-1（炎症细胞主要由中性粒细胞组成）所列情况之一引起。

隐性感染可通过微生物培养确认病原。如果培养结果确定了感染源，即可进行适当治疗。若培养结果为阴性，或根据培养结果进行的治疗无效，可再次进行细胞学检查，或做活检采样送组织病理检查。

当大于15%的炎症细胞为巨噬细胞（附图2A至附图2D、附图3B）与/或观察到多核巨

表 2-1　炎性细胞组成比例与可能情况

炎症细胞比例	主要考虑	次要考虑
主要为中性粒细胞（85%）		
大量退行性中性粒细胞	革兰氏阴性菌	肿瘤、异物等继发性脓肿
	革兰氏阳性菌	
少量退行性中性粒细胞	革兰氏阳性菌	真菌
	革兰氏阴性菌	原虫
	高等细菌（诺卡氏菌、放线菌 等）	异物
		免疫介导性
		化学性或创伤性伤害
		继发于肿瘤的脓肿
无退行性中性粒细胞	革兰氏阳性菌	继发于肿瘤的脓肿
	高等细菌（诺卡氏菌、放线菌 等）	真菌
	化学性或创伤性伤害	异物
	脂膜炎	
炎性细胞的混合物		
15% ～ 40% 巨噬细胞	高等细菌（诺卡氏菌、放线菌 等）	非丝状革兰氏阳性菌
		寄生虫
	真菌	慢性过敏性炎症反应
	原虫	
	肿瘤	
	异物	
15% ～ 40% 巨噬细胞	脂膜炎	
	正在消退的炎症病变	

炎症细胞比例	主要考虑	次要考虑
＞40% 巨噬细胞	真菌	寄生虫
	异物	慢性过敏性炎症反应
	原虫	
	肿瘤	
	脂膜炎	
	正在消退的炎症病变	
多核巨细胞	真菌	
	异物	
	原虫	
	胶原蛋白坏死	
	脂膜炎	
	寄生虫（如果见到嗜酸性粒细胞）	
＞10% 嗜酸性粒细胞	过敏性炎症反应	肿瘤
	寄生虫	异物
	胶原蛋白坏死	具菌丝的真菌
	肥大细胞瘤	

细胞，则应考虑是否为真菌感染或异物性肉芽肿。细胞学涂片应仔细检查有无病原体或异物，如折光性的碎屑（图2-3A）或嗜酸性典型佐剂物质（图2-3B）。同时也应仔细从病史中寻找引入异物的可能性。如果涂片并未看到异物或病原体，且病史中亦没有在该病变位有置入异物的迹象，则可进行培养或活检采样送组织病理学检查。

如果嗜酸性粒细胞比率超过10%（附图3C），则应考虑过敏、寄生虫、异物反应或某些菌丝状真菌感染（如藻菌病）。再次强调，细胞学涂片应仔细检查微生物与异物。如果均未发现，则应对病变进行培养（包括真菌培养）或者做活检采样以进行组织病理学检查。

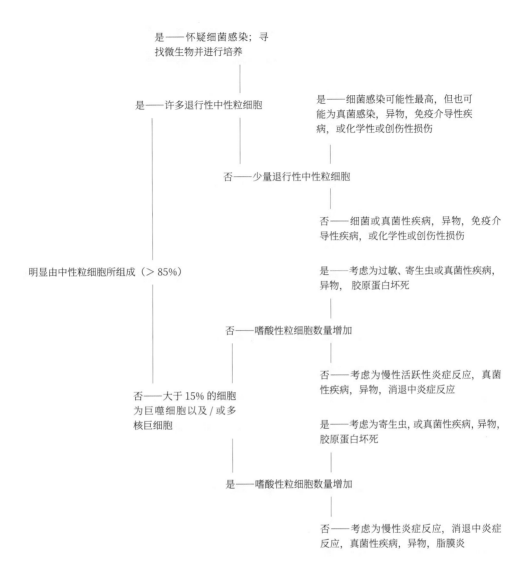

图 2-2 样本主要为炎性细胞时的评估流程

  当具有恶性特征的组织细胞伴与炎性细胞混合出现（图2-4），在细胞涂片判读上应更加谨慎。当接近炎症反应的组织细胞出现发育不良，会改变细胞形态。这种由局部炎症反应所致的组织细胞发育不良，常被误判为肿瘤。当炎症反应加剧时，肿瘤诊断的精确度会下降。

  2. 特定感染源典型细胞学特征 感染造成的病变样本中通常包含炎性细胞。细菌引起的病变，通常由大于85%中性粒细胞（大部分可能呈现退行性变化）（附图1D、附图3A）、少量巨噬细胞，以及少量淋巴细胞与浆细胞所组成。另一方面，相较于细菌感染，

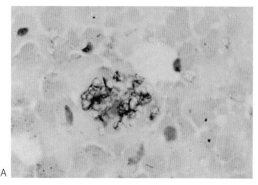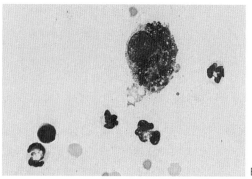

图 2-3 细针抽吸

A. 异物反应的细针抽吸显微镜下可见散布的折光性外来物质。中心可见大量聚集的细胞碎片以及折光性的异物（瑞氏染色；原始放大倍数为100倍）　B. 注射部位反应的抽吸样本，来源于阉割马。巨噬细胞含有典型佐剂嗜酸性非细胞物质。也可见分散的中性粒细胞（瑞氏染色；原始放大倍数为125倍）

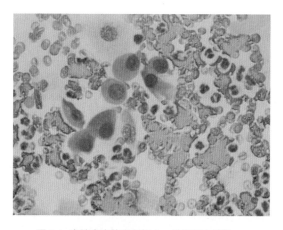

图 2-4 鼻腔息肉的穿刺样本，鼻孢子虫感染

可见发育异常的上皮细胞（具有轻度的细胞和细胞核异形性、核仁明显、粗染色质、胞质嗜碱性）和大量中性粒细胞。在涂片的其他区域可见鼻孢子虫的病原体。（瑞氏染色；原始放大倍数为100倍）

真菌引起的病变通常含有较多的巨噬细胞，但炎性细胞仍以中性粒细胞为主；在某些菌丝状真菌感染时，偶尔会见到大量的嗜酸性粒细胞。此外，霉菌性病变也常包含淋巴细胞、浆细胞与成纤维细胞。感染源、病变位置、病程及动物的免疫状况均会影响病变的特征。

（1）**球菌**　大部分致病的球菌为革兰氏阳性菌，且常为葡萄球菌属与链球菌属（附图3E）。葡萄球菌属通常以4～12个细菌为葡萄串状排列，而链球菌则常呈短或长链状排列。当细胞学涂片中观察到球菌，且怀疑其为病原时，应进行厌氧、好氧培养与敏感性测试，以确认微生物种类及选用适当的抗菌疗法。因大部分致病的球菌都是革兰氏阳性菌，故在细菌培养及敏感性测试结果出来之前，如有需要，可先给予抗阳性菌治疗。

（2）**刚果嗜皮菌**　刚果嗜皮菌为好氧、兼性厌氧的放线菌，感染部位为表皮层表面，会造成渗出液性的痂皮病变。移除这些痂皮后，可见皮肤糜烂与溃疡灶。细胞学采样时，

从这些取下的痂皮下的皮肤表面采样，最容易发现此类病原。这类细胞涂片中，通常会看到成熟的上皮细胞、束状角蛋白、碎屑与病原体，亦会看到少量中性粒细胞。若痂皮下皮肤很干燥，无法取得足够的细胞学标本，可将这些痂皮切碎置于生理盐水中，制备细胞学涂片。刚果嗜皮菌繁殖方式为纵裂与横裂，形成一长串球状的细胞，呈2~8行平行排列。这些长串的细胞很像小型的蓝色铁轨（图2-5）。此外，细胞涂片下也会观察到许多单独的球状细胞。

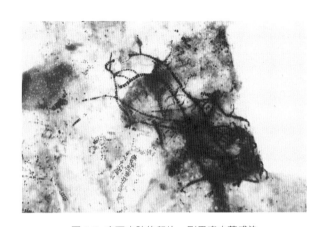

图 2-5　痂下皮肤的印片，刚果嗜皮菌感染

背景可见鳞状细胞的碎片以及许多排列成链状的成对细菌。同时可见散布的单个细菌。(瑞氏染色；原始放大倍数250倍)

（3）**小型杆菌**　大部分小型杆菌为革兰氏阴性，但也有少数例外，如棒状杆菌属为革兰氏阳性。有些革兰氏阴性杆菌在细胞学上染色呈双极性（附图3D）。所有致病双极性杆菌都为革兰氏阴性菌。杆菌感染的炎症反应通常主要出现中性粒细胞。当在细胞涂片中看到小型杆菌的时候，病变应作培养以确认病原，并作敏感性测试以决定适当的抗菌疗法。如果在敏感性测试结果出来之前就需要先给予抗菌治疗，鉴于大部分的致病菌均为阴性菌，故可先给予抗革兰氏阴性菌的药物。

（4）**丝状杆菌**　丝状杆菌中，与皮肤感染有关的菌种有诺卡氏菌属、放线菌属、某些厌氧菌（如梭菌属）及分支杆菌属。因为这些微生物通常难以用一般的抗菌疗法治疗，且常常需要特殊条件进行培养，这时细胞学诊断结果将十分有助于选择特殊的培养方式。

在马，致病性的诺卡氏菌属或放线菌属（附图3F）偶尔可能导致皮肤或皮下的病变（脓肿、溃疡、瘘管及肿块）。这些病变有时被称为放线菌足分支菌病。这类感染不常见，常为发生于污染伤口的继发性感染[1]。此外，极少数的情况下，分支杆菌属与某些厌氧菌如梭菌属，形态上也会呈现丝状。一般在以罗氏染色的细胞涂片上，诺卡氏菌属与放线菌具有非常特征性的形态，特征为淡蓝色长细丝绳状且间断性的粉红到紫色的斑点。诺卡氏菌、放线菌和丝状形态的梭菌均会表现此特征。当在细胞涂片上辨认到这个特征时，应特别针对诺卡式菌、放线菌与厌氧菌进行培养。

分支杆菌属（非典型分支杆菌感染与皮肤型结核）一定不能用罗氏染色，否则会很容易在巨噬细胞与/或多核巨细胞细胞质中看到不着色的病原体（附图4A、附图4B）。当在细胞涂片上看到上皮样细胞与/或多核巨细胞，但并未看到其胞质内吞噬有任何病原体时，应仔细寻找不着色的分支杆菌。分支杆菌要以抗酸染色法染色后观察，所以看到不着色的病原时或当病变特征疑似由分支杆菌所造成时，可使用抗酸染色与/或进行针对分支杆菌的培养方法来确定病原。

（5）**粗大的杆菌** 细胞涂片上看到的粗大的杆菌可能是致病或非致病性的。能够感染皮肤与皮下组织的致病性菌种包括梭菌属与罕见的芽孢杆菌属。当认为这些杆菌具有致病性时，好氧与厌氧培养都应该进行。同时，应该仔细检查细胞涂片，以找寻含芽孢的粗大杆菌。

（6）**申克氏孢子丝菌** 申克氏孢子丝菌感染（孢子丝菌病）（附图4D）常见皮肤淋巴型病变。然而，偶尔会出现一种不累及淋巴系统的原发性皮肤感染。在皮肤淋巴型的少数病例中，坚硬的皮下结节会沿着淋巴管生长，犹如绳子一样绑住淋巴管，结节表面可能会溃烂。在马的细胞涂片上病原很少，相当难找，故应仔细寻找。如未看到任何病原，仍应进行病原微生物培养或外科活检后送组织病理诊断。

在以罗氏染色的细胞涂片上，申克氏孢子丝菌的形状从圆形、椭圆形至梭形（雪茄样）都有。它们的菌体为3～9μm长、1～3μm宽，淡蓝至蓝色，核呈粉红至紫色略微偏离中心（附图4D）。在病原很少且刚好没有典型的梭形（雪茄样）出现时，可能会与荚膜组织胞浆菌混淆。

（7）**荚膜组织胞浆菌、皮炎芽生菌、新型隐球菌及粗球孢子菌** 皮肤病变很少继发感染芽生菌、隐球菌、粗球孢子菌或荚膜组织胞浆菌。这些病原偶尔引发原发性皮肤病变或继发于其他部位的感染。罗氏染色细胞涂片上这些病原的特征如下：

组织胞浆菌（附图4C）为圆形至轻微椭圆形，而不是梭形或雪茄样。大小为直径2～4μm（大约为红细胞的一半），染色呈淡蓝色至蓝色，核略微偏离中心，呈粉红色至紫色。通常在其酵母形态外围有一薄而清澈的光晕。

皮炎芽生菌呈蓝色、球形，直径为8～20μm，有厚壁（附图4E至附图4G）。大部分的病原为单一形态，但有时候会见到广泛的出芽现象。病变的细胞印片上，通常会看到化脓性肉芽肿性炎症反应（附图3B）及数量不等的病原。

新型隐球菌为球形且有厚厚的黏蛋白荚膜，偶尔没有荚膜（粗糙）的形态。病原不包括荚膜直径为4～8μm，包含荚膜为8～40μm。细胞涂片上，病原呈淡粉红色至蓝紫色，可能具有轻微颗粒感（附图4H）。荚膜通常清澈且均质，染色可能呈淡至中度粉红色。隐球菌症通常引起轻度的肉芽肿性炎症反应，很少出现上皮样细胞和/或多核巨细胞。在某些细胞涂片上，隐球菌的数量可能远高于炎症与组织细胞。相对于厚荚膜形态，荚膜不全（粗糙）经常会引发较强的炎症反应。

粗球孢子菌为大型（直径10～100μm）、双轮廓线、蓝至蓝绿色的球状，原生质呈细微颗粒状（附图5A）。在较大的病原体中可能会见到圆形的内生孢子，直径为2～5μm。细胞涂片通常会看到化脓性肉芽肿或肉芽肿性炎症反应（附图3B）；粗球孢子菌通常很难见到。与非出芽性的皮炎芽生菌进行鉴别时，应注意粗球孢子菌具有大小差异极大、具有内生孢子及颜色偏绿等特征。

（8）**皮肤癣菌** 发癣菌属与小孢子菌属引起的皮肤病变常为典型癣菌样外观，或呈灰至黄褐色痂皮，或以毛囊丘疹的形态表现出来。以刮片取样时，从病变边缘刮取最容易观察到皮肤癣菌。在细胞涂片上，皮肤癣菌的辨认，可用20%的氢氧化钾制作湿性涂片，并以新亚甲基蓝染色；或风干涂片以罗氏染色进行观察。镜下，可见游离的分生孢子，位于毛干内（毛内浸润）或毛干表面（毛外浸润）。利用罗氏染色，可见分生孢子呈中至深蓝色，外围有薄、透亮的光晕（图2-6）。在皮肤刮片上可看到炎性细胞包括中性粒细胞、巨噬细胞、淋巴细胞、嗜酸性粒细胞与浆细胞。

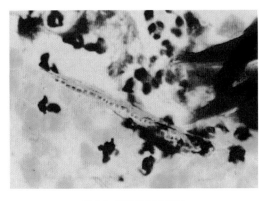
图 2-6 感染癣菌的刮片
可见许多退行性中性粒细胞，伴随红细胞以及一排附着在毛根的癣菌病原。（瑞氏染色; 原始放大倍数为330倍）

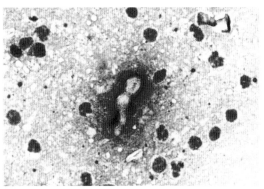
图 2-7 马皮下肿块的抽吸涂片
中心可见到不着色的真菌菌丝。（瑞氏染色; 原始放大倍数为250倍）

（9）**皮肤或皮下组织中产生菌丝的真菌** 许多真菌感染皮肤及皮下组织时，会形成菌丝。可能为单发或多发性病变，从小型到大型均有，可能产生结节、溃疡，甚至瘘管。这些真菌引起肉芽肿性炎症反应，特征为上皮样细胞及多核巨细胞（附图3B、附图5B），中性粒细胞、淋巴细胞、浆细胞与嗜酸性粒细胞数量变化很大。暗色丝孢霉病指感染那些含有色素的真菌。以罗氏染色时，大部分的菌丝着色良好，但部分会着色不良（图2-7与附图5C）。

可用真菌培养或组织病理检查配合特殊免疫组织化学染色，以鉴别真菌种类。

（10）利什曼原虫　杜氏利什曼原虫会感染马的皮肤及皮下组织，造成从很小到很大的、增厚的、不会愈合的溃疡病变，中央凹陷呈颗粒状。针对病变进行印片、刮片与抽吸，会看到大量混合的中性粒细胞、巨噬细胞、淋巴细胞与浆细胞。主要炎性细胞可能为中性粒细胞或巨噬细胞。通常还会看到大量小型（2～4μm）圆形到卵圆形的病原体，具有浅蓝色的细胞质与卵圆形、红色偏向一侧的核；可见巨噬细胞内存在与细胞核垂直的小型深色（红紫色）的动质体，这些动质体也可能在涂片中呈游离状态（附图5E）。

3.非感染性炎性病变　有些炎性病变并非由感染源所致。这类病因包括免疫性疾病、过敏反应与无菌性的异物反应。细胞学与临床的综合评价将有助于此类病变的诊断。

（1）**过敏性炎症反应**　过敏性炎症反应的镜下特征为出现大量嗜酸性粒细胞（附图3C），而中性粒细胞与肥大细胞数量则差异很大。慢性过敏性炎症中，还会看到淋巴细胞、浆细胞与巨噬细胞。

（2）**寄生虫引起的炎症反应**　寄生虫所引起的炎症反应的镜下特征为大量嗜酸性粒细胞与数量不等的中性粒细胞；通常也会看到大量的巨噬细胞，而淋巴细胞与浆细胞数量则不一定；偶尔可看到寄生虫。

（3）**免疫性皮肤病变（天疱疮）**　免疫性皮肤病变如天疱疮的细胞涂片通常会看到许多非退行性的中性粒细胞。当棘层松解性鳞状上皮细胞出现时，则极可能为落叶型天疱疮。棘层松解性鳞状上皮细胞为未角化的鳞状细胞，呈圆形及强嗜碱性。通常细胞单独散落（因为缺乏细胞间的黏附力）在炎症细胞间。可见到少量淋巴细胞与浆细胞。开放性病变可能有继发感染。当细胞学检查怀疑为免疫性疾病，需要恰当的采集和处理活检样本进行组织病理诊断与免疫荧光染色才能确诊。

（4）**创伤性皮肤病变**　创伤性皮肤病变可能是由于物理性、烧伤性或化学性损伤所致。细胞学涂片下通常会看到许多中性粒细胞与大量坏死物质与/或继发感染的细菌。病史与临床检查通常有助于厘清损伤是属于物理性、烧伤性或化学性中的何种类型。

（5）**无菌性异物引起的发炎反应**　无菌性异物引起的炎性病变，其细胞涂片上的炎性细胞常为混合的中性粒细胞与巨噬细胞。异物反应中，大部分巨噬细胞呈上皮样；可能也会看到多核巨细胞。偶尔还会看到嗜酸性粒细胞。可能也会看到淋巴细胞与浆细胞，但数目变化很大。有时还会观察到具折光性的物质（图2-3A）。当怀疑病原为无菌性异物时，可于偏振光下检查涂片。有些异物可折射偏振光，然而，某些内源性降解产物往往不会折射偏振光，如含铁血黄素在未使用偏振光时很容易被认为是异物成分。

（6）**注射部位反应**　疫苗与其他注射有时会造成异物反应，细胞学检查结果与其他异物反应相似，但涂片中位于细胞外或巨噬细胞中的疫苗佐剂或药剂可呈不定型、鲜明的嗜酸性物质（图2-3B）。

（7）**脂肪坏死/脂肪组织炎/脂膜炎**　脂肪坏死与炎症（脂肪组织炎/脂膜炎）在马中十

分罕见。其病变为单发或多发，呈结节样与/或斑块样。从脂肪坏死/脂肪组织炎/脂膜炎病灶取样的细胞涂片，在镜下常含有不同数量的炎性细胞与大量的脂滴（图2-8）。炎性细胞大多都是巨噬细胞，可见数量不等的多核巨细胞，还可见活化的梭形细胞，这些梭形细胞常表现为发育不良，很容易被误认成肿瘤细胞，在诊断上要十分谨慎。

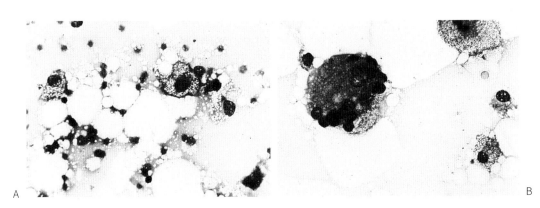

图 2-8 脂肪坏死区域的细胞涂片

A. 许多巨噬细胞散布在正常脂肪滴之间，巨噬细胞的细胞质包含许多细小的透亮空泡（瑞氏染色; 原始放大倍数为50倍） B. 多核巨细胞，以及散布的巨噬细胞（瑞氏染色; 原始放大倍数为125倍）

　　（8）嗜酸性肉芽肿并发胶原退行性变化　也称为结节样渐进性坏死、结节样胶原溶解性肉芽肿、胶原溶解性肉芽肿、嗜酸性肉芽肿或急性胶原坏死，特征为出现单发或多发性结节，通常坚实且边界清晰。胶原退行性变化引起的炎症反应，特征为大量的嗜酸性粒细胞与单核细胞浸润，进一步会有上皮样细胞与多核巨细胞的出现。因此，从胶原退化部位取样，会看到大量的嗜酸性粒细胞与数量多寡不一的巨噬细胞、上皮样细胞与多核巨细胞。若观察到嗜酸性不定形的碎屑，则代表取样部位为坏死区域。淋巴细胞与浆细胞相当少，且看不到微生物。最终诊断还需借助组织病理学检查。上述特征可作为临床诊断嗜酸性肉芽肿并发胶原退行性变化的依据[8]。

　　（9）昆虫叮咬　若样本来自急性过敏反应引发的水疱，如蜜蜂蜇伤，镜下只会看到少许叮咬部位组织细胞与少许中性粒细胞与/或嗜酸性粒细胞。被昆虫叮咬过时间较长的肿包样本中，可能会看到少许中性粒细胞、嗜酸性粒细胞、巨噬细胞、淋巴细胞、浆细胞与少量叮咬部位组织细胞。极少数情况下，由于皮肤的嗜碱性细胞过敏反应（琼斯－莫特反应），还可能会有中到大量的嗜碱性粒细胞出现。

　　（10）蛇咬伤　口鼻、头部与腿部是最常被蛇咬伤的部位。针对刚刚被蛇咬的伤口进行采样，细胞数量往往非常少；镜下可见咬伤部位组织细胞与少许中性粒细胞。咬伤部位中性粒细胞浸润的速度很快，在咬伤的数小时内，中性粒细胞的数量显著上升；在咬伤的几天内，伤口内会看到坏死细胞碎屑、大量的中性粒细胞与数量不等的巨噬细胞。

4. 肿瘤细胞的评价　在细胞涂片上看到的组织细胞，可能来自正常组织、增生和/或发育不良组织，或是肿瘤组织。皮肤是马的肿瘤易发部位，大部分为良性且为间质细胞来源。然而，皮肤与皮下肿瘤也可能为上皮或间质（梭形细胞肿瘤）来源，还有可能是离散的圆细胞肿瘤。细胞学评价常有助于判断细胞来源和/或肿瘤的恶性倾向。一般而言，上皮来源肿瘤细胞为中至大型、圆形至多角形，细胞成丛、成群或一整片聚在一起。间质来源肿瘤细胞，数量可能很少，也可能很多，部分为梭状或星状。大多数间质肿瘤细胞都呈散在分布，但有时候也会小群细胞聚在一起。离散的圆细胞为小型至中型的单个细胞。

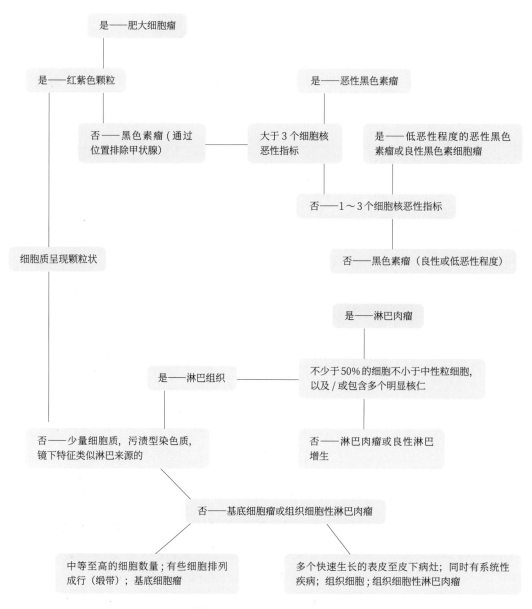

图 2-9　含离散型圆形细胞的实性肿物抽吸物诊断流程

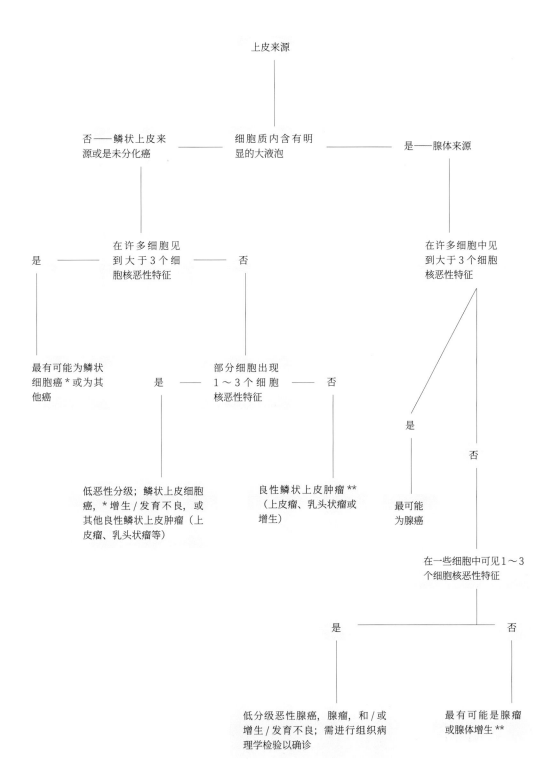

图 2-10　含上皮样细胞的皮肤或皮下样本细胞涂片诊断流程

(上皮细胞为较大的，圆形至有尾形的细胞，常形成细胞团)

* 如果有发炎或其他造成发育不良的证据，不能排除发育不良；** 不能完全排除分化良好的恶性肿瘤。

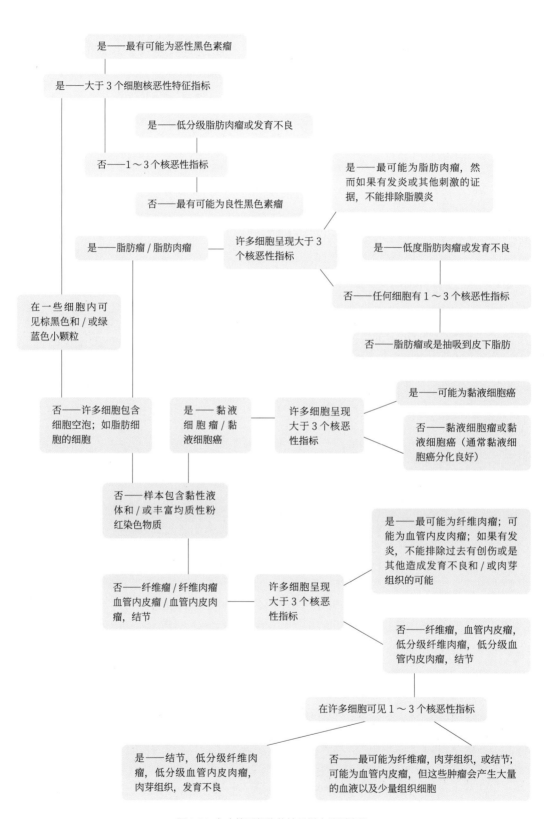

图 2-11 包含梭形细胞的抽吸样本诊断流程

应根据恶性指标对细胞形态进行评估（表1-4）。当没有炎症细胞存在时，恶性指标对于肿瘤的诊断更有意义。若大部分细胞符合3个或以下的细胞核恶性特征且并未观察到任何炎症细胞，则此肿瘤很有可能是恶性的。当整体恶性指标较少，或只有少数细胞表现出恶性指标时，应咨询他人意见，或做活检采样送组织病理学检查。仅就细胞学检查有时无法区分梭形细胞肿瘤、上皮细胞肿瘤或离散型圆形细胞肿瘤。然而，这些肿瘤可能显示出足够的恶性标准，可将其分类为恶性。图2-9至图2-11提供了细胞学上区分离散型圆形细胞、上皮细胞及梭形细胞的判读法则。针对特定肿瘤，后文将逐一介绍其细胞学特征。

离散型圆形细胞肿瘤： 离散型圆形细胞肿瘤（附图7D至附图7E）细胞涂片下通常可见单个的、小型至中型的圆形细胞。淋巴肉瘤与肥大细胞瘤为最常见的离散型圆形细胞肿瘤。偶尔，黑色素瘤与基底细胞瘤细胞脱落后会很像离散型圆形细胞肿瘤。图2-9提供细胞学上离散型圆形细胞的鉴别准则。

（1）**淋巴肉瘤** 马的皮肤型淋巴肉瘤十分罕见，且好发于成年到老年的动物，但各年龄都可能发生此肿瘤。淋巴肉瘤通常为多发性病变，但偶尔也有只出现单一结节的病例。这些病变抽吸样本制备的细胞涂片，往往能看到大量肿瘤细胞。

淋巴母细胞型的淋巴肉瘤（最常见的皮肤型淋巴肿瘤）的细胞涂片往往可见大量淋巴母细胞（图2-12）。淋巴母细胞比中性粒细胞大，具有少量至中等量、浅蓝到中度蓝染的细胞质，核偏向一侧，但细胞质没有其他种类的圆形细胞瘤那么丰富。细胞核外形呈锯齿状或不规则状，染色质呈细小的污点状，常有几个非常明显的核仁（附图7E）。

淋巴细胞性淋巴肉瘤的细胞涂片中，由于肿瘤细胞较小，很难与正常淋巴细胞进行鉴别。此类肿瘤确诊需依靠组织病理学检查。组织细胞性淋巴肉瘤的细胞涂片中，可看到中型圆形肿瘤细胞。部分细胞为多核，其他细胞具有多形性锯齿状的核，类似单核细胞的细胞核。

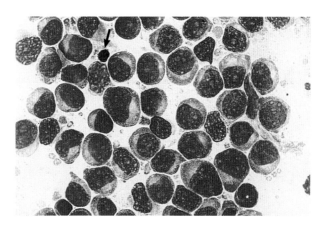

图2-12 皮肤淋巴肉瘤

皮肤淋巴肉瘤特征为在抽吸标本中可见大量的淋巴母细胞。箭头处为单一小淋巴细胞。（瑞氏染色; 原始放大倍数为250倍）

（2）**肥大细胞瘤**　马皮肤的肥大细胞瘤较不常见，通常位于腿或头部，呈单发性病变，但曾报道马驹发生多发性病灶。皮肤型肥大细胞瘤（Mastocytoma，又称Mast cell tumor）为良性增生性病灶，不会转移，且手术切除后不容易复发。细胞涂片上，此肿瘤细胞数量多寡不一，通常含有许多小的、红紫色的颗粒。细胞涂片背景常常可见许多散落在细胞外的肥大细胞颗粒，这是由于制作涂片过程导致部分肥大细胞破裂。肿瘤细胞核通常呈圆形，由于富含颗粒的细胞质染色较深，细胞核往往染色较淡（附图7D）。Diff-Quik染色法有时会发生肥大细胞颗粒着色不良。

（3）**上皮来源肿瘤**　上皮肿瘤会彼此黏附在一起，因此采样时细胞常常成群脱落，但是也会有单个的肿瘤细胞。腺瘤与腺癌细胞可能呈腺泡或管腔状排列。上皮细胞瘤的细胞往往是大到非常大，有中等到丰富的细胞质和圆形的细胞核。细胞核内染色质常呈平滑至轻微粗糙的形态，当恶性程度变大时，染色质会变得更粗糙甚至呈绳索状。核内通常可见一到多个明显的核仁，当恶性程度变高时，核仁会变得更大且形状变得更不规则。恶性上皮来源肿瘤通常在细胞、细胞核、核仁的大小与形状上都会出现显著的多形性。当单个或成群细胞一起出现这些变异的时候，会特别显著。恶性上皮细胞肿瘤也常显现出较高的核质比，也可能会出现核重塑的现象。

局部炎症或其他刺激会导致上皮细胞发育不良。上皮细胞发育不良时，细胞、细胞核、核仁大小与形状会出现轻度至中度的变异，核质比上升，且部分细胞染色质会变得粗糙。发育不良通常不会导致异常的核与核仁形态。当从细胞学水平上怀疑异常细胞可能是发育不良而非肿瘤时，需进行活检采样和组织病理诊断，或应针对造成细胞发育不良的原因进行治疗，之后再进行一次细胞学采样。

上皮来源肿瘤通常发生溃疡，且有表层的继发感染。上皮来源肿瘤，若只对溃疡部位进行印片，则只会看到炎性细胞和/或细菌。从溃疡处印片采样看到细胞形态的改变，很难鉴别是肿瘤还是炎症反应所造成的细胞发育不良。比较好的做法是在伤口清洁与清创后，从深部抽吸或刮取样本。刮取的优势在于可以取到很大量的组织细胞，劣势在于刮取的部位正在发生炎症反应，可能导致很多细胞发育不良，进而造成细胞学上的误判。从深部组织抽吸标本的好处是远离炎症区，坏处是采到的细胞较少。图2-10提供了细胞学上上皮来源肿瘤的鉴别准则。后文会针对某些上皮来源肿瘤进行介绍。

（4）**正常鳞状上皮**　正常表皮鳞状上皮细胞（附图6D）非常大，外观扁平，细胞质丰富，呈浅蓝到蓝绿色染色，无核或拥有一个小型浓染的核，无明显核仁。接近基底层的正常鳞状上皮细胞（附图6D），细胞呈圆形，细胞质中等含量，染色呈浅蓝至蓝色；细胞核染色呈紫至暗紫色，染色质形态不明显或轻微粗糙；核内可能有一个小型圆形不明显的核仁。随着细胞分化趋于成熟，鳞状上皮细胞形态会逐渐改变，从一开始的基底层鳞状上皮细胞转变成大型成熟的表层鳞状上皮细胞。因此，从病变采样时，基底层到成熟的鳞状上皮都有可能被采到，具体取决于用何种采样方法与病变糜烂程度。

（5）**鳞状上皮良性肿瘤**　良性上皮细胞肿瘤若未因为局部发炎或其他刺激而导致细胞发育不良，则采到的细胞会跟正常细胞很难区别，或仅展现出轻微的肿瘤性变化。轻微肿瘤性变化常包括：核仁变得稍微明显，但仍维持小且圆；细胞质变得轻微嗜碱，核质比略微上升。

（6）**多发性乳头状瘤病**　多发性乳头状瘤病（疣）是常见的良性鳞状上皮肿瘤。常为多发性病变，好发部位为口鼻、趾部与生殖器，偶尔会在耳部内面形成斑块状病变。细胞学镜检中，主要会看到成熟鳞状上皮细胞，也会看到少许基底层与中度成熟的鳞状上皮。如果担心病变可能是分化良好的鳞状细胞癌，则应提交病变的活检标本进行组织病理学诊断。

（7）**表皮囊肿**　这部分内容将于囊肿段落论述。

（8）**基底细胞瘤**　这类肿瘤较不常见，易于于颈部、胸部与躯干部。细胞学检查中，细胞通常成群，少数为单个细胞。有时几个细胞会呈一列或缎带状排列（图2-13），这是由于肿瘤内基底细胞有沿着基底膜排列的趋势。这也使得组织涂片中，基底细胞瘤有时会排列成缎带状。

基底细胞瘤细胞其形态学近似正常基底细胞（附图6D），细胞为中等大小，核圆至卵圆形，染色质呈点状至细致丛状，可能有一个不明显的核仁，或看不到核仁。细胞质中等丰富，染色清晰。

（9）**鳞状上皮癌**（附图6E）　鳞状上皮癌可能发生于马的任何部位，但最常以单发性病变的形态见于头部、黏膜皮肤交界处与生殖器。病变处可能发生溃疡，有继发性细菌表层感染。溃疡灶的印片仅会看到细菌与炎性细胞（附图3A）。溃疡灶消毒与清创后，刮取细胞做细胞学检查，会看到有大量的组织细胞，但常因继发性炎症反应而导致误判。相较

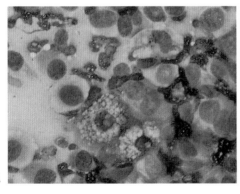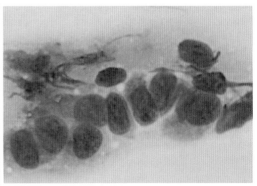

图 2-13　基底细胞瘤的抽吸涂片

A. 两个细胞包含许多细胞质空泡，推测为皮脂腺细胞（瑞氏染色；原始放大倍数为250倍）　B. 在基底细胞瘤有时候可见到基底细胞呈现行状排列（瑞氏染色；原始放大倍数为400倍）

于刮取法，以抽吸法自深部采集的鳞状上皮细胞癌标本，虽然细胞数量较少，但不受炎症反应干扰，故在诊断上较有价值。

细胞学镜检下，鳞状上皮细胞癌的肿瘤细胞通常成群，但亦有少量单个细胞。大部分细胞群可能太厚而难以进行评价，但较薄的细胞群与单个细胞可用来辨认细胞来源与恶性程度。肿瘤细胞在细胞、细胞核、核仁的大小、核仁数量与形状、核质比与细胞质嗜碱性等特征上，会出现显著差异。部分细胞内可能有小型清晰的空泡，这些空泡偶尔会堆积在核旁边（核周围空泡），且彼此融合，在核周围形成一个清晰的环状构造。看到此特征，就要高度怀疑为上皮癌。某些细胞质可能会染成均质蓝绿色。单个肿瘤细胞偶尔可见到核偏于一边，细胞质出现钝尾。看到这些蝌蚪样的细胞，就要高度怀疑鳞状上皮细胞癌。细胞形态变异很大，从一般成熟鳞状上皮细胞到中小型圆细胞都有。分化较差的小型细胞细胞质少而嗜碱性，核大且圆，染色质相当粗糙，呈绳索状，核内还有多个明显、形状与大小不规则的核仁。

（10）**皮脂腺瘤**（附图6B）　皮脂腺瘤外观上通常呈疣状生长。细胞采样上，细胞一般为成群脱落，但也可能看到少数单个的细胞。偶尔可在一整群细胞中看到腺泡状排列的结构。皮脂腺瘤细胞形态与正常皮脂腺细胞非常相似，为大型细胞，细胞质呈泡沫状，核位于中央或略微偏离中央；核通常呈深染且染色质呈略微粗糙形态；核仁通常不明显或难以辨认。皮脂腺瘤的细胞学镜检中，部分细胞核会略大，染色性稍差，染色质轻微粗糙，且具有一个中小型、圆形、可辨认的核仁。切片下也会看到基部的储备细胞，为未成熟细胞，胞内含少量或无分泌物质。储备细胞具有嗜碱性细胞质，核质比约为1∶2。若肿瘤主要包含较多看起来很正常的储备细胞与较少的皮脂腺细胞时，通常称作皮脂腺上皮瘤。皮脂腺囊肿将于囊肿段落介绍。

（11）**皮脂腺癌**　相较于皮脂腺瘤，皮脂腺癌较少见。细胞学特征与其他腺癌细胞相似（附图6C）。细胞学镜检下通常看到成群的嗜碱性的储备细胞，且细胞表现出许多恶性指标。肿瘤细胞很少包含分泌物质，然而偶尔会看到指环细胞（即细胞含有大量分泌液，将核挤到细胞膜下）。

（12）**汗腺瘤/腺癌**　汗腺瘤通常为单一、坚实的囊状肿瘤，最常见于成年到老年马的耳部与阴户。腺瘤较腺癌常见。汗腺瘤细胞学采样，细胞数量通常为中等。大部分细胞成丛聚集，细胞中等大小、呈圆到卵圆形，细胞核略偏一侧，细胞质可能有一到多个内含分泌物质的大型液滴。与其他腺癌类似，汗腺癌的细胞涂片通常含成群的嗜碱性圆形细胞（附图6C）。这些细胞通常表现出许多恶性指标（表1-4）。

（13）**甲状腺病变**　甲状腺变大的原因可能为甲状腺肿、腺瘤与腺癌。马的甲状腺炎不常见，但也有可能导致甲状腺变大。甲状腺抽吸样本常常会含有很多血细胞，且许多有核细胞发生破裂。正常甲状腺组织的抽吸检查，常会看到蓝至灰色不定形的胶体（图

2-14），甲状腺上皮细胞可能聚集成丛或单个存在。这些上皮细胞中有中等程度嗜碱性的细胞质、圆形至卵圆形的核，与中度团块样的染色质。细胞质内偶尔可见到蓝黑色的酪氨酸颗粒（图2-15A）。

图 2-14　甲状腺的抽吸标本

可见大量蓝色无定形的胶体，伴随有些破裂的甲状腺上皮细胞。（瑞氏染色; 原始放大倍数为250倍）

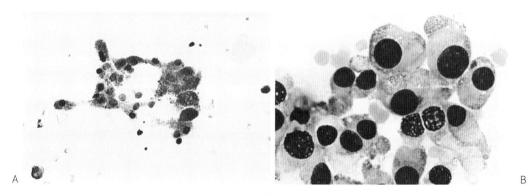

图 2-15　甲状腺的抽吸标本

A. 甲状腺的抽吸样本可见小群甲状腺细胞，包含许多蓝黑色酪氨酸颗粒。（瑞氏染色; 原始放大倍数为100倍）　B. 甲状腺肉瘤的抽吸样本，来自老年阉割马。上皮细胞的黏性比图A还要低，并呈现细胞大小不一，细胞核大小不一，以及变异的核质比。此肿瘤细胞内没有见到酪氨酸颗粒（瑞氏染色; 原始放大倍数为250倍）

甲状腺瘤与甲状腺肿抽吸样本中的甲状腺上皮细胞通常与正常甲状腺细胞类似。马的甲状腺癌比甲状腺瘤少见。分化良好的甲状腺癌可能很难与甲状腺瘤区分。细胞学下，要以恶性指标来确认甲状腺癌，如细胞与核大小的多形性，以及大而显著的核仁（图2-15B）。甲状腺癌细胞内通常不会看到酪氨酸颗粒，除非此肿瘤具有生理功能。对于囊肿区域进行抽吸采样，会看到巨噬细胞、中性粒细胞、胆固醇裂隙与退行性细胞。

（14）未分化的上皮癌　未分化的上皮癌指那些形态学上为上皮来源，但无法确定是何种细胞来源（鳞状上皮或腺上皮细胞）的恶性肿瘤。这些肿瘤在形态上可能有极大差异。要判定为上皮癌，一定要看到上皮细胞的特征且要排除梭形细胞特征。由于未分化的特性，细胞会表现出许多恶性指标，故能轻易地判定为恶性。

（15）**间质来源肿瘤（梭形细胞肿瘤）** 间质来源肿瘤通常指梭形细胞肿瘤。从这些肿瘤采到的细胞通常都是单独的，看不见成群、团块状或片状细胞，但有时候会看到少量成群的细胞。"梭形细胞"一词来源于部分或许多细胞（取决于肿瘤起源的特定细胞和恶性潜能）呈梭形或纺锤形外观。梭形细胞两端变窄，细胞质远离细胞核形成单尾或双尾的结构。它们通常为中小型，且有中量的浅蓝到蓝染的细胞质。核呈圆至卵圆形，中等强度染色，染色质呈平滑型致细花边型。非肿瘤性的梭形细胞，核仁通常不明显。当梭形细胞恶性程度上升时，核仁会变得明显。恶性程度高的细胞梭形变得不显著，而细胞、细胞核、核仁的形状与大小变异性非常大；染色质变粗糙，细胞质变嗜碱性，核质比上升。仅通过细胞学检验很难对梭形细胞肿瘤进行分类或分型。此外，肉芽组织常会看到圆胖、幼稚的成纤维细胞，这些细胞可能会表现出显著的恶性特征，故肉芽组织与梭形细胞肿瘤常常很难鉴别。在某些病例中，确诊梭形细胞肿瘤需要依赖于组织病理学检查。

局部炎症反应或其他刺激可能导致间质细胞发育不良，进而导致细胞形态与肿瘤相似，但通常炎症仅造成轻微至中等程度的细胞形态改变。发育不良导致的细胞变化，较少看到细胞核或核仁的改变。如果细胞学镜检怀疑某些细胞是发育不良而非肿瘤时，应活检采样送组织病理学检查。或者，可以先针对发育不良的刺激源（炎症或其他刺激）进行治疗，之后再进行一次细胞学检查。图2-11提供了细胞学上梭形细胞肿瘤的鉴别准则。下文将逐一介绍某些梭形细胞肿瘤。

（16）**纤维瘤** 马的纤维瘤为不常见的良性肿瘤，常以单发性肿物形式发生于成年到老年马。纤维瘤可能呈硬性纤维瘤或软性纤维瘤，且很少发生溃疡。抽吸法或印片法通常都只能采到少量细胞。虽然从切除的纤维瘤进行刮取法采样会得到较多细胞，但也不会特别多。涂片中的细胞通常为散在分布，但也偶见多个细胞形成的细胞团。

纤维瘤细胞通常形状与大小一致（附图7E），细胞呈狭长、梭形，细胞质中量呈浅蓝色，核位于中央，两端形成长长的尾巴。细胞核为圆形至卵圆形，染色性中到强，染色质呈平滑到花边状，可能含有1～2个小而圆且不太明显的核仁。

（17）**纤维肉瘤** 纤维肉瘤来自皮肤或皮下组织，可能发生溃疡并继发感染。抽吸、印片、刮取法制备纤维肉瘤的细胞涂片，会获得比纤维瘤更多的细胞。从纤维肉瘤采到的细胞，相较于纤维瘤，细胞梭形形态不明显（附图7C）。大部分细胞呈圆形和/或卵圆形；其他细胞可能为星形，或仅有单侧细胞质长尾状结构。偶尔可见到多核成纤维细胞。随着恶性程度上升，细胞、细胞核、核仁、细胞质嗜碱性出现轻微到显著的差异，核质比上升，还会看到大型和/或多角形核仁。

（18）**肉芽组织** 马伤口肉芽组织的过度增生（瘢痕）很常见，常发于肢端。肉芽组织包含了增生的成纤维细胞与小血管。由于成纤维细胞为原始、圆胖的梭形细胞，具有部分未分化细胞的特征，故在细胞学上肉芽组织很难与纤维组织来源的肿瘤进行鉴别。若怀疑为肉芽组织，需活检采样进行组织病理学检查。

（19）**肉瘤** 马的肉瘤是最常见的皮肤型肿瘤，可能为单发或多发性病变。肉瘤好发于年轻马，实际上可见于各年龄段的马。肉瘤通常为局部侵袭性的、成纤维细胞型的皮肤肿瘤，细胞学镜检下可见许多梭形细胞，染色质呈轻到中度粗颗粒状，核仁小。单就细胞学检查，无法区别肉瘤与其他纤维细胞肿瘤（纤维瘤、纤维肉瘤）及肉芽组织。

（20）**脂肪瘤** 脂肪瘤为不常见的良性肿瘤，好发于躯干部与四肢近端的皮下[6]。溃疡很罕见。以抽吸法采样脂肪瘤细胞，会看到大量的游离的脂肪与少量的脂肪细胞。因此，细胞涂片常呈油状不会干燥。罗氏染色法不能对脂肪进行染色，脂肪也会被其他含有酒精的染液溶解。因此，镜检时可见一些空白区域和脂肪细胞。脂肪细胞有小型深染的核，被胞质内的脂滴局限在细胞膜附近（附图6H）。可以在以酒精固定前，先用苏丹IV或油红O等对新鲜的涂片进行脂肪染色。

脂肪瘤通常不会有继发感染。因此，当细胞涂片中同时看到脂滴、脂肪细胞与炎症细胞时，应首先考虑脂肪炎（脂肪坏死/脂肪炎/脂膜炎）。

（21）**脂肪肉瘤** 采用抽吸法、印片法与刮片法对脂肪肉瘤进行采样时，可能会看到游离脂肪、部分成熟的脂肪细胞与脂肪母细胞，涂片具有油腻感。或者，也可能看到极少量的游离脂肪、少数成熟脂肪细胞与大量的脂肪母细胞，涂片无油腻感。

脂肪肉瘤细胞通常细胞质呈浅色，细胞边界不清楚（图2-16）。在同一个肿瘤中，细胞形态可能会出现很大多形性，可能会像脂肪细胞，也可能为形态奇特的母细胞，类似于纤维肉瘤，细胞内可能会看到各种大小的脂滴。无论如何，越不成熟与分化越差的细胞，通常含有的脂滴越少与越小的脂肪滴。涂片在以酒精或其他脂肪溶剂处理之前，可以先进行脂肪特殊染色，如苏丹IV与油红O，以确认是否有脂滴存在。

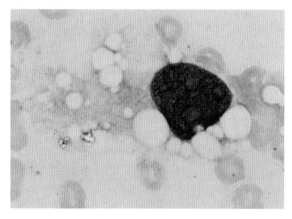

图 2-16　脂肪肉瘤的抽吸样本

可见空泡状细胞质，边缘不清楚，核大，染色质结构松散，含有多个明显的核仁。（瑞氏染色；原始放大倍数为400倍）

炎症反应可以导致脂肪细胞发育不良。发育不良的脂肪细胞其形态上可能与脂肪肉瘤细胞十分相似。由于淋巴肉瘤很少引起继发感染或炎症反应，故如果细胞涂片下观察到炎症的证据与发育不良的细胞形态，应高度怀疑脂肪组织炎症或坏死（脂肪坏死/脂肪炎/脂膜炎），但是不能完全排除脂肪肉瘤继发炎症反应的发生。要完全鉴别肿瘤与发育不良，应作活检采样进行组织病理学检查。

（22）**血管瘤**　血管瘤是一种较为罕见的血管内皮细胞来源的良性肿瘤，连通血液循环系统。可见于不同年龄的马，也可见于先天性疾病。皮肤血管瘤通常是单发性、呈蓝色至黑色的病变，常发于四肢末端。采用抽吸法对血管瘤取样，可看到大量的血细胞，或有少量的内皮细胞。由于中性粒细胞具有黏附在边缘的趋势，相较于外周血液涂片，血管瘤与血管肉瘤涂片内可见较多的中性粒细胞。由于只采集到少量肿瘤细胞，细胞学上会很难与非肿瘤性的活化内皮细胞进行鉴别。肿瘤细胞可能为卵圆形、梭形或星形，有中等到丰富的浅蓝至蓝色的细胞质，且含有中型、圆形至略卵圆形的核（附图7B），染色质常为平滑到轻微花边状，可能有一或两个小的圆形的不明显的核仁。由于血管肉瘤可能分化良好，血管瘤与血管肉瘤的细胞涂片常无法取得足够的肿瘤细胞来进行确诊。应进行肿瘤切除并进行组织病理学检查。

细胞学检查可以区分血肿与血管瘤/血管肉瘤。从血管肉瘤与血管瘤采到的血液中含有血小板，而血肿中采到的血液则不含血小板，除非在出血后数小时内就进行采样，或者活检样本被血液污染。此外，血肿的抽吸活检样本中常可见巨噬细胞吞噬红细胞作用（附图2B）和/或含有红细胞降解产物，而来自血管瘤或血管肉瘤的活检标本则无此现象。出血/血肿可能发生于任何肿瘤内或肿瘤周围，包括血管瘤与血管肉瘤。因此，当细胞学看到出血/血肿的证据，都不应该武断地直接排除血管瘤/血管肉瘤。

（23）**血管肉瘤**　马的血管肉瘤很罕见，常为单发性、快速生长的病变，好发于成年到老年马。血管肉瘤为血管内皮来源的恶性肿瘤，与血液循环系统相连通。血管肉瘤的抽吸样本常常含有大量血液与少量到中等数量的内皮细胞。由于中性粒细胞具有黏附在边缘的趋势，相较于周边血液样本，血管肉瘤会看到较多的中性粒细胞。血管肉瘤的肿瘤内皮细胞形态上差异很大，从类似正常内皮到中大型细胞均有，细胞、细胞核、核仁的大小具有显著差异，核质比升高，核仁明显、多角形，细胞质嗜碱性（图2-17）。

当细胞涂片上的许多细胞出现不小于3个以上的细胞核恶性特征（表1-4）且无任何炎症反应或肉芽组织的迹象时，可判定此肿瘤为恶性。然而，此类肿瘤通常采不到足够肿瘤细胞，或恶性特征不够显著，以至于很难判定为恶性。此外，仅通过细胞学检查，通常无法获得足够的证据来鉴别血管瘤与血管肉瘤。故应切除肿瘤并做组织病理学检查。

（24）**黑色素瘤**　黑色素瘤可能是良性或恶性，单发性或多发性结节，好发于各年龄段，但最常见于成年到老年马。黑色素瘤常见于灰马，大约80%大于15岁的灰马有黑色

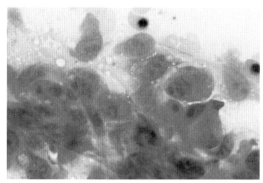

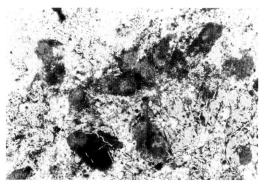

图 2-17　血管肉瘤的印片

细胞呈现多形性，具有清晰的细胞边界以及不等量的蓝色细胞质。细胞核大小和形状有明显的差异。核仁明显，其大小、形状、数量差异较大。（瑞氏染色；原始放大倍数480倍）

图 2-18　黑色素瘤的抽吸样本涂片

黑色素瘤的细胞包含丰富的绿黑色色素。由于在抽吸和细胞涂片制备过程时造成细胞破裂，因此背景有丰富的色素。（瑞氏染色；原始放大倍数250倍）

素瘤。

　　黑色素瘤的细胞学样本内通常可见中等数量细胞与少到中等量的血液，但是偶尔也可见少量细胞与大量血液。大部分肿瘤细胞单独存在，但少数聚成小群。细胞可能为圆形、卵圆形、星形与梭形。无黑色素的黑色素瘤主要包含圆形到卵圆形细胞，可能会与圆形细胞肿瘤混淆。然而，一般而言会看到少量的梭形细胞。肿瘤细胞具有中等到丰富的细胞质。恶性黑色素瘤细胞也可能含有丰富的细胞质，所以通常核质比低。细胞质常含有黑褐色到绿黑色的色素颗粒（附图6F）。这些颗粒可能紧密地充满细胞质，遮住细胞核，但在其他细胞中也有可能看不到这些颗粒。通常涂片的背景会看到大量的黑色素颗粒，这是由于采样时细胞破裂所致（图2-18）。无黑色素的黑色素瘤，通常为恶性肿瘤，仅含少量色素，在组织病理学检查中也很难辨识。然而，细胞学下仔细观察，会发现少许细胞内仍含有少量色素颗粒。有些恶性黑色素瘤细胞恶性特征显著，但有些分化良好，在细胞学上未表现出明显的恶性特征。仅透过细胞学对肿瘤是否为良性进行判定应谨慎。

　　黑色素细胞要与噬黑色素细胞（吞噬黑色素的巨噬细胞）、噬含铁血黄素细胞（吞噬含铁血黄素的巨噬细胞）与肥大细胞进行鉴别。噬含铁血黄素细胞通常含有少许清澈的空泡，与少到多个大型吞噬泡，内含黑色素。这些含有黑色素的空泡通常远大于黑色素细胞与黑色素母细胞内的小颗粒。噬含铁血黄素细胞含有大量塞满了含铁血黄素的吞噬泡。含铁血黄素吞噬泡为蓝黑色到棕黑色，通常远大于黑色素细胞与黑色素母细胞内的小颗粒。肥大细胞（附图7D）为圆形至卵圆形，含有少量至多量的红紫色颗粒，而通常这些颗粒大于黑色素细胞与黑色素母细胞内蓝黑色或绿黑色的小颗粒，但小于噬含铁血黄素细胞与噬黑色素细胞内的吞噬泡。

　　（25）黏液瘤与黏液肉瘤　黏液瘤与黏液肉瘤为罕见的皮下肿瘤。它们通常为单发性

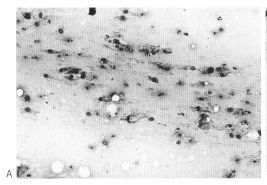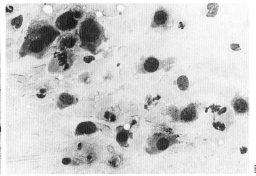

图 2-19 黏液肉瘤的抽吸样本涂片

A. 低倍镜，可见排列成条状的间叶细胞以及红细胞，推测为物质本身具有黏稠性。可见背景有淡色嗜酸性物质。 （瑞氏染色；原始放大倍数为50倍） B. 高倍镜，可见具有多形性的梭形间叶细胞。右下角可见细胞内有嗜酸性分泌物质（瑞氏染色；原始放大倍数为125倍）

肿块，可能发生在全身各部位。细胞学抽吸样本，可能会采集到少量的胶状物质。黏液瘤与黏液肉瘤的细胞学采样样本内含有少到多量的散在肿瘤细胞，背景会有许多粉红色均质物质。肿瘤细胞形态学差异很大，从卵圆形到星形或梭形均有，且有少到丰富的细胞质，其内有时会含有空泡，空泡内含粉红色分泌物质（图2-19）。卵圆形细胞通常核偏于一侧，且细胞质为中至深蓝色，形态上很像浆细胞。黏液肉瘤的恶性特征差异性很大。

（26）**神经纤维瘤/神经纤维肉瘤** 神经纤维瘤与神经纤维肉瘤为罕见的神经鞘细胞肿瘤，最常见于年轻马（3～6岁龄）的眼睑周围。细胞学镜检中，很难与其他梭形细胞肿瘤如纤维瘤与纤维肉瘤进行鉴别。确诊必须要靠组织病理学诊断。

（27）**恶性纤维组织细胞瘤（软组织巨细胞肿瘤）** 这类肿瘤很少发生于马，通常为单发性病变，最常见于颈部与四肢近端。这些肿瘤很少转移但是具局部侵袭性，若手术移除不完全则经常复发。

最佳细胞学采样为抽吸法，通常能取得足以供诊断的细胞量。抽吸样本通常由多核巨细胞（图2-20）、成纤维细胞（见上文纤维肉瘤的描述）和类似组织细胞的较小圆形细胞组成。

（28）**未分化肉瘤** 未分化肉瘤为恶性肿瘤，由形态可判断为间质来源肿瘤，但无法判定为何种具体的细胞来源（成纤维细胞、内皮细胞等）。显然，这些肿瘤在细胞形态上可能有很大的差异。要将它们判定为肉瘤，首先应识别梭形细胞。由于其未分化和退化的性质，通常很容易被确认为恶性，其细胞特征与上述梭形细胞肿瘤类似。

（29）**癌肉瘤** 癌肉瘤为恶性肿瘤，但其细胞分化形态难以判定为肉瘤或上皮癌。这些肿瘤由于具有未分化的特性，通常很容易判定为恶性。细胞特征差异很大，可能包括癌与肉瘤的特性。

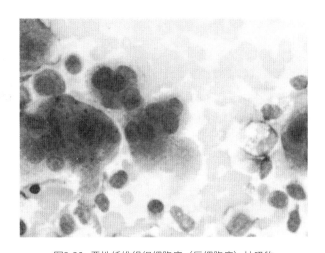

图2-20 恶性纤维组织细胞瘤（巨细胞瘤）抽吸物

可见许多多核巨细胞以及少量组织细胞，有一个细胞具有拖尾的细胞质。（瑞氏染色；原始放大倍数为200倍）

5. 囊性病变的评价 囊性病变可能为肿瘤性或非肿瘤性。发生于皮肤与皮下的肿瘤性囊性病变包括血管内皮细胞瘤/血管内皮细胞肉瘤，腺瘤/腺癌，神经纤维瘤/神经纤维肉瘤与黏液瘤/黏液肉瘤。

发生于皮肤与皮下的非肿瘤性囊性病变包括血肿、血清肿、水囊瘤、脓肿与表皮样囊肿。对这些病变内的液体进行细胞学评价十分有助于判断细胞分化。图2-21提供了细胞学上囊性病变的鉴别准则。某些特定的病变将于下文讨论。

（1）**表皮样囊肿** 表皮样囊肿通常来自鳞状上皮细胞分化的组织。此类病变内所含的液体通常为乳白色至棕灰色。当出血或被周围血液污染时，这些液体会变成粉红色至红色。

这类囊肿的细胞涂片会看到大量不定形的蓝色至灰染的物质，且有少量至大量不等的鳞状上皮细胞（图2-22）。如果囊肿破裂，会看到中性粒细胞与巨噬细胞。如果有出血或血液污染，会看到血液成分（红细胞、中性粒细胞等）。有时候也会看到胆固醇裂隙和/或胆固醇晶体（图2-23）。胆固醇晶体是由于脱落至囊肿内的细胞分解导致胆固醇堆积而形成的。胆固醇裂隙为经含酒精的罗氏染液处理，胆固醇结晶被溶解后留下的空白区域。当胆固醇晶体含量较多时，部分胆固醇晶体在罗氏染色的涂片中仍会被观察到。

（2）**血肿** 从血肿抽吸取得的液体是红色到红棕色的。离心后，浮在表面的液体经测定后，总蛋白含量会介于2.5g/dL与外围血液的总蛋白含量间。细胞学检测显示，液体内含有非退行性中性粒细胞、巨噬细胞与大量红细胞。可能也会见到少量淋巴细胞。通常会看到活化的巨噬细胞胞质内吞噬有完整的红细胞（附图2B）、胆红素（附图2A）及其他红细胞降解产物。血肿样本中通常不会含有血小板，除非在血肿形成后几小时内就进行采样，或者活检标本被外周血液污染。血肿与血管瘤及血管肉瘤的鉴别方法已于前文讨论过。

（3）**血清肿/水囊瘤** 血清肿/水囊瘤的抽吸样本通常为清澈至琥珀色，总蛋白质大于2.5g/dL，细胞量很少。细胞组成主要为单核细胞，特征似巨噬细胞或囊壁细胞。这些细胞通常呈中大型、圆形，具有丰富细胞质，且常有空泡。核通常偏于一侧，呈圆形，但有时候也会在中央，染色质呈平滑至细花边形，且包括1～2个不明显的核仁。可能也会看到少数非退行性的中性粒细胞。少许囊壁细胞可能呈梭形。偶尔，一些细胞可能出现严重发

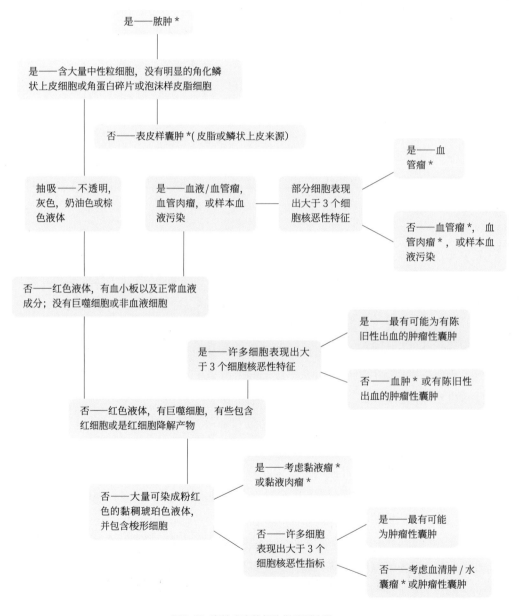

图 2-21 囊性病变的细胞学诊断流程

*见本章讨论。临床数据，如病灶病史，病理学检查和放射学检查可帮助进一步的鉴别诊断。

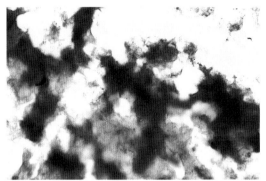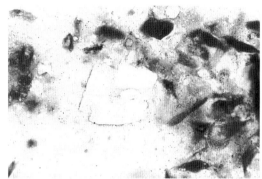

图 2-22 表皮样囊肿的抽吸样本	图 2-23 表皮样囊肿的抽吸样本
可见大量无定形的蓝色碎片。（瑞氏染色；原始放大倍数为50倍）	可见胆固醇的结晶，背景为退行性鳞状细胞和嗜碱性细胞碎片。（瑞氏染色；原始放大倍数为50倍）

育不良，表现出恶性特征。若出血或活检样本被血液污染，则细胞涂片中会同时看到血肿和/或外周血液与血清肿/水囊瘤的特征。

（4）脓肿 脓肿的液体通常呈乳白至黄、粉红色或棕色。由于液体混浊，总蛋白浓度无法确定。即使离心后，上清液仍太混浊而难以精确测量总蛋白含量。当可测得总蛋白浓度时，通常数值大于4.0g/dL。

脓肿的涂片常含有大量细胞。细胞成分通常为90%中性粒细胞与少量巨噬细胞，也可见到零星的淋巴细胞与浆细胞。若是革兰氏阴性菌造成的脓肿，常会看到大量退行性的中性粒细胞（附图1D）；革兰氏阳性菌造成的脓肿则包含少至多量的退行性中性粒细胞。在其他脓肿中，通常只有少数或无退行性中性粒细胞。有时，50%以上的有核细胞为巨噬细胞，特别是无菌性异物性脓肿。无菌性异物性脓肿如油状注射剂所致的病变，可能会看到许多折光性的物质与炎性细胞。

参考文献

［1］ Ackerman:Practical Equine Dermatology. 2nd ed. Goleta, CA,1989,American Veterinary Publications,pp62-63.

［2］ Scott: Large Animal Dermatology. Philadelphia,1988,Saunders,pp168-196.

［3］ Crane: Equine coccidioidomycosis. Vet Med 57:1073-1078,1962.

［4］ Weidman:Cutaneous torulosis.Arch Dermatol Syphilol 31:58-61,1935.

［5］ Bennett:Equine leishmaniasis: treatment with berberine sulphate J Comp Pathol 48:241-243,1935.

［6］ Scott: Large Animal Dermatology. Philadelphia,1988,Saunders,pp419-458.

［7］ McEntee: Equine cutaneous mastocytoma: morphology, biological behavior and evolution of the lesion. J Comp Pathol 104:171-178,1991.

［8］ Held et al: Work intolerance in a horse with thyroid carxinoma.JAVMA 10:1044-1045,1985.

［9］ Ramirez et al: Hyperthyroidism associated with a thyroid adenocarcinoma in a 21-year-old gelding. J Vet Med 12(6):475-477,1998.

［10］ McFadyean: Equine melanomatosis. J Comp Pathol 38:186-204,1933.

第 3 章　眼与眼附属器官

　　从马眼与眼附属器官采集细胞标本进行细胞学评价，是作为马眼科疾病诊断和治疗的一种有效的方法。细胞学的标本采集和检查简单易行、价格低廉，并且对病畜的风险极小。此外，细胞学检查相较于组织病理学检查能够更迅速地获得诊断结果。虽然细胞学检查是全科医生和眼科专家共同使用的一种重要检查方法，但它不应被认为是其他诊断方法（包括培养和活检）的替代法。微生物培养和组织病理学检查被证明在细菌感染阳性的鉴定和组织细胞的判读上是最有效的 [1,2]。细胞学检查仅评估单个细胞，而不会考虑到组织的整体结构，所以组织病理学检查更适合肿瘤的分类和预后 [3]。

　　采集眼与眼附属器官的细胞学样本一般遵循前文提到的细胞学样本采集方法（见第 1 章）。本章首先重点介绍在眼组织细胞学样本制备中的一些特殊情况，然后回顾正常的眼细胞学特征。最后，进一步对马眼与眼附属器官常见的感染性、炎症性和肿瘤性疾病进行阐述。

Diagnostic Cytology
and Hematology of the Horse
Second Edition

1. 眼组织细胞样本采集　正确的样本采集对于准确的诊断是至关重要的。由于严重的眼痛，对马眼部相关疾病的检查或操作可能较为困难。适当利用控制耳朵或鼻子、耳部运动神经和眶上感觉神经阻滞、局部麻醉剂和静脉镇静，以便对受影响的眼球进行适当的检查和初步诊断[4]。对眼睛和相关的附属器官的诊断流程应以有组织、有序的方式进行，从而避免初始的流程对测试结果产生不利影响。建议在应用荧光素染色或局部麻醉之前，先进行需氧和真菌培养[5]。对眼睑、角膜、结膜样本的常规培养，建议培养基包含血琼脂，基础培养基多数用于好氧菌，若怀疑真菌感染可用沙氏琼脂。如果怀疑有培养条件更苛刻的细菌感染，如营养变异链球菌，除了血琼脂外，还应使用巧克力琼脂。如果需要运输，琼脂培养基为首选运输培养基，接种后应立即孵育。

细胞学可用于急性、难治性或复发性的眼外疾病，以及对眼睑、膜、瞬膜、结膜或角膜表现为渗出、化脓或增生的眼外部疾病。

细胞学检查是用来判断细胞反应特征（中性粒细胞、淋巴细胞、嗜酸性粒细胞、肉芽肿）和识别寄生虫、细菌和真菌的必要工具。对人类来说，在疾病的早期，也就是在继发性眼部病变发生之前，刮取检查是最有帮助的[7]。

细胞学样本采集前，应使用棉签或无菌、非抑菌性的商业洗眼器轻轻地清洗眼表面的渗出物。如果不考虑潜在的病因，含有黏液、中性粒细胞和多形性细菌的渗出物在许多眼科疾病中属于一种非特异性反应。对眼睛和相关结构的初步清洁有助于确保对受影响的组织进行适当的取样，而不是收集不具代表性的、有时甚至是误导性的细胞碎片。

刮片采样的首选部位是涉及疾病的特定区域。例如，如果怀疑是肿瘤，应刮取肿物表面异常的组织。在角膜疾病，刮取角膜病变的边缘，如果存在弥漫结膜病变，刮片时下眼睑结膜要外翻，以避开下眼睑缘的角化上皮。

细胞学采集方法包括印片法、细针抽吸法、拭子法和涂抹法。刮片是一种用于收集眼表面细胞的细胞学技术，该技术使用的器材包括木村刮刀、虹膜复位刮刀、手术刀刀柄和化学测量刮刀（图3-1）[3,13~14]。最近，已报道用细胞刷对结膜和角膜脱落细胞进行检查[15~16]。这种方法可以获得足够数量的细胞，并且可以得到一致的单层上皮细胞。

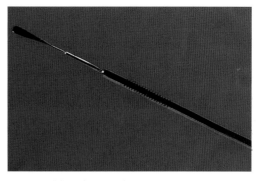

图3-1　木村铂金刮刀，专用于收集眼部细胞学样本

如果用刮刀收集眼部细胞学样本，需要多次用火焰消毒刀尖并让其冷却，才能接触眼表面。木村铂金刮刀能够实现快速加热和冷却，使其成为理想的细胞学取样器材。清洗过眼表面的黏液脓性分泌物后，对角膜和结膜进行局部眼科麻醉，经消毒的刮刀沿表面或病变的边缘多次以相同的方向刮取（不要来

回），直到在刮刀的边缘或尖端收集到形成小液滴的病料（图3-2）。用力轻柔，以使样本不被血液污染。立刻将所收集的样本转移到载玻片上，并按照第1章中叙述方法将其展开。如果材料又黏又厚，在展开前向样本中加一滴无菌生理盐水，理想情况下，将细胞摊薄，使涂片只有一层细胞厚。

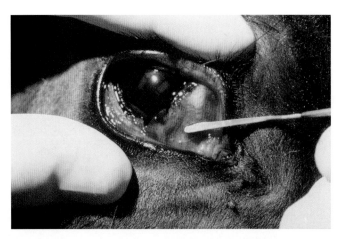

图3-2 灭菌木村刮刀沿表面或病变的边缘多次以相同的方向刮取，直到病料在刮刀的顶部形成小液滴

2. 角膜刮片 在溃疡性角膜炎的情况下，角膜溃疡边缘可作为细胞学样本制备和培养的直接采样部位。

单纯溃疡性角膜炎的病例，结膜刮片或分泌物涂片的细胞学检查可能有误导性，因为分泌物中微生物的数量和类型可能与角膜基质中的存在着不同。尽管一般建议在使用局部麻醉剂前采集角膜样本进行培养，但2滴0.5%盐酸普鲁卡因不会显著影响眼表面培养物中的病原体数量和类型。在采集培养样本之前，用巯基乙酸盐培养液湿润拭子可增加从眼表面获得病原体的机会。因为从正常的马眼睑边缘和结膜也可分离出不同种类的细菌和真菌，因此怀疑有细菌或真菌性角膜炎时最重要的是获得角膜病变部位的样本，而不是眼睑、结膜或是眼部分泌物[19,20]。角膜刮片，需要对所涉及的病变区域进行彻底而仔细的清创以获得足够的细胞样本进行诊断。在采集角膜刮片样本之前，应在角膜上使用局部麻醉剂，如0.5%盐酸丙美卡因。然而，当出现深溃疡或穿孔时，必须避免造成过大的眼压，防止医源性眼球破裂。在马真菌性角膜炎中，真菌通常情况下生长在更深的角膜层，对角膜后弹力层有明显的亲和力[21,22]。如果感染真菌菌丝的角膜病灶发生上皮化，必须除去表面上皮，才能得到有意义的培养物和细胞学样本。

尤其是在角膜卫星病变中，采集多处和深部角膜的刮片样本，是建立诊断所必要的（图3-3）[23,24]。最后，如果角膜刮片呈阴性，可能需要进行部分角膜切除术或角膜活检来证实真菌成分[25]。组织病理学检查要将组织在福尔马林中固定，经特殊染色可帮助检测到真菌（参见本章对特殊染色的相关论述）。

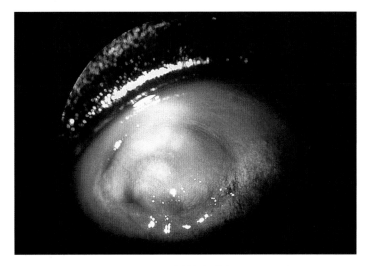

图3-3 真菌性角膜炎

真菌性角膜炎常出现卫星病变，如果首先刮掉角膜的上皮，这些区域可能会发现真菌菌丝。

3. 眼结膜及角膜活检 结膜或角膜活检是一种有用的诊断技术，特别是用于检测肿瘤、寄生虫或真菌。为了充分麻醉结膜或角膜组织进行活检，至少需要间隔数分钟，至少两次滴入局部麻醉剂。对于较大的病变，在组织收集前，轻轻地握住浸泡在局部麻醉剂中的拭子，直接在活检区域进行1~2min涂拭，可以更好地实现局部麻醉。为获取充足的样本，可能还需要辅以其他的局部注射麻醉和全身镇静。

用细镊子直接提起患部相邻的组织，并用剪刀或手术刀沿周围切取活检样本（图3-4）。细胞学评价前，将切除组织标本固定在福尔马林中。对于检查微丝蚴的组织样本，先要用保湿剂使其保持湿润，在载玻片上滴一滴温的生理盐水，并将切下的组织放置在载玻片上。微丝蚴检查要在5~60min内进行，并保持样本的温度，在低倍镜下进行观察[26]。

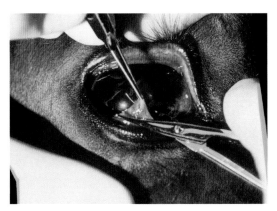

图3-4 结膜活检，用小剪刀剪掉结膜的一部分

4. 晶状体、玻璃体和视网膜下穿刺 有时严重的前葡萄膜炎，会导致炎性细胞由相关出口进入眼前房，引起眼前房积脓（图3-5、图3-6）。当由严重的无反应性前葡萄膜炎引起眼房水呈现混浊或不透明状态，例如在发生感染性前葡萄膜炎或眼

内肿瘤时，可进行角膜穿刺术。对于有明显玻璃体混浊、渗出性视网膜分离和疑似有细菌或真菌性眼内炎的马，应该考虑玻璃体或视网膜穿刺，血液培养可以帮助细菌性眼内炎的诊断[27]。

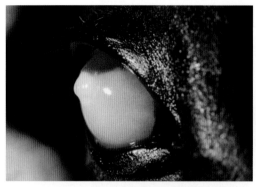

图3-5 眼前房积脓，严重前葡萄膜炎导致眼前房积脓

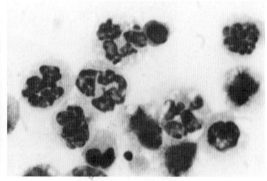

图3-6 眼前房积脓涂片，为图3-5病例中样本涂片
主要是中性粒细胞、纤维蛋白和少量红细胞、浆细胞、淋巴细胞存在，还可能出现含色素细胞。

在进行晶状体、玻璃体或视网膜下穿刺时，马需要全身麻醉，必须谨慎进行。在进行眼部前房穿刺时，临床医生必须了解可能出现的并发症，包括现有的前葡萄膜炎恶化，眼内出血，血管内皮损伤，角膜水肿，或微生物侵入眼球。因此，只有在其他诊断方法无法获得足够的信息时才考虑进行眼前房穿刺。

眼前房穿刺是通过角膜缘进针的穿刺方法（图3-7）。最初，用5%碘伏溶液和0.9%无菌生理盐水冲洗清洁眼结膜和角膜。在穿刺过程中，用开睑器拨开眼睑暴露角膜前表面。使用按捏钳提起球结膜，稳定进针部位。将22号或25号针头连接到1mL注射器上（已损坏活塞密封件），然后将其插入距边缘3～4mm的球结膜下。将针头穿过结膜下方的边缘，

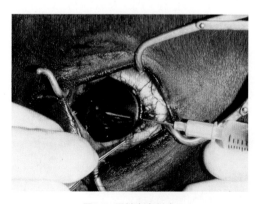

图3-7 眼前房穿刺术
用无菌1mL注射器连接22号或25号针头，由眼前房表面沿角膜缘3～4mm的结膜处平行于虹膜插入眼前房。

进入与虹膜表面平行的前房，通过缓慢、温和地抽吸采集0.5～1.0mL的房水样本。然后用按捏钳或无菌棉签轻轻按压穿刺口，可防止眼房水的溢出。还有报道称可使用水穿刺吸液管进行穿刺采样[28]。

玻璃体和视网膜下穿刺是通过睫状体平坦部进针的穿刺方法，注意不要刺破晶状体（图3-8）。全身麻醉和眼表准备与眼前房穿刺相似。另外，在取样过程中使用药物扩瞳，可提供更好的可视效果。

在玻璃体和视网膜穿刺时，将一根22或23号的皮下注射针连接到一个1mL的注射器上（已损坏密封活塞），并在角膜缘背外侧1/4边缘后大约7mm处插入，避免从下1/4或内侧1/4的角膜缘入针，大多数动物中视网膜是向前延伸的[29]。通常对造成玻璃体液化的疾病采样时，注射器内需要增加少量的负压。然而，肿瘤或肉芽肿细胞样本可能需要更大的针或更大吸力才能取出。从玻璃体或视网膜下吸出的液体量一般不超过0.2mL。样本采集后，拔出针头按压或钳夹几秒钟以密封创口。通过穿刺采集的样本可以进行细胞学、分离培养、抗体滴度等更专业的诊断技术检测。准备样本进行细胞学检查时，将几滴收集的液体滴在玻片上，如第1章所述抹片、固定和染色。

在细胞较少的样本，样本离心可以帮助浓缩细胞，并获得较高的细胞量。对于从眼房水中收集的细胞，要尽快制样检测，避免因在低蛋白质水溶液中造成的细胞崩解[30]。如果需要特殊的诊断技术，谨慎的做法是在进行穿刺术前与实验室联系，以确保从马眼球获取的样本得到及时和正确的处理。

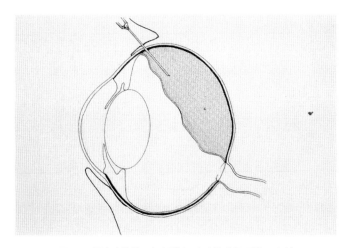

图3-8　通过睫状体平坦部进行玻璃体或视网膜下穿刺
注意不要刺破玻璃体。

5. 眼眶抽吸　眼球后细针穿刺可能是获得占位性眼眶病变诊断样本的最不具侵入性的方法，必须避开眼球和视神经。对于人类而言，眼眶的细针抽吸可用于诊断不可切除的恶性眼眶肿瘤，而避免手术探查，在某些情况下是有效的，与手术活检相比，通过眼眶穿刺获得的细胞学诊断不那么准确。

6. 眼部样本染色 罗曼诺夫斯基法染色（瑞氏、姬姆萨、改良瑞氏染色）是用于识别炎性和肿瘤细胞、细菌、真菌或细胞质包涵体的染色方法。罗曼诺夫斯基染色也能够用于识别和区分细菌性球菌（葡萄球菌、链球菌），大棒状杆菌（大肠杆菌）和小棒杆菌（一些双极的假单胞菌、大肠菌群）。大多数真菌容易被罗曼诺夫斯基染色。革兰氏染色可根据细菌表征来判定是革兰氏阳性或阴性。用革兰氏染色法在渗出物（包括眼部分泌物）的红色背景中很难鉴别革兰氏阴性病原体。

通过培养和药敏试验鉴定微生物有助于确定治疗方法，但是，根据致病微生物的染色特性和形态特征以及常见马眼病原体的了解，也可以立即进行治疗(表3-1)。

表 3-1 结膜炎和角膜炎革兰氏染色反应

染色特征	感染菌群
革兰氏阳性	
球菌，散在或成簇	葡萄球菌属
球菌链条状排列	链球菌属、营养变种链球菌属
杆菌	芽孢杆菌
丝菌	真菌、特别是曲霉属、镰孢属、青霉菌、藻状菌纲
革兰氏阴性	
双杆菌	莫拉菌
杆菌	绿脓杆菌、大肠菌群
丝菌	真菌

特殊染色，如过碘酸雪夫氏（PAS）染色、六胺银（GMS）染色或细胞荧光染色，可以用于检测真菌。 然而，对于大多数试验操作者，特殊染色并不容易进行。在大多数转诊实验室，如果被要求或评估样本的病理学家认为需要进行特殊染色，则可使用特殊染色。如果认为有必要，当采集标本时同时准备几个涂片，留下一些未染色的涂片，可做额外的特殊染色。

7. 特殊染色 免疫荧光抗体（IFA）不常用于马眼部疾病检测。在狂犬病毒和衣原体感染的诊断中，IFA试验已被用于结膜抗原检测[34,35]。使用IFA 技术在小马的眼房可检测到伯氏疏螺旋体[36]。使用荧光抗体染色，可确诊马疱疹II型病毒感染[37]。据报道，荧光增白剂-氢氧化钾染色技术是比PAS或GMS 染色更为敏感的真菌检测技术[38]。荧光增白剂(纤维素氟)是一种荧光染料，很容易被真菌细胞壁中的几丁质成分吸收。诊断样本染色1min，然后用紫外显微镜检查。真菌呈现黄绿色，背景为红色至橙色。该细胞荧光检测可用于皮肤真菌病和真菌性角膜炎诊断[39~41]。

8. 正常眼细胞学结果

(1) 眼结膜及角膜上皮细胞　马正常的角膜和结膜细胞形态学特征类似于犬和猫[13,14]。浅表上皮细胞变平，淡蓝色细胞质和位于中央的圆形至椭圆形、嗜碱性的细胞核（图3-9）。

中间区细胞相比于浅表上皮细胞在外观上呈多面体。基底细胞或基底旁细胞起源于角膜和结膜的最深层，呈圆形或圆柱形，细胞质较少，但染色较深（图3-10）。

除眼睑边缘附近的结膜细胞外，角膜或结膜上皮细胞发生角化均为异常表现。角化的

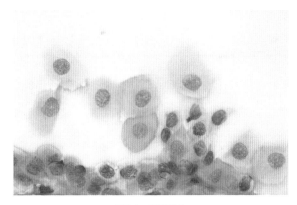

图3-9　结膜涂片

上皮细胞有淡蓝色细胞质和椭圆形嗜碱性的细胞核。

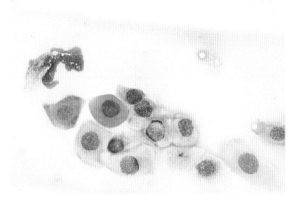

图3-10　结膜涂片

较深层的细胞(基底细胞或基底旁细胞)呈圆形至圆筒状，虽然比表层细胞胞质少，但细胞质染色较深。

上皮细胞有深蓝色到蓝绿色的细胞质，细胞核发生退化，固缩或消失。许多角化上皮细胞在涂抹"滚动"时，会导致细胞呈锯齿状或尖锐、长条形的外观（图3-11）。这些人为产生的改变不应该被误认为是异物。

图3-11 结膜涂片
角质碎片呈尖峰状，是扁平上皮细胞卷起的结果。

（2）**黑色素颗粒** 在色素沉着区域的上皮细胞，细胞质内黑色素颗粒是普遍存在的，如角膜缘或眼部色素沉着性病变。在正常角膜上皮细胞中不会发现色素颗粒的存在。黑色素颗粒呈暗绿色至棕黑色（图3-12），并可能表现出略微不同的形状，这主要取决于它们的位置。虹膜细胞中的黑色素颗粒一般呈椭圆形至圆形，而视网膜色素上皮细胞中黑色素颗粒呈披针形（图3-13）。在眼房水穿刺样本中可见少量游离黑色素颗粒和少量含黑色素细胞(黑色素细胞、噬黑色素细胞)。

（3）**微生物** 菌群通常存在于眼黏膜的表面，也可从健康的马常规细胞学标本中找到。革兰氏阳性菌占绝大多数，而革兰氏阴性菌较少见[19,43]。长期使用外用眼科抗菌药物可能会导致病原性细菌、酵母菌或真菌的过度生长[44]。

（4）**杯状细胞及黏液** 杯状细胞体积较大，细胞核位于细胞一侧。当杯状细胞的细胞质充满黏液时，圆形至椭圆形的细胞核可能会被挤压成新月形。细胞内黏液可能以透明区域出现，也可能被罗曼诺夫斯基染色后由红变蓝(视黏液数量而定)（图3-14）。用过碘酸雪夫氏（PAS）染色，黏液染色为深粉色（图3-15）。杯状细胞往往成簇出现，在某些物种的下鼻穹隆中含量最大[45]。

（5）**红细胞和炎性细胞** 在正常马的结膜刮片中，偶有红细胞、淋巴细胞、单核细胞、浆细胞和中性粒细胞。如果刮取时用力过度，这些细胞的数量和类型可能是由于外周出血增加所致。炎性疾病通常会导致中性粒细胞、淋巴细胞、单核细胞或浆细胞比发生单纯外周血污染时增多。如果这些细胞大量存在，而不存在红细胞，则很可能是发生了炎症反应。眼球表面在被表层的寄生虫感染时常出现一些淋巴滤泡。从该区域可能刮出包含众多大小不一类似于正常淋巴结的淋巴细胞。因此，应根据有无眼部炎症的临床征象，以及所见炎性细胞的数量和类型，对炎性细胞存在的细胞学标本做出正确的解释。嗜酸性粒细胞和嗜碱性粒细胞，通常不存在于马的结膜或角膜刮片中。

（6）**假性包涵体** 细胞在玻片上的不适当扩散可能导致核膜破裂，随后核物质进入细胞质。这种伪影可能会类似包涵体，称为假包涵体。

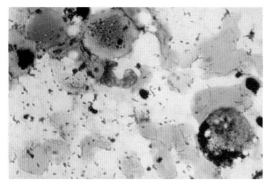

图3-12 结膜涂片

黑色素细胞和黑色素颗粒呈深绿色至棕色或黑色。背景上布满了许多黑色素颗粒。

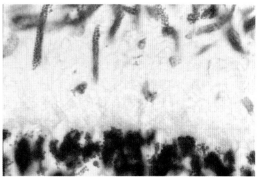

图3-13 虹膜黑色素颗粒

虹膜或睫状体的黑色素颗粒呈椭圆形或圆形，与视网膜色素上皮细胞中存在的披针形黑色素颗粒形成鲜明对比。

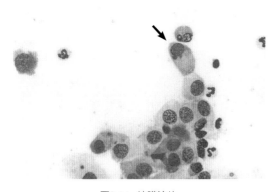

图3-14 结膜涂片

箭头所指为一个杯状细胞，细胞核偏移，细胞质呈淡蓝色。

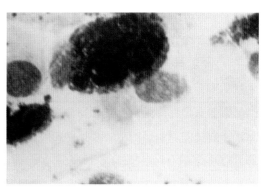

图3-15 杯状细胞具有偏心核和细胞内颗粒，PAS染色的黏蛋白呈深粉红色

（7）**眼房水**　在正常的眼前房抽吸标本中几乎无细胞[30]，偶尔可见少量红细胞、成熟淋巴细胞、组织细胞、游离的色素颗粒和含色素细胞。因为正常眼房水的蛋白质含量很低，在体外细胞可快速崩解[30]。

9. 眼睑

（1）**细菌性病变**　原发性细菌性睑缘炎在马很少见，眼睑脓肿常继发于异物反应[46]。无论有无细菌，细胞学上可见大量的退行性和非退行性中性粒细胞。曾有病例报道了一例马因慢性眼缘炎形成瘘管，并伴有继发性颧弓骨坏死[47]。莫氏杆菌属可引起溃疡性皮炎，并伴发眼睑和内眼角黏膜皮肤交界处的糜烂[48,49]。

（2）**真菌感染**　马的眼睑的真菌感染可能源于皮肤或全身性感染。因感染皮肤癣菌病与发癣菌属或者小孢子菌属都可以导致眼睑脱毛、结痂、脱屑和皮炎（见第2章）。确诊需要依据毛和表面皮屑的镜检、真菌培养和皮肤活检结果。由于国内大多数动物皮肤癣菌感染是毛外癣菌类型，所以通常没有必要用涉及氢氧化钾的毛干清除技术来观察真菌[50]。毛发和角蛋白可通过矿物油或标本盐水悬浮检查真菌菌丝和分生孢子。分生孢子可以见于毛干表面，菌丝则侵入和渗透毛干。皮肤刮片也可以用瑞氏染色。分生孢子较小（2～4μm），暗蓝色，呈圆形至卵圆形（见第2章）。

藻菌病（足分支菌病）是常见于热带地区的皮下感染，可能由几个不同的菌种所引起[51]。发生病变特征为头部和眼睑瘙痒、肉芽组织和坏死性瘘管形成。

皮疽组织胞浆菌是发生在非洲、亚洲和东欧的地方性疾病。由皮疽组织胞浆菌引起的流行性淋巴管炎，其特征可能是沿眼睑游离缘的局部肉芽肿[52]。诊断时可见双纺锤形、薄壁、出芽、卵形霉菌，菌体直径2～3μm即可判定是皮疽组织胞浆菌病（附图4C）。皮疽组织胞浆菌感染与单核细胞反应有关，以单核细胞和巨噬细胞为主。中性粒细胞通常比单核细胞数量少，并且无退行性变化，可能存在反应性淋巴细胞。隐球菌也可引起溃疡性眼睑病变（附图4H）[46]。

（3）病毒性病变　引起马眼睑病的病毒包括马乳头状瘤和马痘病毒[46]。马乳头状瘤（疣）由乳多泡病毒引起，常见于年轻马的面部。这些疣状物可以在数月内自发消退或者可以通过手术进行切除治疗，冷冻治疗或自体疫苗接种[53]。

在欧洲，马痘是一种较少见的良性疾病，由一种未分类的痘病毒引起，北美曾有一头驴患过马痘[54]。马痘(传染性脓疱性皮炎)的颊部特征是多发性水疱、脐状脓疱、唇和颊黏膜结痂。在严重的情况下，眼睑和结膜可能受到影响。有可能找到大的嗜酸性粒细胞，在皮肤刮片和结膜刮片中可见细胞质内有痘病毒导致的包涵体的形成。

（4）寄生虫性病变　眼睑疾病可由外寄生虫或迁移的蠕虫幼虫引起[55, 56]。家蝇和厩蝇（蝇柔线虫、小口柔线虫和大口柔线虫）是丽线虫病的生物载体，所以眼部病变的发生具有季节性，主要发生在温暖的月份。幼虫沉积在湿润的眼组织随后迁移到皮肤、眼结膜、鼻泪管系统并引起强烈的炎症反应。眼部病变的特点是瘙痒、不愈合、肿胀、溃疡、肉芽肿，有时伴有瘘管形成（图3-16）。其他的临床症状将在后续章节中讨论。

眼睑马丽线虫病的细胞学检查以嗜酸性粒细胞、肥大细胞、中性粒细胞和浆细胞多见为特征，通常未见幼虫虫体（图3-17）[46]。从结节的粉碎组织样本中可以更好地识别幼虫。如果在细胞学检查中没有观察到幼虫虫体，可能很难区分眼睑丽线虫病与肥大细胞瘤、嗜酸性肉芽肿合并胶原变性(结节性坏死)或真菌病[57]。

蝇柔线虫和大口柔线虫也可能侵袭其他溃疡性皮肤病，如肉瘤或鳞状细胞癌，这可能使细胞学检查复杂化，使最终诊断更加困难。因此，除了细胞学检查外，任何肉芽肿的组织病理学检查都是确诊的必要条件。虽然自然感染的蠕形螨在马是罕见的，但毛绒螨和蠕形螨，可能会导致眼睑板腺炎、眼睑脱毛、丘疹脓疱性皮炎和轻度睑炎，可根据睑缘睑板腺的分泌物和显微镜检查病料中发现雪茄形螨来确诊[58~60]。

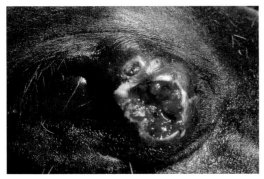

图3-16 丽线虫病

特征在于含有不愈合的，凸起溃疡性病变，呈黄色干酪样沙砾结节状。

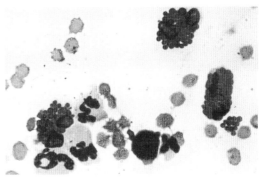

图3-17 马丽线虫病

马丽线虫病的细胞学检查，通常可见较多嗜酸性粒细胞、肥大细胞、中性粒细胞。

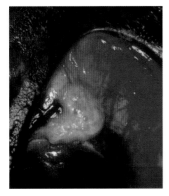

图3-18 鳞状细胞癌累及颞叶缘和接近角膜的鳞状细胞癌

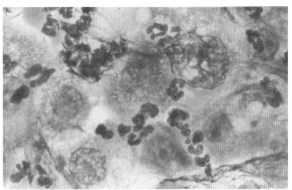

图3-19 鳞状细胞癌

鳞状细胞癌的特征是多形性嗜碱性上皮细胞，核质比多变（后文文字内容描述为核仁明显，常为多核仁）。

弩巴贝斯虫或马巴贝斯虫的眼部感染表现为眼睑水肿、眼黏膜黄疸、结膜出血、眶上窝肿胀、血泪[61]。在结膜刮片样本或鼻泪管分泌物的红细胞中可发现特征性的巴贝斯虫（附图5G）。

（5）**肿瘤性病变**　最常见的马眼睑肿瘤是鳞状细胞癌、结节病和黑色素瘤[62]。其他肿瘤不太常见有报道，包括纤维瘤、纤维肉瘤、神经纤维瘤、神经鞘瘤、乳头状瘤、淋巴肉瘤、浆细胞瘤、肥大细胞瘤、腺瘤、腺癌、基底细胞癌和脑膜肉瘤[46]。

鳞状细胞癌（SCC）通常出现在上皮过渡区，如角膜缘或眼睑黏膜。但是，SCC可能出现在任何上皮表面，并可能累及眼睑、结膜和/或角膜（图3-18）。环境（如太阳辐射）以及宿主因素如品种、年龄和附属器色素沉着量，可能会增加该肿瘤的发生[63,64]。在临床上肿瘤的特征，可以是小的、白色、增生性斑块或乳头瘤样结构，也可以是疣状表面不规则、呈结节状、粉红色、糜烂、坏死性病变。鳞状细胞癌的特征在于多形性嗜碱性上皮细胞具有显著的核质比变化，常为多核仁（图3-19）。可能会看到许多有丝分裂象，采集活样本是用于诊断的基础，如果病变较小，可手术切除进行诊断[65]。

　　马结节病是一种良性成纤维细胞瘤，表现为眼睑和眼周的单个或多个肿块（图3-20）[66]。眼观结节病可以是光滑的、溃疡或疣状的，被覆上皮通常无毛或继发感染[67]。组织学上，结节病主要由纤维组织构成，在抽吸、刮片或触片样本中，一般细胞数量很少。结节病的临床确认诊断需要以细胞学和组织学病变检查标本作为支持，结节病必须与纤维瘤和神经鞘瘤鉴别。

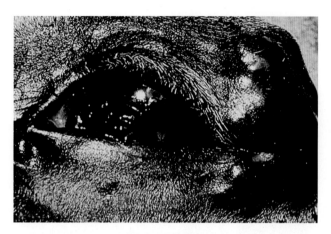

图3-20　马结节病

一种良性的成纤维细胞瘤。表现为黑色素沉积，呈分叶状肿块，累及上下眼睑颞部。

　　马眼睑的黑色素瘤是局部的，生长缓慢，而有色素沉积的肿瘤，远处转移的风险很低。阿拉伯马、佩尔什马、灰色马比其他的马匹更容易发生该肿瘤[62]。黑色素细胞可表现为圆形、梭形或上皮样。它们通常含有丰富的青黑色色素，可能会使细胞核模糊不清。由于缺乏恶性特征，特别是由于严重的黑色素颗粒形成而不能充分评价细胞核时，并不排除恶性肿瘤的可能性。诊断应通过活检和组织病理学检查进行。

　　虽然淋巴肉瘤不是一种常见的眼部疾病，但一项综述显示，最常见的马眼部发病部位是眼睑和眼睑结膜[68]（图3-21）。此外，还有关于马眼部附属结构发生淋巴结肉瘤的报道。当在涂片上观察到形态均一的非典型或大的未成熟淋巴细胞群时，应当怀疑为淋巴肉瘤[69,70]（图3-22）。观察这些不成熟的细胞，可以通过比较红细胞和淋巴样细胞的大小来判断。马红血细胞直径约为5μm，而良性淋巴细胞的直径通常不大于15μm。任何淋巴反应，通常主要以小淋巴细胞为主，偶尔混合一些中型或大型的淋巴细胞。相反，肿瘤的淋巴细胞具有较多的嗜碱性，有时有大量的细胞质空泡；染色后均匀或不规则结块、淡染、花边状；可见明显的不规则核仁，有时可见多个核仁[71]。很难找到以小细胞为主的异质淋巴细胞群，这些小细胞有浓缩的深染细胞核，或者是大量未成熟的淋巴母细胞，出现这些

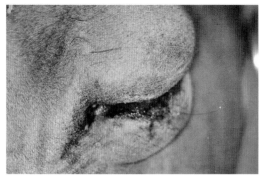 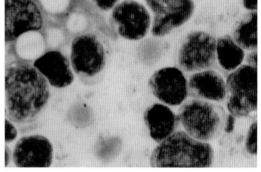

图3-21 淋巴肉瘤引起的眼睑肿胀　　　　　图3-22 眼睑淋巴肉瘤抽吸物

指征应怀疑为淋巴瘤。

（6）**其他病变**　麦粒肿（睑板腺囊肿）在马是不常见的，并且必须与寄生虫性肉芽肿和其他肉芽肿进行区分。麦粒肿可单发或多发于上或下眼睑。患部呈现白色至黄色，可能是脓肿，可能会含有硬质或干酪样物质。对睑板腺囊肿进行细针穿刺抽吸，涂片中可含有大量泡沫状巨噬细胞、皮脂腺腺上皮细胞、淋巴细胞、巨核细胞和无定形的细胞碎片（图3-23）。马的睑板腺脓肿是一种罕见的疾病，除了一个或多个眼睑的腺体受到影响外，可出现的病变与睑板腺囊肿类似。脓肿可破溃和流出脓液。马睑板腺炎也可能发生慢性肉芽肿反应，特点是可见无数的嗜酸性粒细胞[57]。

落叶型天疱疮会影响马眼睑，以及身体的其他部位。从完整的水疱或脓疱获得抽吸样本并进行镜检，样本内可见中性粒细胞或嗜酸性粒细胞。虽然在任何化脓性病变中都可能偶见棘形红细胞，但当这些细胞成簇或大量存在时，可怀疑是天疱疮。在细胞学中，难以可靠鉴别棘形红细胞，要对落叶型天疱疮进行确诊，需从这些病变切除的组织中进行组织病理学检查[50]。

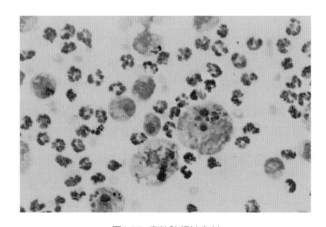

图3-23　麦粒肿细针穿刺
巨噬细胞与中性粒细胞之间的空泡化和泡沫。

马眼睑偶尔会出现嗜酸性肉芽肿与胶原蛋白变性所形成的结节，通常坚实、圆形、边界清楚，无脱毛和无溃疡。抽吸样本中包含嗜酸性粒细胞、肥大细胞、组织细胞、淋巴细胞且无微生物[50]，鉴别诊断包括肥大细胞瘤和寄生虫性肉芽肿。

在马眼部，眼睑下冲洗通常作为一种局部给药的手段。但一些并发症也可随之发生，如针管的滑移会使药物进入皮下组织而导致严重的眼睑蜂窝组织或角膜的机械磨损。急性和慢性过敏性睑缘炎，日射性无色素睑缘炎和眼睑对圣约翰草的光敏作用也有报道。

10. 结膜、膜、瞬膜和泪阜

（1）**细菌性病变** 马原发性细菌性结膜炎是罕见的。继发性结膜炎常伴有其他原发性眼部问题，如外伤、中毒性损伤、过敏刺激、眼睑畸形、泪液分泌减少、泪囊炎、角膜炎或葡萄膜炎[62]。

莫拉球菌是从患有原发性细菌性结膜炎中分离出的主要细菌[75,76]。马感染后的临床表现包括引起眼睑皮肤黏膜糜烂的细菌性结膜炎。从细胞学，可见短而圆的革兰氏阴性芽孢球杆菌呈成对和短链状[75-77]，确诊病原体必须通过结膜采样培养。

结膜炎往往伴随着全身性细菌性感染，病原体包括：衣原体、假单胞菌和链球菌。马驹衣原体感染多发生关节炎和结膜炎[78]。据报道马衣原体是结膜炎暴发的主要原因[79]。衣原体可在结膜细胞内形成嗜碱性细胞质内包涵体。

细菌性结膜炎可由马链球菌感染引起（图3-24和图3-25）。样本中可见大量的中性粒细胞与细胞内或细胞外球菌的存在。在细胞学上，继发性细菌感染与原发性细菌感染相同，其特征为明显的炎症反应，包括中性粒细胞和细胞内以及细胞外细菌。

马鼻疽（鼻疽假单胞菌感染）在眼睑缘可见灰紫色结节（5～12mm）[57]。疾病仅发生于东欧、亚洲和北非。致病菌为革兰氏阴性短杆状，末端呈圆形。

（2）**真菌性病变** 马真菌性结膜炎在北美很少发生，目前最常见的是真菌性角膜炎（见角膜）。在热带地区，芽生菌可能会感染结膜和鼻泪管系统。在临近于鼻泪管化脓性肉芽肿病变处可以发现菌体。

组织胞浆菌引起流行性淋巴管炎，可能表现为轻度限制性结膜炎，眼睑严重的伤口感染以及结膜或鼻泪管感染[80]，这类疾病可能在北美地区不会再出现，但仍常见于一些国家，特别是中国、印度、埃及和苏丹[81]。隐球菌可引起眼睑溃疡，累及结膜[46]，藻菌病可能会出现类似于丽线虫病的特征。由米兰达隐球菌引起的藻菌病，可通过在抽吸样本和结膜刮片样本中发现菌丝和培养来诊断[82]。

（3）**病毒性病变** 马结膜炎可能是由于多种病毒引起，包括马腺病毒、马疱疹病毒、马动脉炎病毒、流感病毒和非洲马瘟病毒[53]。这些疾病细胞内的包涵体可能不总能在细胞学样本中找到。在眼病毒感染的急性期，淋巴细胞的响应通常占主导地位，而中性粒细胞占优势的更多在慢性期。

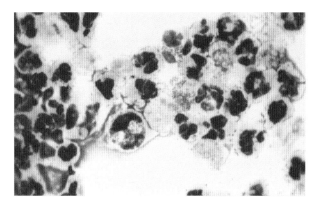

图3-24 链球菌结膜炎

可见许多球菌和退行性与非退行性中性粒细胞。

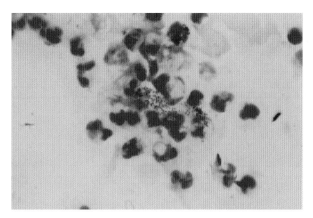

图3-25 链球菌结膜炎（革兰氏染色）

免疫缺陷阿拉伯马驹发生腺病毒性结膜炎时，伴有眼和鼻的黏液脓性排泄物产生[83]。可在结膜上皮细胞见到特征性核内包涵体。姬姆萨染色可使包涵体呈深紫红色，包涵体位于细胞核中央，周围可见边缘染色质。细胞反应包括巨噬细胞、中性粒细胞、肿胀的上皮细胞和大量黏液[83]。

（4）**寄生虫性病变** 眼睑、瞬膜和泪阜结膜肉芽肿最常由丽线虫病引起，与丽线虫病相关的临床症状包括瘙痒，形成黄色、斑块样、坚实的结膜结节。这些结节，有时被称为"硫黄颗粒"，直径1～2mm，并且被认为是特异性病征[55]。这些坚实的结膜结节由嵌入的坏死组织钙化形成。内侧眼角可能会受隆起、疼痛的溃疡性肉芽肿及瘘管的影响。增生性、乳头瘤性、发红的病变可在第三眼睑发展为黄色。细胞学特征见眼睑部分相关论述[55]。

盘尾丝虫病，是由盘尾丝虫及其传播媒介库蠓引起的，可能会导致几种形式的眼部疾病，包括结膜炎、角膜炎和葡萄膜炎[84]。小而硬的角膜缘周结节与周围球结膜白斑，在颞叶缘处尤为明显（图3-26）。有些马也有慢性角膜血管和水肿[55]。

细胞学可见受累及的角膜和结膜区域，存在多细胞反应，包括嗜酸性粒细胞、中性粒细胞、淋巴细胞、浆细胞以及巨噬细胞。在具有特征性临床症状的马的样本中若发现大量的嗜酸性粒细胞，则可能感染了盘尾丝虫。细胞学观察偶尔可见活的虫体及死的微丝蚴的碎片。微丝蚴长200～240μm和4～5μm的直径，具有短的鞘尾[85,86]，在受累及的结膜湿润的组织中更容易看到微丝蚴。可将结膜切除的部分蘸温盐水，用剃刀刀片切碎直接观察微丝蚴（图3-27）。其余用福尔马林固定用于组织学检查。临床实践中微丝蚴也可以从马正常结膜组织中观察到。当结膜组织学活检的结果是阴性时，通过结膜表面切削术和接近结膜的角膜区组织学检查，可能会发现盘尾丝虫的微丝蚴[57]，盘尾微丝蚴都在角膜的上皮下层被发现[87,88]。

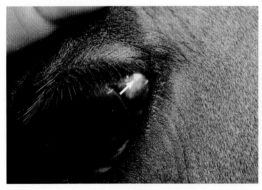

图3-26　盘尾丝虫性过敏反应
眼球周围结膜结节、滤泡和白斑（箭头所示）提示盘尾丝虫病过敏反应。

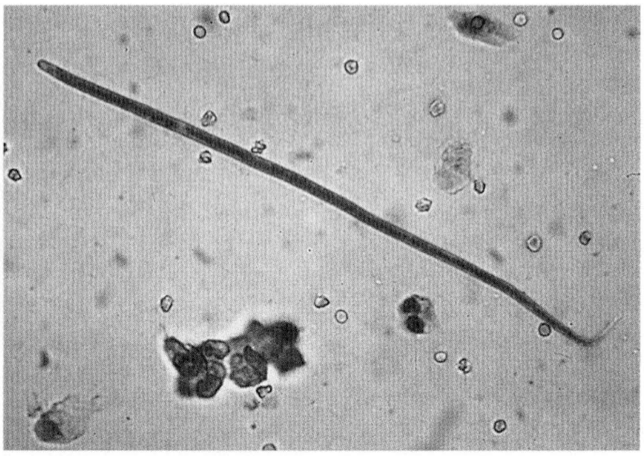

图3-27　结膜组织碎片中的样本盘尾微丝蚴

吸吮线虫，是一种小螺菌线虫，属于共生性的寄生虫，居住在马结膜和鼻泪管处[46]，大多数马是无症状的，但当吸吮线虫钻入眼内组织并引发炎症反应时，可引起形成结节的慢性结膜炎、泪囊炎、眼睑水肿、浅层角膜炎[53,55]，导致炎症反应的细胞主要是淋巴浆细胞、嗜酸性粒细胞[89]。吸吮线虫是乳白色的，长8～18mm，具有突出的环形表皮条纹[90]，多种其他传染性眼寄生虫病与眼部症状已有报道，包括绦虫病、蝇蛆病以及全身性寄生虫感染。读者可以参考一篇综述，其中讨论了更多罕见病例的详细情况[55]。

（5）**肿瘤性病变**　马结膜肿瘤包括鳞状细胞癌、淋巴肉瘤、乳头状瘤和血管肉瘤[62]。结膜肿瘤的细胞学样本可能由于并发的细菌、寄生虫或霉菌感染而难以判读，这些感染可能会继发性地渗透入肿瘤区域。

虽然结膜肿瘤抽吸或刮片样本可以做出诊断，但是活检和病理组织学检查仍是正确识别眼部肿瘤的金标准。

多种肿瘤性病变可累及眼睑结膜、瞬膜和肉阜，但鳞状细胞癌是最常见的（见眼睑）。一篇对21例马眼部淋巴肉瘤的概述发现，眼睑和结膜的淋巴肿瘤浸润是常见的眼部病变。而瞬膜的皮脂腺癌和基底细胞瘤也有报道。这些肿瘤类型的细胞学介绍详见第2章。

对血管肿瘤进行抽吸或刮取取样时通常可获得大量的血液，可能含有少量内皮细胞。偶尔可以收集到中等数量的内皮细胞，这些细胞往往呈椭圆形、梭形或星形，细胞质含量中等，呈浅至深蓝染色，细胞核呈椭圆形。只利用细胞学检查很难对恶性肿瘤进行界定。血管瘤无法与血管肉瘤进行区分，因此应将其切除，并进行病理组织学检查。

结膜血管瘤的一份病例报告中描述为角巩缘凸起红色病灶，附着在结膜和底层巩膜[93]，组织病理学可见组织中有很多不规则充满血液的网格结构。马结膜血管肉瘤被认为是高度恶性的肿瘤。眼部血管肉瘤周可能发生严重的淋巴细胞/浆细胞性炎性浸润，甚至进入瘤体内，可能误诊为蜂窝织炎[94,95]。

马结膜黑色素瘤已有报道[96,97]。在首个病例报告中，肿物发生于球结膜缘并累及角膜，呈深色，隆起于表面，且有蒂[96]。结膜黑色素瘤的初步诊断是通过组织学检查获得的。第二例确诊马结膜黑色素瘤的报告已发布[97]，在这份报告中，结膜黑色素瘤表现局部侵袭性并在两次治疗后复发，最终不得不进行眶内容物摘除术。

(6) 其他病变 过敏性结膜炎的特征是同时发生结膜充血和水肿，眼睑可能发生水肿并可能产生大量浆液性分泌物[57]。瘙痒症和自我损伤也是过敏性结膜炎的典型症状。结膜炎细胞学检查可见，有数量不定的嗜酸性粒细胞，和/或肥大细胞的混合性的炎性细胞反应。

滤泡性结膜炎可能发展成慢性，眼部疾病引起在第三眼睑表面的淋巴滤泡形成。结膜滤泡最常与环境刺激有关，但还有报道称与眼寄生虫有关[55]。

在发生结膜损伤，可能会由于肉芽组织过度增生而形成凸起的红色肿物。这些生长缓慢的肿物必须与肿瘤和肉芽肿区分开来。肉芽组织的细胞学样本中可见数量不等的成纤维细胞。成纤维细胞呈梭形，有一个椭圆形的细胞核与黏稠染色质，并经常可见核仁（附图7A，右）。细胞学中，肉芽组织的成纤维细胞在细胞和细胞核上大小不一，很容易与梭形细胞肿瘤混淆。需要通过活检和组织病理学来区分肉芽组织与纤维组织肿瘤（梭形细胞）。

眼眶脂肪，或眼膜底部周围的脂肪，可在结膜下疝出[62]。疝出性脂肪形成米黄色或黄色、平滑至轻度分叶状结膜下肿块（图3-28）。结膜可能会因为拉伸变得比较薄。通过抽吸取样的细胞学诊断可见脂肪细胞。眼观可内涂片油腻。细胞学上，脂肪细胞的大小为30～40μm，细胞中心区域有明显的空泡，其外围有一个小核4～6μm，通常群集（附图6H）。常用的罗氏染液含有酒精，会溶解游离脂肪。因此，如果抽吸时脂肪细胞破裂，涂片上仅留有游离的脂肪，脂肪将在染色过程中溶解，而不能在染色后被观察到。

11. 鼻泪腺系统 可通过上眼睑穿刺处或鼻唇端鼻泪管的无菌盐水冲洗从鼻泪腺系统采集样本鼻泪管或导管。对收集到的洗涤物或渗出物的沉淀物进行细胞学检查[46]。

泪囊炎可能会继发于外部寄生虫、细菌、真菌感染或肿瘤性病变。炎性分泌物，可能

图3-28　马眼眶脂肪脱垂，瞬膜后光滑的结膜下肿块

含有数量不等的中性粒细胞、巨噬细胞、细菌以及黏液。分泌物中应仔细检查是否含有真菌和肿瘤细胞。鼻泪腺系统和鼻窦可能被各种链球菌感染。链球菌感染的特征是中性粒细胞与吞噬细胞反应。马链球菌可能会产生泪囊脓肿[57]，埃及曾有驴发生泪腺和鼻泪管道的"坏死性肉芽肿性病变"，病原体是组织胞浆菌[80]。

在一例马的病例中严重的双侧泪腺和瞬膜腺嗜酸性肉芽肿性泪囊炎可能是由寄生虫感染引起的[99]，结膜细胞学检查结果仅与异常的泪液产生减少有关，包括上皮增生和发育不良，以及淋巴增生。该病例未进行泪腺的抽吸检查。

12. 角膜和巩膜　马角膜持续暴露在各种各样的细菌和真菌环境中，这些微生物都来自环境和正常结膜菌群[43]。角膜损伤或上皮缺损并发感染角膜炎，并继发外伤性磨损、角膜水肿、暴露性角膜炎、干燥性角结膜炎，马原发性脊髓脑炎引起的神经营养性角膜炎和神经麻痹角膜炎[53, 100]，马传染性角膜炎分为溃疡性或非溃疡性（间质水肿）两大类[101]。细胞学和敏感性培养是必要的诊断和检测手段，对各种情况下马角膜炎均适用，包括对先前治疗有不良反应病史的，或者是感染后有/无间质溶解的表现[102]。

（1）**细菌性病变**　已知的感染马角膜常见的革兰氏阳性病原体包括葡萄球菌和链球菌[20,103,104]，假单胞菌和各种大肠菌群诸如革兰氏阴性的大肠杆菌也可损坏马角膜[105]。当微生物感染角膜时，角膜基质发生脓肿，随后上皮在角膜基质内再生并封闭细菌[106]。

基质脓肿可表现为单发性、多灶性或弥漫性黄白色间质浸润（图3-29）。在无溃疡的基质脓肿的病例中，细胞学检查角膜上皮碎屑可能不足以得出诊断结果，因为微生物存在于间质内，因此，应对角膜上皮和更深层的基质进行刮片检查。中性粒细胞是主要的炎性细胞[105]。球菌感染最为常见，偶尔也可见杆菌或细菌真菌的混合感染[107]。间质脓肿的培养细菌包括链球菌和葡萄球菌属、大肠杆菌和棒状杆菌属，其中有些间质脓肿有时是无菌性的[6,105,108]。

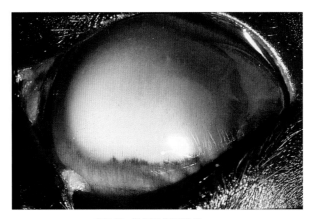

图3-29 弥漫性间质脓肿

间质脓肿可表现为单发性、多灶性或弥漫性黄白色间质浸润。

　　角膜细胞学检查发现大量的革兰氏阴性的杆菌时，应该怀疑是假单胞菌性角膜炎（图3-30）[109,110]。假单胞菌感染可引发角膜基质蛋白多糖液化与疾性眼病。基质胶原坏死和水肿导致角膜软化（图3-31）[109,110]。尽管金黄色葡萄球菌属链球菌属和大肠菌群也可以导致角膜软化，但其病变速度一般不如假单胞菌快。其他较少见的马溃疡性角膜炎病原包括：亚利桑那沙门菌和产气荚膜梭菌[111,112]。细胞学检查后若怀疑是梭状芽孢杆菌属的中性和大革兰氏阳性杆菌（附图 3H），则要通过培养来证实[112]。

　　（2）真菌感染　马的真菌性角膜炎是全世界公认的一个难题。环境中真菌无处不在，也可以成为马结膜常在菌群[19,25,43,113~115]。马的真菌性角膜炎临床表现包括溃疡性角膜炎、基质脓肿和虹膜脱垂[53,116]。由于真菌寄生在深层角膜组织中，所以真菌性角膜炎难以诊断[117]。

　　感染马角膜的不同种类的真菌包括曲霉属和镰刀菌，是最常被分离培养的[20,105,118,119]。青

图3-30　假单胞菌性角膜炎

　在假单胞菌性角膜炎中，角膜刮片含有大量的革兰氏阴性杆菌。

图3-31　假单胞菌性角膜炎继发角膜软化

霉属、须霉菌属、波氏假单胞菌属、丝甚霉属、柱孢属、拟球酵母属、球裂门氏杆菌与酵母性角膜真菌病也有报道[120~125]。

前文已经对真菌性角膜炎诊断采集标本的注意事项进行过论述（见角膜刮片的采集）。真菌性角膜炎细胞学检查可见中等或较多的细胞，主要包括上皮细胞和非退行性的中性粒细胞。真菌往往会很多，但可能不易染色。这些病原体基本是通过阴性染色区域来识别的，也就是说，在染色良好的、无定形碎片中混杂着染色较差

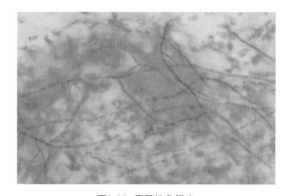

图3-32 霉菌性角膜炎
从一匹患有真菌性角膜炎的马上采集的角膜刮片中可见许多真菌菌丝。

的或未染色的区域。隔膜丝状真菌在真菌性角膜炎中最为常见(图3-32)。从细胞学上看，这些真菌(如曲霉属)将表现为短、细、分叉的菌丝，具有多个横截面，将菌丝分裂成含有一个或多个细胞核的不同细胞。真菌培养应该成为疑似马真菌性角膜炎病例检查的一部分。

（3）病毒性病变 马2型疱疹病毒（EHV-2）已被确定为引起马眼部疾病的病毒。在临床上，这种感染的特征为多发、浅表、白色、斑点状或线状浊斑，伴有或不伴有荧光染色反应[37,126,127]。可根据感染后出现的这些明显的细胞学特征进行诊断。病毒分离、聚合酶链式反应、DNA指纹和荧光抗体试验已被作为EHV-2感染的诊断方法；然而，并非所有的这些试验都已商品化[37,126~129]。

（4）寄生虫病变 原发性角膜盘尾丝虫病和结膜吸吮线虫病，以及由丽线虫病引起的角膜病变已有报道[19,87,89]。

临床症状的变化取决于所涉及的疾病过程，包括基质混浊、角膜水肿、上皮下"松软"的白色混浊、角膜糜烂与浅表或深层血管形成、色素性角膜炎、肉芽组织和放射状角膜条纹。在人类中，点状角膜炎最常见于眼盘尾丝虫病[130]。对角膜病变的刮取物或浅表的角膜切削术湿贴中的样本进行检查，可见盘尾丝虫性微丝蚴（见结膜）。

（5）肿瘤性病变 角膜的原发肿瘤，比如鳞状细胞癌，是极其罕见的。鳞状细胞癌发生在角膜缘和角膜周围组织（图3-33），角膜鳞状细胞癌的临床和细胞学外观类似结膜或眼睑鳞状细胞癌（见前文）。角膜鳞状细胞癌的鉴别和诊断，包括皮样囊肿及肉芽组织。

据报道，黑色素瘤累及马眼球的角膜和眼球表面区域[96,97,131]。黑色素瘤含有较多的细胞和大量的血液。黑色素瘤细胞有各种形状和大小（主要为圆形，但也可见椭圆形和梭形），并且可以散在或成簇地分布呈团或集群。这些细胞中含有不同量的细胞质，核质比可能不会增加。

图3-33 角膜鳞状细胞癌

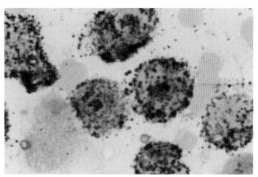

图3-34 肥大细胞瘤

眼睑肿块的抽出物中可见大量的肥大细胞，提示肥大细胞瘤。

所有的黑色素瘤，包括无色素性黑色素瘤，均有不同程度的色素。通常色素是"分散"在整个细胞质中，常见巨噬细胞吞噬黑色素。黑色素颗粒可被聚集在巨噬细胞的细胞质中。通过改变显微镜的焦距，可以使黑色素由黑变绿色加以鉴别。相比之下，肥大细胞含有红-蓝染色颗粒。

据报道，眼肥大细胞增多症累及马角膜[132,13]，细胞学特征以肥大细胞和嗜酸性粒细胞为主（图3-34）。在最近的报道中，有两匹马的角巩膜发生眼部淋巴肉瘤[68]（请参阅前面的章节进行细胞学描述）。起源于结膜或眼睑的肿瘤也可能累及角膜（见前面章节的详细信息）。建议任何怀疑为角膜肿瘤的病变，可进行活检和组织病理学检查来确诊。

（6）**其他病变**　马嗜酸性角膜炎是近年来公认的一种特发性单侧或双侧角膜炎[134,135]，临床上患马表现为白色、角膜和结膜斑块状坏死（图3-35）。细胞学所述疾病的特征为大量的嗜酸性粒细胞和中性粒细胞，偶有肥大细胞、浆细胞和淋巴细胞（图3-36）。若没有所有其他可能的角膜炎的病因，包括真菌、细菌、过敏和寄生虫病原，可基于临床和细胞学特征确诊。

马角膜炎症性疾病会继发钙化性角膜病[136]。临床上，角膜中间的眼睑区域会出现致密、白色、营养不良的条带。钙以羟基磷灰石的形式沉积在上皮基底膜。钙的逐渐蓄积，无论有无溃疡都可能会导致血管增生性角膜炎。细胞学检查没有发现钙的存在，但在刮片的过程中有声音和触感，可通过冯·科萨染色和茜素红染色的角膜切除术样本证实钙的存在。各种角膜基质病常引发营养不良性钙沉积，尤其是老龄马，其钙沉积位点与先前的损伤或炎症过程的部位一致[137]。相比之下，任何年龄段的马匹都会出现带状角膜变性，其局限于角膜、睑裂上皮下[136]。

马干燥性角膜结膜炎（KCS）一直很少报道[99,138~142]。在这些报告中，马KCS病因有创伤性、中毒性、寄生虫性、免疫介导性或特发性。角膜结膜刮片通常显示非特异性变化，

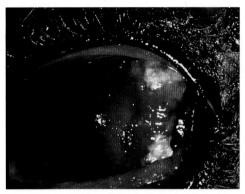

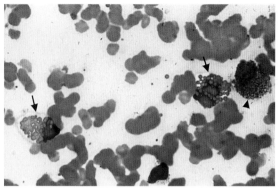

图3-35 马嗜酸性角膜炎

马嗜酸性角膜炎特点为眼睑边缘表面有白色斑块。常见特征性的角膜纤维血管增生。

图3-36 马嗜酸性角膜炎

图3-35病例细胞学样本。可见（箭头）明显的嗜酸性粒细胞和肥大细胞。

继发泪液减少。细胞学检查结果可能包括角化的上皮细胞混合有中性粒细胞、淋巴细胞、浆细胞、嗜酸性粒细胞，以及任何可能继发性感染角膜和结膜的感染性病原体。

13. 葡萄膜

（1）**感染性病变** 马葡萄膜炎是一种多因素的疾病，与许多不同的细菌、病毒和寄生虫感染有关[143]，对个别感染因子的详细讨论超出了本文的范围，建议读者参考其他更详细的参考资料[53,143]。眼球细胞学诊断技术仅限于眼内眼房水、玻璃体或视网膜下穿刺，穿刺技术需要全身麻醉，可能会进一步加剧已经存在的葡萄膜炎。

（2）**肿瘤性病变** 眼内肿瘤的细胞学检查可能有助于髓上皮瘤、黑色素瘤和转移性肿瘤[144,145]的诊断。由于占位性葡萄膜肿瘤的细针穿刺必须在全身麻醉下进行，且穿刺可能引起严重并发症，因此眼内肿瘤难以抽吸[32,145]。淋巴肉瘤是为数不多的眼内肿瘤，可能会容易脱落进入玻璃体或眼房水[146]。在眼部淋巴肉瘤引起前房积脓的病例中，房水抽吸样本中可见大量非典型或幼稚淋巴细胞。如果强烈怀疑眼内肿瘤，建议摘除并进行组织病理学确诊。

14. 眼眶 球后抽吸时，须避开眼球和视神经。针可以通过结膜或通过眼睑到达眼球后区域。眼眶病变细针抽吸活检操作时的注意事项参见前面的章节。

（1）**细菌性病变** 马细菌性眼眶蜂窝织炎是罕见的。细菌性炎症累及鼻、口、牙齿、喉囊、眶骨或额、蝶腭，以及上颌窦可能蔓延到眼眶。眼眶的异物可能导致蜂窝组织炎。眼眶蜂窝组织炎的临床症状包括眼睑水肿和眶上窝疼痛、浆液性或黏脓性眼分泌物、结膜充血、发热、瞬膜突出，偶发眼球突出。细菌和炎性细胞（大量的中性粒细胞、淋巴细胞、嗜酸性粒细胞、肥大细胞、单核细胞）可以在眼眶抽吸时被观察到。

（2）**真菌感染** 眼球突出可由球后真菌性肉芽肿引起。马的眼眶足菌肿（感染子囊菌、半知菌、放线菌）和隐球菌病（新型隐球菌）有相关报道[147,148]。可依据在眼眶抽吸发现的真菌菌体进行确诊。细胞学检查常见真菌伴随有大量的中性粒细胞和巨噬细胞，以及化脓性肉芽肿反应。常见的分离真菌种类，它们在细胞学上的形态学特征，以及用于帮助诊断真菌病原体的特殊染色已在本章前文中进行论述。

（3）**肿瘤性病变** 马眼眶肿瘤包括腺癌、淋巴肉瘤、黑色素瘤、肉样瘤、鳞状细胞癌、神经细胞肿瘤（神经鞘瘤、恶性神经鞘瘤、神经纤维瘤、神经纤维肉瘤）、肥大细胞瘤、血管肉瘤、血管瘤、血管内皮瘤、多小叶骨肉瘤、视神经上皮瘤、脂肪瘤和副神经节瘤[149~151]。并发的眼眶蜂窝织炎可能使肿瘤难以识别。对于所有的眼附属器官和肿瘤，组织病理学的诊断优于单纯的细胞学检查。

（4）**寄生病变** 马眼眶内可发生细粒棘球蚴或多房棘球蚴形成的包虫囊肿[57]，马感染后眼球组织含有嗜酸性粒细胞、淋巴细胞和巨噬细胞的炎性浸润[152]。

（5）**其他病变** 外伤引起的眼眶血肿可导致眼球突出。血肿的抽吸样本中通常含有吞噬红细胞的巨噬细胞或红细胞分解产物，这些结果支持血肿的诊断。

眼球摘除术和/或眼眶内硅胶或甲基丙烯酸甲酯假体植入，可以导致血肿或眼眶脓肿的发生。在这些病例中，眼眶抽吸物的细胞学检查可以区分败血症和非败血症。败血症的诊断是通过发现与中性粒细胞反应相结合的感染性病原体。对败血症的抽吸物进行细胞学检查可以发现中性粒细胞或单核细胞吞噬体内的细菌。在无炎症发生的情况下，若检查发现有游离的细菌，表明在收集过程中产生了污染。中性粒细胞仅出现与其衰亡相关的变化（核固缩），不能表明是脓毒败血症。然而，中性粒细胞表现出核溶解(苍白、肿胀或无形状的细胞核)可能表明潜在的脓毒性过程。这些细胞的变化也可以在无菌性中毒性的过程中看到。染料碎片可能与细菌相似，但在大小和形状上比大多数微生物更多变。

参考文献

[1] Massa et al:Usefulness of aerobic microbial culture and cytologic evalua-tionof corneal specimens in the diagnosis of infectious ulcerative kerati-tis in animals. J Am Vet Med Assoc 215:1671-1674,1999.

[2] Hamilton et al:Histological findings in corneal stromal abscesses of eleven horses: correlation with cultures and cytology. Equine Vet J 26:448-453,1994.

[3] Severin and Thrall:Ocular exfoliative cytology.Proc 5th Ann Kal Kan Symp, 1981,pp 11-15.

[4] Lavach:Large Animal Ophthalmology, St.Louis,1990,Mosby,pp 3-28.

[5] Helper:Diagnostic techniques in conjunctivitis and keratitis.Vet Clin NorthAm 3:357-365,1973.

[6] da Silva Curiel et al: Nutritionally variant Streptococci associated withcorneal ulcers in horses:35 cases. J Am Vet Med Assoc 197:624-626,1990.

[7] Fedukowicz and Stenson:External Infections of the Eye, Norwalk, CT, 1985, Appleton-Century-Crofts.

[8] Adams et al:Monitoring ocular disease by impression cytology.Eye 2:506-516,1988.

[9] de Rojas et al:Impression cytology in patients with keratoconjunctivitissicca.Cytopathology 4:347-355,1993.

[10] Maskin: Diagnostic impression cytology for external eye disease. Cornea 8:270-273,1989.

[11] Nelson:Impression cytology.Cornea 7:71-81,1988.

[12] Cordozo et al:Exfoliative cytology in the diagnosis of conjunctival tumors. Ophthalmologica 182:157-164,1981.

[13] Lavach et al:Cytology of normal and inflamed conjunctivas in dogs andcats.J Am Vet Med Assoc 170:722-727,1977.

[14] Murphy:Exfoliative cytologic examination as an aid in diagnosing ocular diseases in the dog and cat.Sem Vet Med Surg 3:10-14,1988.

[15] Bauer: Exfoliative cytology of conjunctiva and cornea in domestic ani-mals:a comparison of four collecting techniques. Vet Comp Ophthalmol 6:181-186,1996.

[16] Willis et al:Conjunctival brush cytology:evaluation of a new cytological collection technique in dogs and cats with a comparison to conjunctivalscraping. Vet Comp Ophthalmol 7:74-81,1997.

[17] Champagne and Pickett:The effect of topical 0.5% proparacaine HCL on corneal and conjunctival culture results.Proc 26th Ann Mtg ACVO,1995,p 144.

[18] Hacker et al:A comparison of conjunctival culture techniques in the dog.J Am Anim Hosp Assoc 15:223-225,1979.

[19] Whitley and Moore: Microbiology of the equine eye in health anddisease.Vet Clin North Am Food Anim Pract 6:451-465,1984.

[20] Moore et al:Bacterial and fungal isolates from equidae with ulcerative ker-atitis.J Am Vet Med Assoc 182:600-603,1983.

[21] Ishibashi and Kauffman:Corneal biopsy in the diagnosis of keratomyco-sis. Am J Ophthalmol 101:288-293,1986.

[22] Peiffer et al:in Gelatt:Veterinary Ophthalmology,3rded,Philadelphia,1999,Lip pincott Williams & Wilkins,pp 355-425.

[23] Beech and Sweeney:Keratomycoses in 11 horses.Equine Vet J (Suppl) 2:39-44,1983.

[24] Kern et al:Equine keratomycosis:current concepts of diagnosis and ther-apy. Equine Vet J (Suppl) 2:33-38,1983.

[25] Andrew et al:Equine ulcerative keratomycosis:visual outcome and ocu-lar survival in 39 cases (1987-1996).Equine Vet J 30:109-116,1998.

[26] Cello:Ocular onchocerciasis in the horse.Equine Vet J 3:148-154,1971.

[27] Blogg et al: Blindness caused by Rhodococcus equi infection in a foal.Equine Vet J (Suppl)

2:25-26,1983.

[28] O'Rourke et al:An aqueous paracentesis pipette.Ophthalmic Surg 22:166-167,1991.

[29] Samuelson:in Gelatt:Veterinary Ophthalmology,3rd ed,Philadelphia,1999,Lippincott Williams & Wilkins,pp 31-150.

[30] Hazel et al:Laboratory evaluation of aqueous humor in the healthy dog,cat,horse and cow. Am J Vet Res 46:657-659,1985.

[31] Kennerdell et al:Fine-needle aspiration biopsy:its use in orbital tumors. Arch Ophthalmol 97:1315-1317,1979.

[32] Midena et al: Fine-needle aspiration biopsy in ophthalmology. Surv Ophthalmol 20:410-422,1985.

[33] Krohel et al: Inaccuracy of fine needle aspiration biopsy. Ophthalmology 92:666-670,1985.

[34] Burrell et al: Isolation of Chlamydia psittaci from the respiratory tract and conjunctivae of thoroughbred horses.Vet Record 119:302-303,1986.

[35] Rajan and Padmanaban: Clinical diagnosis of rabies in herbivores. Examination of corneal impression smears by fluorescent antibody tech-nique.Indian Vet J 63:882-885,1986.

[36] Burgess et al:Arthritis and panuveitis as manifestations of Borrelia burgdor-feriinfection in a Wisconsin pony.J Am Vet Med Assoc 189:1340-1342,1986.

[37] Miller et al: Herpetic keratitis in a horse. Equine Vet J (Suppl) 10:15-17,1990.

[38] Sutphin et al: Improved detection of oculomycoses using induced fluo-rescence with Cellufluor.Ophthalmology 93:416-417,1986.

[39] Arffa et al:Calcofluor and ink-potassium hydroxide preparations for iden-tifying fungi.Am J Ophthalmol 100:719-723,1985.

[40] Hageage and Harrington:Use of Calcofluor white in clinical mycology. Lab Med 15:1984.

[41] Robin et al:Rapid visualization of three common fungi using fluorescein-conjugated lectins.Invest Ophthalmol Vis Sci 27:500-506,1986.

[42] Olin:Examination of the aqueous humor as a diagnostic aid in anterio ruveitis. J Am Vet Med Assoc 171:557-559,1977.

[43] Moore et al:Prevalence of ocular microorganisms in hospitalized and sta-bled horses.Am J Vet Res 49:773-777,1988.

[44] Eichenbaum et al:Immunology of the ocular surface.Comp Cont Ed Pract Vet 9:1101-1115,1987.

[45] Moore et al:Density and distribution of canine conjunctival goblet cells. Invest Ophthalmol Vis Sci 28:1925-1932,1987.

[46] Moore:Eyelid and nasolacrimal disease.Vet Clin North Am(Equine Pract) 8:499-519,1992.

[47] Boulton and Campbell: Orbital bone sequestration as a cause of equine recurrent blepharitis and ulcerative keratitis. Vet Med Small Anim Clin 77:1057-1058,1982.

[48] Hughes and Pugh: Isolation and description of a Moraxella from horses with conjunctivitis.J Am Vet Med Assoc 31:457-462,1970.

[49] Huntington et al:Isolation of a Moraxella sp.from horses with conjunc-tivitis. Aust Vet J 64:118-119,1987.

[50] Scott:Large Animal Dermatology,Philadelphia,1988,WB Saunders,pp 169,308.

[51] Blackford:Superficial and deep mycosis in horses.Vet Clin North Am Food Anim Pract 6:47-

58,1984.

[52] Singh:Studies on epizootic lymphangitis.Indian J Vet Sci 36:45-49,1966.

[53] Brooks: in Gelatt: Veterinary Ophthalmology, 3rd ed, Philadelphia, 1999, Lippincott Williams & Wilkins,pp 1053-1116.

[54] Jayo et al:Poxvirus infection in a donkey.Vet Pathol 23:635-637,1986.

[55] Moore et al:Equine ocular parasites:a review.Equine Vet J (Suppl) 2:76-85,1983.

[56] Rebhun et al:Habronemic blepharoconjunctivitis in horses. J Am Vet Med Assoc 179:469-472,1981.

[57] Lavach: Handbook of Equine Ophthalmology, Fort Collins, CO, 1987,Giddings Studio Publishing.

[58] Bennison:Demodicidosis of horses with particular reference to members of the genus Demodex.J Royal Army Vet Corps 14(2):34-73,1943.

[59] Besch and Griffiths: Demonstration of Demodex equi from a horse in Minnesota. J Am Vet Med Assoc 128:82-83,1956.

[60] Scott and White:Demodicidosis associated with systemic glucocorticoid therapy in 2 horses.Equine Pract 5:31-35,1983.

[61] Knowles et al: Equine piroplasmosis. J Am Vet Med Assoc 148:407-410, 1966.

[62] Barnett et al:Color Atlas and Text of Equine Ophthalmology.London,1995, Mosby-Wolfe,Times Mirror International Publishers Limited,pp 49-97.

[63] Dugan et al:Epidemiologic studies on ocular/adnexal squamous cell car- cinoma in horses.J Am Vet Med Assoc 198:251-256,1991.

[64] Dugan et al:Prognostic factors and survival of horses with ocular/adnex-al squamous cell carcinoma: 147 cases (1978-1988). J Am Vet Med Assoc198:298-303, 1991.

[65] Garma-Avina:The cytology of squamous cell carcinomas in domestic ani-mals. J Vet Diagn Invest 6:238-246,1994.

[66] Martis et al:Report of the first international workshop on equine sarcoid. Equine Vet J 25:397-407,1993.

[67] Bertone and McClure: Therapy for sarcoids. Comp Cont Ed Pract Vet 12:262-265, 1990.

[68] Rebhun and Del Piero:Ocular lesions in horses with lymphosarcoma:21 cases (1977-1997).J Am Vet Med Assoc 212:852-854,1998.

[69] Murphy et al:Bilateral eyelid swelling attributable to lymphosarcoma in a horse. J Am Vet Med Assoc 194:939-942,1989.

[70] Glaze et al:A case of equine adnexal lymphosarcoma.Equine Vet J (Suppl)10:83- 84,1990.

[71] Scott:Large Animal Dermatology,Philadelphia,1988,WB Saunders,pp 419-458.

[72] Giuliano et al:Inferomedial placement of a single-entry subpalpebral lavage tube for treatment of equine eye disease.Vet Ophthalmol 3:153-156,2000.

[73] Miller:Principles of therapeutics.Vet Clin North Am (Equine Pract) 8:479-497,1992.

[74] Sweeney and Russell: Complications associated with use of a one-hole subpalpebral lavage system in horses:150 cases (1977-1996). J Am Vet Med Assoc 211:1271-1274,1997.

[75] Huntington et al: Isolation of a Moraxella sp from horses with conjunc-tivitis. Aust Vet J 64:118-119,1987.

[76] Hughes and Pugh: Isolation and description of a Moraxella from horses with conjunctivitis.

Am J Vet Res 31:457-462,1970.

[77] Inzana:in Carter and Cole:Diagnostic Procedures in Veterinary Bacteriology and Mycology,5th ed,San Diego,1990,Academic Press,pp 165-176.

[78] McChesney et al: Chlamydial polyarthritis in a foal. J Am Vet Med Assoc 165:259- 261,1974.

[79] Pienaar and Schutte:The occurrence and pathology of chlamydiosis in domestic and laboratory animals:a review.Onderstepoort J Vet Res 42:77-90,1975.

[80] Fouad et al:Studies on the lacrymal histoplasmosis in donkeys in Egypt. Zentralbl Veterinarmed 20B:584-593,1973.

[81] Jones and Hunt: Veterinary Pathology. 5th ed, Philadelphia, 1983, Lea & Febiger, p 688.

[82] da Silva Curiel et al:in Cowell and Tyler:Cytology and Hematology of the Horse. Goleta,1992, American Veterinary Publications,Inc.,pp 47-68.

[83] McChesney et al:Adenoviral infection in foals.J Am Vet Med Assoc162:545- 549,1973.

[84] Klei et al: Prevalence of Onchocerca cervicalis in equids in the gulf coast region.Am J Vet Res 45:1646-1648,1984.

[85] Soulsby:Textbook of Veterinary Clinical Parasitology.Philadelphia,1965,FA Davis,p 884.

[86] Cummings and James:Prevalence of equine onchocerciasis in southeast-ern and midwestern United States. J Am Vet Med Assoc 186:1202-1203,1985.

[87] Schmidt et al:Equine ocular onchocerciasis:histopathologic study.Am J Vet Res 43:1371-1375,1982.

[88] Hammond et al:Equine ocular onchocerciasis:a case report.Equine Vet J(Suppl) 2:74-75,1983.

[89] Patton and McCracken:The occurrence and effect of Thelazia in horses.Equine Pract 2:53-57,1981.

[90] Barker:Thelazia lacrymalis from the eyes of an Ontario horse.Can Vet J11:186-189,1970.

[91] Kunze et al: Sebaceous adenocarcinoma of the third eyelid of a horse. J Equine Med Surg 3:452-455,1979.

[92] Baril:Basal cell tumor of the third eyelid in a horse.Can Vet J 14:66-67,1973.

[93] Vestre:Conjunctival hemangioma in a horse.J Am Vet Med Assoc 180:1481- 1482,1982.

[94] Hacker et al: Ocular angiosarcoma in four horses. J Am Vet Med Assoc189:200- 203,1986.

[95] Moore et al: Ocular angiosarcoma in the horse: morphological and immunohistochemical studies.Vet Pathol 23:240-244,1986.

[96] Hamor et al:Melanoma of the conjunctiva and cornea in a horse.Vet Comp Ophthalmol 7:52-55,1997.

[97] Moore et al:Conjunctival malignant melanoma in a horse.Vet Ophthalmol 3:201-206,2000.

[98] Vestre and Steckel: Episcleral prolapse of orbital fat in the horse. Equine Pract 5(8):34-37,1983.

[99] Spiess et al: Eosinophilic granulomatous dacryoadenitis causing bilateral keratoconjunctivitis sicca in a horse.Equine Vet J 21:226-228,1989.

[100] van der Woerdt et al:Ulcerative keratitis secondary to single layer repair of a traumatic eyelid laceration in a horse.Equine Pract 18:33-38,1996.

[101] McLaughlin et al: Infectious keratitis in horses: evaluation and manage-ment.Comp Cont Ed Pract Vet 14:372-379,1992.

[102] Bistner:Clinical diagnosis and treatment of infectious keratitis.Comp Cont Ed Pract Vet 3:1056-1066,1981.

[103] Moore et al:Antimicrobial agents for treatment of infectious keratitis in horses.J Am Vet Med Assoc 207:855-862,1995.

[104] Moore et al:Antibacterial susceptibility patterns for microbial isolates asso- ciated with

infectious keratitis in horses: 63 cases (1986-1994). J Am Vet Med Assoc 207:928-933,1995.

[105] McLaughlin et al:Pathogenic bacteria and fungi associated with extraoc-ular disease in the horse.J Am Vet Med Assoc 182:241-242,1983.

[106] Rebhun:Corneal stromal abscesses in horses.J Am Vet Med Assoc 181:677-679, 1982.

[107] Rebhun: Corneal stromal infections in horses. Comp Cont Ed Pract Vet 14:363-371,1992.

[108] Hendrix et al:Corneal stromal abscesses in the horse:a review of 24 cases. Equine Vet J 27:440-447,1995.

[109] Divers and George: Hypopyon and descemetocele formation associated with Pseudomonas ulcerative keratitis in a horse:a case report and review.J Equine Vet Sci 2:104-107,1982.

[110] Sweeney and Irby:Topical treatment of Pseudomonas sp-infected corneal ulcers in horses:70 cases (1977-1994). J Am Vet Med Assoc 209:954-957,1996.

[111] Adamson and Jang:Ulcerative keratitis associated with Salmonella arizonae infection in a horse.J Am Vet Med Assoc 186:1219-1220,1985.

[112] Rebhun et al:Presumed clostridial and aerobic bacterial infections of the cornea in horses. J Am Vet Med Assoc 214:1519-1522,1999.

[113] Samuelson:Conjunctival fungal flora in horses,cattle,dogs,and cats.J AmVet Med Assoc 184:1240-1242,1984.

[114] Ball:Equine fungal keratitis.Comp Cont Ed Pract Vet 22(2):182-186,2000.

[115] Whitley et al: Microbial isolates of the normal equine eye. Equine Vet J(Suppl)2:138-140,1983.

[116] Gaarder et al:Clinical appearances,healing patterns,risk factors,and out- comes of horses with fungal keratitis:53 cases (1978-1996).J Am Vet Med Assoc 213:105-112,1998.

[117] Whittaker et al:Therapeutic penetrating keratoplasty for deep corneal stromal abscesses in 8 horses.Vet Comp Ophthalmol 7:19-28,1997.

[118] Grahn et al:Equine keratomycosis:clinical and laboratory findings in 23 cases.Prog Vet Comp Ophthalmol 3:2-7,1993.

[119] Coad et al:Antifungal sensitivity testing for equine keratomycosis. Am J Vet Res 46:676-678,1985.

[120] Friedman et al: Pseudallescheria boydii keratomycosis in a horse. J Am Vet Med Assoc 195:616-618,1989.

[121] Shadomy and Dixon:A new Papulospora species from the infected eye of a horse:Papulospora equi.Mycopathologica 106:35-39,1989.

[122] Hendrix et al:Keratomycosis in 4 horses caused by Cylindrocarpon destruc-tans.Vet Comp Ophthalmol 6:252-257,1996.

[123] Brooks et al:Antimicrobial susceptibility patterns of fungi isolated from horses with ulcerative keratomycosis.Am J Vet Res 59:138-142,1998.

[124] Ball et al.Evaluation of itraconazole-dimethyl sulfoxide ointment for treat-ment of keratomycosis in nine horses. J Am Vet Med Assoc 211:199-203,1997.

[125] Chopin et al: Keratotomy costs in a percheron cross horse caused by Cladorrhinum bulbillosum.J Med Vet Mycol 35:53-55,1997.

[126] Borchers et al:Virological and molecular biological investigations into equine herpes virus type 2 (EHV-2) experimental infections.Virus Res 55:101-106,1998.

[127] Collinson et al: Isolation of equine herpesvirus type 2 (equine gamma-herpesvirus 2) from foals with keratoconjunctivitis. J Am Vet Med Assoc 205:329-331,1994.

[128] Mathews and Handscombe:Superficial keratitis in a horse:treatment with the antiviral drug idoxuridine.Equine Vet J (Suppl) 2:29-31,1983.

[129] Thein:in Bryans and Gerber:Equine Infectious Diseases IV:The association of EHV-2 infection with keratitis and research on the occurrence of equine exanthe-ma (EHV-3) in horses in Germany.Princeton,1978,Veterinary Publications,pp 33-41.

[130] Gunders and Neumann: Parasitology and diagnosis of onchocerciasis with special reference to the outer eye.Isr J Med Sci 8:1139-1142,1972.

[131] Hirst et al: Benign epibulbar melanocytoma in a horse. J Am Vet Med Assoc 183:333-334,1983.

[132] Martin and Leipold:Mastocytoma of the globe in a horse. J Am Anim Hosp Assoc 8:32-34,1972.

[133] Hum and Bowers:Ocular mastocytosis in a horse.Aust Vet J66:32,1989.

[134] Ramsey:Eosinophilic keratoconjunctivitis in a horse.J Am Vet Med Assoc 205:1308-1311,1994.

[135] Yamagata et al:Eosinophilic keratoconjunctivitis in seven horses.J Am Vet Med Assoc 209:1283-1286,1996.

[136] Rebhun et al:Calcific band keratopathy in horses.Comp Cont Ed Pract Vet 15:1402-1409,1993.

[137] Wouters and De Moor: Band-shaped opacities and corneal edema in two horses.Vlaams Diergeneesk Tijdschr 48:107-114,1979.

[138] Collins et al: Immune-mediated keratoconjunctivitis sicca in a horse.Vet Comp Ophthalmol 4:61-65,1994.

[139] Joyce and Bratton: Keratoconjunctivitis sicca secondary to fracture of the mandible.Vet Clin North Am Small Anim Pract 6:619-620,1973.

[140] Spurlock et al:Keratoconjunctivitis sicca associated with fracture of the stylohyoid bone in a horse.J Am Vet Med Assoc 194:258-259,1989.

[141] Van Kampen and James:Ophthalmic lesions in locoweed poisoning of cattle,sheep,and horses. Am J Vet Res 32:1293-1295,1971.

[142] Wolf and Merideth:Parotid duct transposition in the horse.J Equine Vet Sci 1:143-145,1981.

[143] Schwink: Equine uveitis. Vet Clin North Am (Equine Pract) 8:557-574,1992.

[144] Ramadan:Primary ocular melanoma in a young horse.Equine Vet J 7:49-50,1975.

[145] Augsburger et al: Fine-needle aspiration biopsy in the diagnosis of intraocular cancer. Ophthalmology 92:39-49,1985.

[146] Prasse and Winston:in Cowell et al:Diagnostic Cytology and Hematology of the Dog and Cat. 2nd ed., St. Louis, 1999, Mosby, pp 68-82.

[147] Johnson et al:Maduromycosis in a horse in Western Canada.Can Vet J16:341- 344,1975.

[148] Scott et al: Cryptococcosis involving the post orbital area and frontal sinus in a horse. J Am Vet Med Assoc 165:626-627,1974.

[149] Sweeney and Beech: Retrobulbar melanoma in a horse. Equine Vet J(Suppl) 2:123-124,1983.

[150] Dugan:Ocular neoplasia.Vet Clin North Am (Equine Pract) 8:609-626,1992.

[151] Goodhead et al:Retrobulbar extra-adrenal paraganglioma in a horse and its surgical removal by orbitotomy. Vet Comp Ophthalmol 7:96-100, 1997.

[152] Barnett: Retrobulbar hydatid cyst in the horse. Equine Vet J 20:136-138, 1988.

第 4 章　口腔、鼻腔，咽喉，喉囊及鼻旁窦

Diagnostic Cytology
and Hematology of the Horse
Second Edition

一、细胞学检查的适用范围

1. 口腔、鼻腔　口腔病变的临床症状包括流涎、吐草、口臭、吞咽困难及沉郁。鼻腔病变的临床症状包括鼻分泌物增加，鼻出血，呼吸困难，吸气性喘鸣及呼吸异味。鼻咽部病变症状包括吞咽困难，呼吸困难，不正常的呼吸鼻音及运动不耐受。

马有四对鼻旁窦：前额窦、腭窦、蝶腭窦及筛窦。鼻旁窦病变会导致单侧化脓性鼻分泌物，面部扭曲，呼吸恶臭，叩诊病变窦有钝音及慢性瘘管形成。

2. 咽囊　咽囊疾病的临床症状包括鼻分泌物增加(常见单侧)，单侧鼻出血，以及在腮腺位置肿胀或疼痛。当头下垂的时候常见鼻腔分泌物增加。因为第九对脑神经(舌咽)，第十对脑神经(迷走)，第十一对脑神经(脊髓副)及第十二对脑神经(舌下)，交感神经干及头颈神经节都与咽囊壁相关，因咽囊壁炎症引发的神经症状(霍纳氏症候群)也可能出现。

3. 检查　如果怀疑动物有口腔的疾病，常可以对立姿的动物做彻底检查，这时一般需要镇静。口腔中的食物可能会掩盖病变，因此在检查之前必须用冲洗的方式清除食物。使用压舌板可以更快地检查口腔。靠近舌底部的病变可能不易检查，因此也许需要使用手指触诊。有时候也需要进行X光检验，尤其是在牙齿或骨头断裂的情况下。

鼻腔及鼻咽部的疾病常常需要用内窥镜检查才能看得清楚[1]。使用镇静剂后，可能会因软组织松弛而导致鼻咽部扭曲变形。因此若可能的话，使用内窥镜检查某部位的病变时，该部位应避免使用镇静剂。放射线检查有助于评估这个病变所波及的范围。

两侧的鼻旁窦可以彼此互通，而且经由鼻腭口可以排出分泌物进入中隔管。然而，如果用内窥镜观察到分泌物是来自于鼻中隔管后方的部分，就应该怀疑为鼻旁窦的疾病。鼻旁窦疾病的确诊需要叩诊，也常需要放射线检查。一旦确定了主要受损的鼻窦，细胞学的检查和培养是必须进行的。

喉囊部可以使用触诊、内窥镜及X光检查。内窥镜有两种不同的插入方法，可以用来检查弯曲的喉囊。第一种方法，在内窥镜的活检通道后端2～3cm处放置活检装置或干净的刷子，然后插入喉囊入口并旋转内窥镜以协助打开喉囊瓣，最后插入内窥

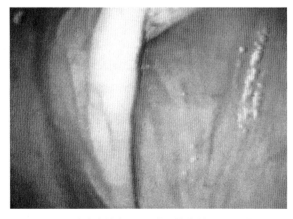

图4-1　咽囊内窥镜出口照，使用钱伯斯母马导尿管。
注意有黄色渗出物由咽囊开口流出。(原始放大倍数)

镜。第二种方法，将钱伯斯母马导尿管插入喉囊，旋转以打开瓣部(图4-1)，然后沿着导尿管背侧或腹侧再插入可弯曲内窥镜，最后拔出导尿管。

4. 样本收集　在口腔、鼻腔、鼻咽部、鼻旁窦及喉囊部位可以通过细胞学、组织病理学及培养(细菌、霉菌)方法诊断病变。由口腔采样的细胞样本通常来自肿块细针抽吸或者切除组织细胞的抹片(请参考第1章抹片技术制作的内容)。由溃疡病灶区制作细胞学抹片，可以利用压片、拭子或者刮取的方式得到样本。

（1）**鼻腔及咽喉部**　鼻腔及咽喉部的样本可以通过鼻孔或使用可弯曲的内窥镜取得。瘜肉可以经由皮肤抽吸采样，而霉菌息肉常常可以由外鼻孔直接做压片或用活检及细针抽吸。鼻腔渗出物的样本可以使用聚乙烯管通过可弯曲内窥镜活检入口取得。肿块及霉菌团块可以经由内窥镜活检仪器取得。

（2）**鼻旁窦**　虽然鼻旁窦渗出物有时候可以由内窥镜在中央孔看到，但若是作为细胞学及培养的样本，则应该由病灶的腔窦采样。使用镇静剂和局部麻醉后，可在马站立状态下对鼻窦进行抽吸取样。

在进行外科备皮和局部麻醉后，划开皮肤并使用施坦尼迈针刺入窦腔。鼻旁窦环钻术的位置及技术请参考相关文献[1]。可以用公犬导尿管或静脉导管吸取渗出物。如果渗出物不容易取得，可以事先注入30～40mL的生理盐水再吸取。

（3）**喉囊**　使用内窥镜进行喉囊检查的技术在前文已有论述。为了由喉囊收集细胞学样本，可以使用聚乙烯管通过可弯曲内窥镜活检入口进入喉囊取得。在大部分的情况下，渗出物存于喉囊底部，而且很容易经由导管吸取。如果没有看到渗出物，可以经由导管注入30～40mL的生理盐水，液体在喉囊底部蓄积后，就很容易抽取了。

（4）**涂片制备**　用拭子样本制作抹片时，检查人员可以将拭子在干净玻片上滚动并风干。如果拭子在玻片上抹擦或者拖拽，而非以滚动的方式，常会造成细胞的破裂。用刮取的方式取得的样本可以在玻璃片上做压片，但是以抹擦或拖拽方式在玻片上制作抹片，常会造成细胞的损伤。

通过冲洗收集的细胞可以使用临床上用来沉淀尿渣的离心速度来离心。离心弃上清后，重悬沉淀物，使用滴管吸取沉淀物滴一滴在干净的玻片上，应用血涂片技术展开沉淀物并风干。

细针抽吸物抹片以及活检组织的压片制作在第1章已经有描述。口腔及上呼吸道样本的细胞学染色可以使用血涂片的染色方法获得令人满意的效果。有关样本的收集、玻片制作以及染色在第1章有详细的讨论。

二、正常细胞的特征

口腔及上呼吸道表面有黏膜覆盖，并与口腔、鼻腔、咽喉、喉囊及鼻旁窦相通。正常口腔或上呼吸道细胞的样本可以借由冲洗、拭子或刮取方式取得，这些样本中含有采样部位脱落的特征性上皮细胞以供检查。

1. 口腔及鼻腔 覆盖在口腔及鼻腔嘴侧的黏膜上皮细胞包含有角化及非角化的复层扁平鳞状上皮细胞，因此这些表面会脱落鳞状上皮细胞(图4-2)。在细胞学上，鳞状上皮细胞外观是大的扁平细胞，具有棱角的边缘以及丰富的淡染色细胞质以及致密浓缩的位于中央的细胞核。

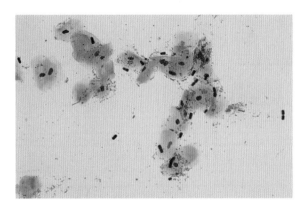

图4-2 正常马口腔拭子抹片

鳞状上皮细胞以及多形性细菌群落，包括西蒙斯菌。（原始放大倍数为100倍）

鼻腔上皮尾侧至前庭由复层鳞状上皮到假复层纤毛柱状上皮及含杯状细胞的非纤毛柱状上皮组成，因此剥落的细胞中含有各式各样的上皮细胞以及杯状细胞(图4-3)。细胞学上柱状上皮细胞为中等大小的长方形细胞，细胞质嗜碱性，核位于中央至底部。纤毛柱状上皮呈淡蓝色，发状的纤毛由细胞的一端突出似流苏状(图4-3)。杯状细胞含有大量的红色具黏液的细胞质。来源于口腔及上呼吸道的细胞可以混合存在各种黏膜特化的细胞，例如，各类型乳突及味觉嗅觉细胞。

依据咽喉部采样部位的不同，会有不同形式的脱落细胞。咽喉部主要覆盖一层假复层纤毛柱状上皮，但是也有一些复层鳞状上皮(图4-5)。咽囊及鼻旁窦等黏膜含有移行上皮及单层纤毛柱状或立方状上皮细胞及杯状细胞(图4-6)。在细胞学上，移行上皮的立方状上皮细胞具中等大小，呈立方状，边缘圆钝，细胞质嗜碱性，核大位于中央且含有呈细点状致密的染色质。

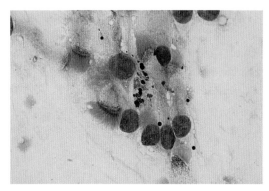

图4-3 正常马鼻腔拭子抹片

出现纤毛柱状上皮细胞以及杯状细胞。（原始放大倍数为250倍）

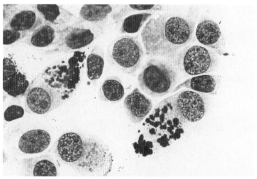

图4-4 杯状细胞

两个杯状细胞外形似柱状至立方状上皮细胞，同时细胞质含有无数的玫瑰色颗粒。（原始放大倍数为330倍）

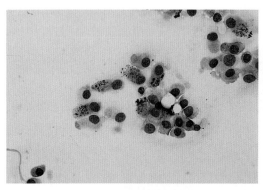

图4-5 正常咽喉深部拭子抹片

抹片中可见立方状及柱状上皮细胞及杯状细胞。（原始放大倍数为100倍）

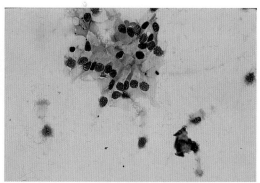

图4-6 正常咽囊冲洗沉淀物

抹片中可见立方状及柱状上皮细胞及游离纤毛。（原始放大倍数为100倍）

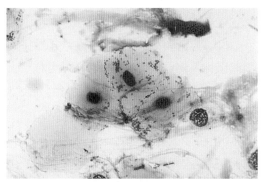

图4-7 口腔拭子抹片

显示表层鳞状上皮细胞外覆常在菌群。（原始放大倍数为200倍）

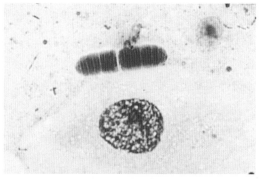

图4-8 口腔拭子抹片

上部分横纹结构为西蒙斯菌，位于鳞状上皮细胞旁（下部分）。（原始放大倍数为200倍）

2. 微生物　各式各样常在的细菌通常会出现在口腔及上呼吸道，而且口腔的细菌可能非常的多(图4-2)。正常的菌群一般不会引起显著的炎症反应(亦即中性粒细胞性渗出)(图4-7)。大部分口腔的正常菌群是西蒙斯菌，外观呈巨大棒状。这些巨大棒状形态是由许多棒状西蒙斯菌以肩并肩形式排列形成的(图4-8及附图3G)。

马口腔及上呼吸道细胞的检体常含有"谷仓霉菌"，也就是来自谷仓中空气及饲料中腐生的霉菌菌丝及子实体。在细胞学上，这些典型的霉菌较大(大于1～2个红细胞的直径)，染色呈绿色至松石绿色，形态呈圆形至椭圆形。

3. 下层结构　除了黏膜上皮，在口腔及上呼吸道黏膜下含有各式各样的结构(软骨、骨、脂肪组织、唾液腺、淋巴组织)。粗针活检、外科活检及细针抽吸技术都可以用来采取上述组织的特征细胞。

三、异常细胞的特征

1. 刺激　覆盖在上呼吸道的黏膜上皮受到刺激时可能引起杯状细胞的增加并产生大量黏液。黏液在细胞学上呈粉红至红色均匀的席状结构或为细微斑驳粉红色背景(图4-9)。杯状细胞在正常口鼻咽喉部的冲洗液中很少见[4]。一些游离的黏液颗粒可能出现在受刺激黏膜样本的抹片中，为外观小而圆的玫瑰色结构(1/2红细胞大小)(图4-10)。

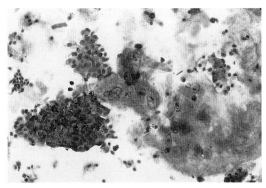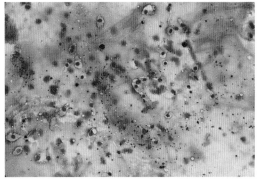

图4-9　马喉囊受刺激后冲洗沉淀物　　　　　　图4-10　马喉囊受刺激后冲洗沉淀物

出现大量无定型粉红色黏液及成堆的柱状上皮细胞。（原始放大倍数为50倍）　　　出现大量黏液及游离黏液颗粒，同时可见立方状及柱状上皮细胞。（原始放大倍数为100倍）

2. 炎症反应及感染　炎症反应的细胞学特征是炎性细胞数量的增加(中性粒细胞, 巨噬细胞等)(图4-11)。在正常情况下, 在口腔及上呼吸道只有一小部分的炎性细胞(小于5%)出现在黏膜、黏膜下层及附近的组织[3]。伤害性刺激, 如异物创伤引起组织的坏死或者感染性的微生物都可能引起炎症反应, 导致抹片中炎性细胞的增加(大于25%)[5]。

（1）细菌感染　细菌性的感染很容易在细胞学检查中看到。典型的细菌感染中常常出现大量的中性粒细胞向组织浸润及穿过黏膜的中性粒细胞渗出(图4-11)。因为许多细菌会产生毒素, 移行到感染区域的中性粒细胞常会变性。在细胞抹片中, 变性的中性粒细胞肿胀, 核分叶消失, 染色质呈淡粉红色, 外形似单核细胞(图4-12)。若抹片中出现变性的中性粒细胞, 即使细菌不容易被看到, 也可以提示有细菌性的感染[6]。

在细胞学上, 细菌可出现形态一致的杆状到球状结构, 染色呈深蓝色(图4-11)。细菌可以在细胞内或细胞外出现(图4-13、图4-14)。如果细菌只有出现在细胞外面而且也只有

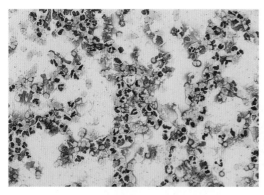

图4-11　鼻旁窦渗出物抹片

抹片中含有大量中性粒细胞及细胞内外的细菌。(原始放大倍数为100倍)

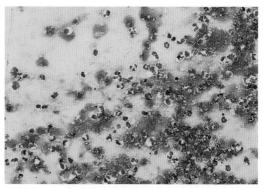

图4-12　鼻旁窦渗出物抹片

出现大量变性中性粒细胞, 溶解中性粒细胞碎片及少量短链杆菌。(原始放大倍数为100倍)

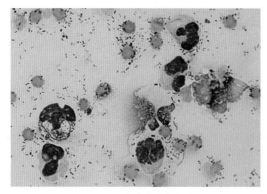

图4-13　鼻旁窦渗出物抹片

在中性粒细胞内外出现大量多形的细菌族群。(原始放大倍数为250倍)

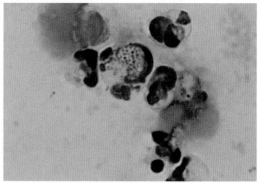

图4-14　鼻旁窦渗出物抹片

在中性粒细胞内外出现大量多形的细菌族群。(原始放大倍数为250倍)

少数的中性粒细胞出现，必须要小心区别是感染、正常菌群还是样本遭受污染。相反的，如果出现被吞噬的细菌，就表示有细菌感染(原发或继发)。

游离的黏液颗粒(图4-10)，游离的纤毛(图4-6)，染液的沉淀物或坏死的碎片，在抹片中可能会被误认为是细菌。如同先前的论述，细菌的感染常常都是伴随中性粒细胞的浸润以及出现被吞噬的细菌。如果未出现中性粒细胞的浸润和被吞噬的细菌，在判读细菌样构造的时候就要非常小心。口腔及上呼吸道感染可能牵涉到许多细菌的种类。只根据细菌在细胞抹片中的形态来辨别是何种细菌病原实际上很不容易，因此应结合细菌培养来判定(及药敏试验)。感染马链球菌时在鼻咽部的样本中常出现中性粒细胞性渗出物，但非病原性的链球菌或其他常在菌群则不会引起这一现象[7]。

(2) 霉菌感染 典型马霉菌性鼻炎、鼻窦炎或咽囊感染的样本中，通常都会出现大量的中性粒细胞及巨噬细胞[4]。多核巨细胞，淋巴细胞及反应性的间质细胞也可能出现。产生菌丝的霉菌很容易辨认，因为有宽度大于红细胞半径的丝状构造(较丝状细菌宽一些)；有些有分节(附图5B)。根据细胞学特征来确定产生菌丝的真菌种类并不可靠。霉菌性鼻炎偶尔会由西伯鼻孢子菌(图4-15)或新型隐球菌引起(附图4H)。

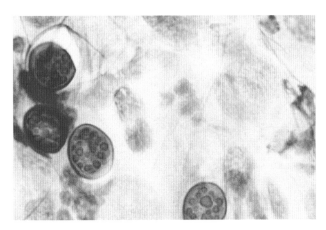

图4-15　西伯鼻孢子菌引起的鼻炎

涂片显示了几个中性粒细胞大小的球形鼻孢子虫，图中亦出现炎性细胞。(原始放大倍数为100倍)

(3) 过敏反应 包含过敏反应的炎症过程的细胞抹片中，嗜酸性粒细胞、嗜碱性粒细胞和肥大细胞数量增加。抗原的刺激常会伴随小淋巴细胞及浆细胞数量增加。咽喉淋巴组织增生类似其他形式的良性淋巴组织增生，一般不容易与正常淋巴组织区别；细胞组成超过80%是小淋巴细胞。

3. 囊肿及血肿 对真皮、黏膜、腺体或相关管腔内充满液体的囊状结构进行细胞学检查常可以协助区别病变过程。粉瘤是鼻憩室的皮样囊肿或皮脂腺囊肿。它们含有大量的鳞状上皮细胞(图4-16)和含量不一的皮脂或胆固醇结晶[5]。涉及黏膜的囊肿包含黏膜细胞的特性，也可能含有黏蛋白。血肿(如筛骨血肿)含有红细胞、白细胞和血小板，新鲜的或各阶段的红细胞代谢产物（噬红细胞作用、胆红素或胆绿素结晶物、含铁血黄素[6]）。轻度或慢性细胞炎症过程常伴随有囊状结构形成，因此，在囊肿液体的抹片中常可见中性粒细胞增加 [7]。

4. 肿瘤 涉及口腔或上呼吸道的肿瘤，由黏膜及/或其相关腺体所产生的癌，或黏膜下层组织的肿瘤(如骨肉瘤或淋巴肉瘤)组成。鳞状细胞癌中会脱落中等数量的单细胞或由中型至大型的多形上皮细胞组成的多细胞丛 [8]。这些细胞呈多角形和圆形，有明显的细胞边界，呈淡蓝到松石绿色的丰富细胞质，具有大的圆形到卵圆形单核或双核，染色质呈网状到绳索状，含有一个或多个核仁（图4-17）。其他的上皮细胞癌有类似未分化上皮细胞的外观（附图6A、附图6C）。鼻息肉通常继发于慢性炎症反应而非肿瘤。样本中含有黏膜上皮，周围由纤维组织组成 [9]。

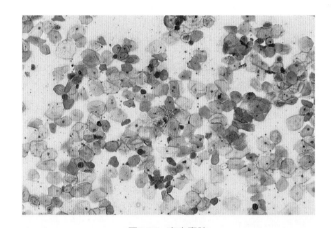

图4-16 表皮囊肿

这个细针抽取物含有大量鳞状上皮细胞，许多核浓缩或无核，有一些出现角质化。(原始放大倍数为25倍)

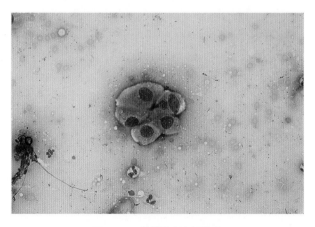

图4-17 口腔鳞状上皮细胞癌

刮取组织的抹片显示成团未分化的上皮细胞表现多形性 (细胞大小不等，细胞核大小不等，巨大细胞核及多个核仁)。(原始放大倍数为100倍)

参考文献

[1] Traub-Dargatz:Field examination of the equine patient with nasal dis-charge. Vet Clin North Am (Equine Pract) 13:561-588,1997.

[2] Schnieder: in Oehme and Prier: Textbook of Large Animal Surgery. Baltimore, 1974,Williams & Wilkins,pp 340-359.

[3] Chiesa et al:Cytological and microbiological results from equine gut-turalpouch lavages obtained percutaneously: correlation with histopathological findings.Vet Rec 144:618-621,1999.

[4] Brearley et al:Nasal granuloma caused by Pseudoallescheria boydii.EquineVet J 18:151-153,1986.

[5] Boles:Abnormalities of the upper respiratory tract.Vet Clin North Am(Equine Pract) 1:89-111,1979.

[6] Cook and Littlewort:Progressive haematoma of the ethmoid region in thehorse. Equine Vet J 6:101-108,1974.

[7] Tremaine et al:Histopathological findings in equine sinonasal disorders.quine Vet J 31:296-303,1999.

[8] Tuckey et al:Squamous cell carcinoma of the pharyngeal wall in a horse.Aust Vet J 72:227,1995.

[9] Hilbert et al:Tumours of the paranasal sinuses in 16 horses. Aust Vet J 65:86- 88,1988.

第 5 章　下呼吸道

　　下呼吸道疾病症状包括呼吸困难、呼吸急促、咳嗽、喘鸣。病患在咳嗽的时候可能会排出黏液、脓液或者血液。如果呼吸系统疾病由传染性病原体引起，马会有发热症状。听诊可以听到各种类型的啰音，包括湿啰音、哮鸣音、干啰音、胸膜摩擦音。在对患有呼吸道疾病的患马进行初步临床检查后，临床医生可以进一步以各种方式检查病患。在小动物，下一步通常是射线照相检查。但对于较大的动物，因为相对缺乏高质量射线照相检查所需的强大射线照相设备，所以射线照相检查会比较困难。然而，在可能的情况下，应对有呼吸系统疾病的马进行射线照相检查[1]。

　　胸腔积液会影响到下呼吸道，尤其是在感染性疾病中。因此临床上可能表现出胸腔积液的症状，并需要进行胸腔积液的细胞学检查（见第8章）。其他普通的健康检查也可用于检查马呼吸道疾病，如血液学和血清生化检查。下呼吸道的特殊检查包括支气管镜检和下呼吸道物质的实验室检查。实验室检查包括培养和显微检查。来自下呼吸道的物质往往通过气管冲洗(TTW)，支气管肺泡灌洗 (BAL)，偶尔经胸腔穿刺获得[1,2]。

Diagnostic Cytology
and Hematology of the Horse
Second Edition

一、样本采集

1.支气管肺泡灌洗 支气管肺泡灌洗通常在进行下呼吸道的支气管镜检查时进行。光纤内窥镜可以对特定位置进行仔细检查和取样。内窥镜或导管进入主支气管。通常有必要用甲苯噻嗪（每千克体重0.5mL）镇静病患。利多卡因（最多60mL0.5%利多卡因）通常通过内窥镜输注，使气道脱敏[3]。在内窥镜轻轻地揳入小的支气管后，注入30～250mL的无菌生理盐水（不含抑菌防腐剂），再立即尽可能快地使用注射器或者真空泵吸出[3,4]。在人医临床中，使用多次注入和吸出从细支气管和肺泡采集样本。最初的洗涤物主要含有来自小气道的物质，随后的洗涤物主要含有来自肺泡的物质[5]。在其他参考文献中有BAL技术更详尽的描述[3]。

2. 气管清洗 内窥镜检查时可进行气管冲洗和灌洗。然而，气管清洗通常采用气管插管法。气管插管法清洗（TTW）技术，导管穿过皮肤，在气管环之间，进入气管腔。TTW技术首先在上呼吸道部位进行约10cm²大小区域的外科备皮，利用局部麻醉剂（2%利多卡因）麻醉皮肤。当该区域充分麻醉后，在皮肤上做一个小切口。将静脉插管（如 Medicut, Sherwood Medical, St. Louis, MO）或者大口径皮下注射针在两个气管环之间插入到气管腔。使导管指向尾部，无菌聚丙烯导管插入约气管分叉的区域。立刻灌入30～60mL无菌生理盐水（不含抑菌防腐剂）后，尽可能快速吸出。或者可以在抽出导管的同时间歇地抽吸盐水。在采集样本之前轻微运动或引起患马咳嗽都有助于获得具有代表性的样本[3,6,7]。

在采集样本之后，应取出插管，部分样本准备用于培养。样本的其余部分保存下来，用于后续分析。在导管或者插管被取出后，应用少量的抗菌溶液处理皮肤切口[3,6~9]。

TTW的并发症很少，但偶尔在皮下、气管周围，纵隔内可能会出现气肿。有报道因气道渗出液的漏出或外部污染引起皮下感染[8]。当导管抽出时，插管很少会脱离导管。这可以通过在取出导管之前先从气管中抽出插管或针来防止[3]。据报道，马通过咳嗽可以迅速排出脱离的导管末端[3,9]。

3. 其他方式 前面已经描述了用内窥镜和带套管细胞刷或带套管的抽吸导管采集样本的技术。这些样本没有受到来自上呼吸道的口腔或鼻腔的细菌的污染[10~12]。使用这些途径取得的物质进行细胞学检查并没有被评估过，但是可能从支气管镜检查中发现的非常局限的病灶中提供细胞物质。

经皮肺穿刺活检有时用于获得肺脏的样本，有时可以用细针抽吸。美国兽医内科学院大动物专科医师的调查表明，以这种方式采取组织可用于诊断多种病症，包括那些产生粟粒型病灶的病变、疑似肺侵袭性病变、肺肿瘤和肺脓肿。

二、切片制作

因为经气管冲洗和支气管肺泡灌洗获得的样本被收集在生理盐水中，其中除了少量黏液还含有少量蛋白质。从肺脏炎症区域获得的样本也含有血浆蛋白。这些蛋白使得用于获取样本的生理盐水被显著稀释。因此，总蛋白测定几乎没有价值。在支气管肺泡灌洗和经气管冲洗样本中细胞数量往往因为稀释而降低。低蛋白浓度和低细胞数量降低了直接涂片的质量。由于蛋白浓度低，如果采用用于血液和高蛋白浓度液体的常规方式制作涂片，细胞通常会碎裂。同样的，由离心浓缩的样本制作涂片，很多细胞会碎裂。有时，经气管冲洗或支气管肺泡灌洗物质含有足够的黏液、蛋白质和保存良好的细胞，可以直接涂片进行检查。因此，通常要使用增加涂片细胞密度和保存细胞的方法。

如果先将细胞悬浮于1～2滴血清或商品化牛血清蛋白中，通过离心样本，倒出上清液，从沉淀物中提取颗粒物进行涂片，可以提高细胞密度。更直接的方法是使用高速离心机（如细胞离心涂片器）将洗涤材料直接浓缩在载玻片上。由高速离心制作的玻片细胞数往往很丰富，细胞也保存完好。

三、细胞总数和分类计数

支气管肺泡灌洗或经气管冲洗途径获得的液体回收量有中度到显著的变化。而支气管肺泡灌洗回收的液体量差异性较小。但是，一些研究者提出，细胞总数和分类计数对支气管肺泡灌洗液的评估具有特殊价值，然而这一项目通常不包含在支气管肺泡灌洗液的常规评估中[4,8,13~15]。可能由于在评估支气管肺泡灌洗液细胞数的研究时注入有不同量的液体，导致总细胞数量存在显著差异[16~19]。使用血细胞计数器确定细胞计数。样本稀释度应该根据被评估的细胞数或者液体的性质而改变。对透明样本进行1:2稀释，对更加混浊的样本可以增加到1:21的稀释倍数[8]。分类计数比总数更有价值。细胞分为上皮细胞、巨噬细胞、中性粒细胞、淋巴细胞、嗜酸性粒细胞、肥大细胞和其他细胞（如鳞状细胞）。上皮细胞可能进一步被分为柱状、立方状和杯状细胞[16~19]。

四、涂片染色

风干的涂片往往可以使用罗曼诺夫斯基染色法（瑞氏染色、姬姆萨染色、麦格-姬姆萨染色等），也可以使用HE染色和巴氏染色[8,17,20,21]。其他染色法，如革兰氏染色确定细菌（特别是革兰氏阳性细菌）的存在，PAS染色确定真菌的存在，普鲁士蓝或果莫里氏染色确定铁的存在都是非常有用的[17]。

五、显微特征

支气管肺泡灌洗和经气管冲洗液的成分

1.黏液　从下呼吸道获得的样本往往含有一些黏液[17]。在收集的液体中，黏液呈条带状絮状物质。在瑞氏染色的切片上，黏液呈粉红色至亮蓝色不定形条带状（图5-1）。并且，有时也可见与黏液染色相似的颗粒状结构。这些黏液颗粒是由杯状细胞分泌的（图5-2）。黏液有时候呈深染的紧密盘旋（库什曼螺旋体），这是细支气管分泌的浓缩的黏液管型。库什曼螺旋体常见于来自长期产生大量黏液的动物样本中。

图5-1　患有亚急性非化脓性肺炎马匹的TTW样本可见黏液、中性粒细胞、巨噬细胞和上皮细胞
（瑞氏染色；原始放大100倍）

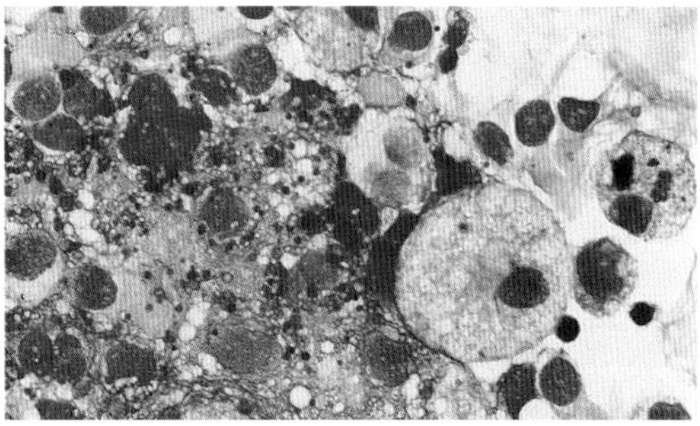

图5-2　在患有慢性肺炎和大量黏液产生的马匹的TTW样本中可见黏液颗粒、黏液和细胞碎片、巨噬细胞和纤毛柱状上皮细胞。一个巨噬细胞吞噬了一个深色的晶体结构，表明黏膜纤毛清除功能受损
（瑞氏染色；原始放大400倍）

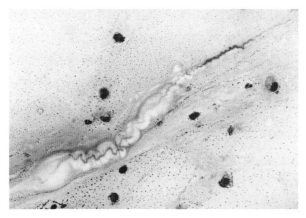

图5-3　在患有慢性下呼吸道疾病的马匹的TTW样本中出现库什曼螺旋体和一些巨噬细胞

（瑞氏染色；原始放大200倍）

2.细胞　来自下呼吸道的细胞包括上皮细胞、常在的巨噬细胞和炎性细胞[17]。上皮细胞根据其来源有多种类型，包括纤毛柱状上皮，各种无纤毛上皮细胞和杯状细胞（图5-4、图5-5）。纤毛柱状上皮细胞细长，且细胞核对侧的细胞末端有明显的细纤毛。杯状细胞的形状与柱状上皮细胞相似，但是杯状细胞没有纤毛而含有大量的嗜天青黏原颗粒。在来自下呼吸道的样本中常含有大量嗜碱性上皮细胞。通常可见局部刺激源刺激增生的成团的上皮细胞，特别是慢性炎症的情况下（图5-6）。

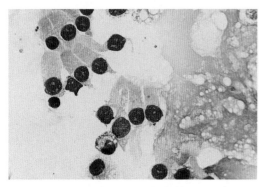

图5-4　在正常马匹的TTW样本中出现一些纤毛上皮细胞、一个肺泡巨噬细胞和淋巴细胞

（瑞氏染色；原始放大400倍）

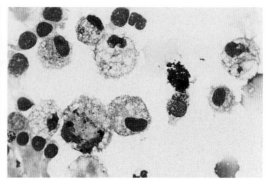

图5-5　在患有下呼吸道慢性炎症的马匹的TTW样本中出现杯状细胞和一些肺泡巨噬细胞

（瑞氏染色；原始放大400倍）

巨噬细胞是肺泡内的常在细胞，它们可以转变成反应性炎性细胞。炎性细胞包括中性粒细胞、活化的巨噬细胞和嗜酸性粒细胞。正常马的下呼吸道样本中也有淋巴细胞和肥大细胞（图5-7）。红细胞的出现，最常见的原因是在TTW或者BAL采样时的轻微损伤，但是它们也可能伴随炎症或导致出血的病症出现，如运动性肺出血（EIPH）[17]。

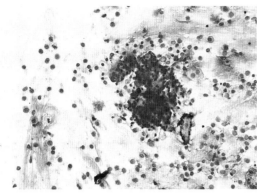

图5-6　在有长期咳嗽和表现不佳的马匹的TTW样本中出现簇状增生的上皮细胞和单个的上皮细胞。一些肺泡巨噬细胞散在于正常上皮细胞之间
（瑞氏染色；原始放大100倍）

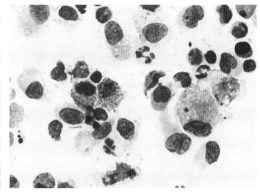

图5-7　在正常马匹的BAL样本中的肺泡巨噬细胞、淋巴细胞、中性粒细胞和肥大细胞
（瑞氏染色；原始放大400倍）

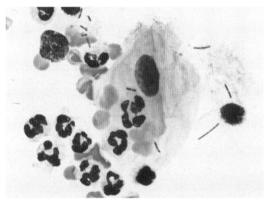

图5-8　在被口腔/咽部物质污染的TTW样本中出现鳞状上皮细胞、一些大的杆菌和中性粒细胞
（瑞氏染色；原始放大400倍）

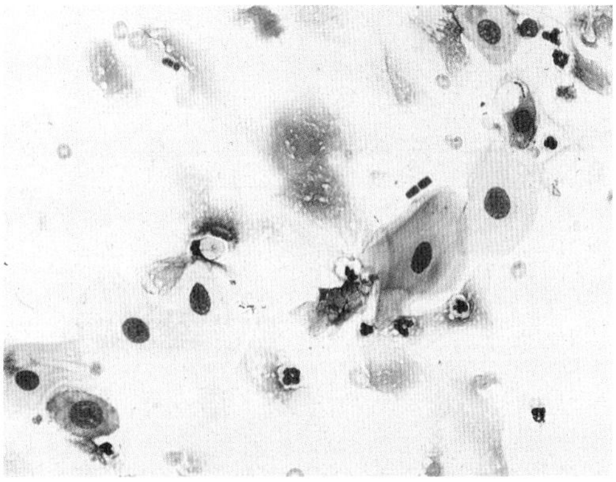

图5-9　在被口腔/咽部物质污染的TTW样本中出现嗜碱性和嗜酸性粒细胞、西蒙斯菌属微生物、一些小的细菌、中性粒细胞、手套颗粒和变性的细胞碎片
（瑞氏染色；原始放大200倍）

　　有时可见来自下呼吸道外的物质，这些通常是TTW和BAL手术过程中样本被污染的结果，但也可能是未被呼吸道上皮细胞黏膜纤毛作用排出的吸入性异物。通常来自口腔或者咽部的鳞状上皮细胞或者鳞状细胞碎片会污染样本（图5-8、图5-9）。鳞状细胞大而扁平，它们可能表现出折叠或被卷起，有时候它们可以被染成中度的嗜碱性，但偶尔也可以表现出轻度嗜酸性。它们的核往往浓缩或者分叶，可能有细菌黏附在它们的表面。这些微生物来自口腔、咽部或者鼻腔（图5-9）。

　　下呼吸道样本中也可能出现多种其他污染物，包括细菌、植物成分（花粉），真菌性物质或者晶体（图5-8、图5-12）。大多数物质往往是污染性的。细菌作为病原或污染物可以来自上呼吸道、口腔和环境，细胞学检测和相关的临床症状用于确定细菌或其他物质的意义。有时可见手术手套粉颗粒（图5-9），手套粉颗粒是浅至中等蓝色，圆形或不规则六角形，在它们的中心有一折射区。在显微镜下，手套粉颗粒具有三维特征，通过观察与载玻片上的扁平细胞不同的焦平面上的颗粒来了解其大小。有时可见其他晶体结构。这些晶

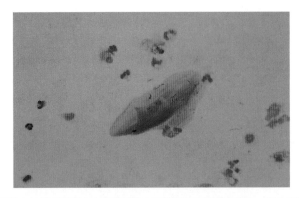

图5-10　在抽吸导致肺炎的小马的TTW样本中出现鳞状上皮细胞表面黏附有细菌。图中出现一个小的西蒙斯菌和中性粒细胞

（瑞氏染色；原始放大倍数为400倍）

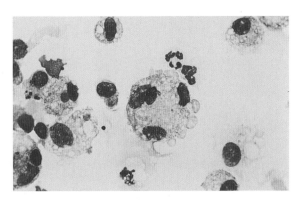

图5-11　来自慢性呼吸道疾病的马匹的BAL样本中出现一些肺泡巨噬细胞。右边的巨噬细胞中含有花粉颗粒

（瑞氏染色；原始放大倍数为400倍）

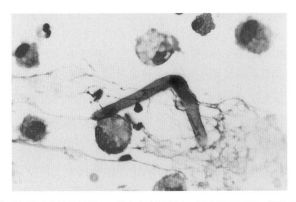

图5-12　来自慢性呼吸道疾病的马匹的BAL样本中出现黏液、两个巨噬细胞、酸性粒细胞和植物纤维

（瑞氏染色；原始放大倍数为400倍）

体可能独立存在或者在巨噬细胞内，通常它们是透明的且具有轻微的折射性。

浅表的鳞状细胞碎片深染、卷起且无细胞核。这些碎片来自马颈部的经皮插管插入处的浅表皮肤，或者来自TTW或者BAL操作者的手部皮肤。对此，采样时需要格外小心，特别是使用插管插入导管并仅用戴手套的手接触插管和导管，有助于避免患马或操作者对鳞状细胞碎片的污染。

正常的细胞学发现

在没有下呼吸道病灶的马中，TTW样本中的主要细胞是有纤毛和无纤毛的柱状上皮和肺泡巨噬细胞，也可见少量中性粒细胞和淋巴细胞。通常存在少量的黏液[13~15,17]。来自正常马匹的BAL液体与TTW液体非常不同，BAL液体含有更多的巨噬细胞（60%～80%）以及更少的上皮细胞。BAL液体中有中等数量的淋巴细胞（20%～35%）、少量的中性粒细胞（<5%）和极少的肥大细胞（<2%）[13,15,17]。使用的技术不同，总细胞计数显著不同。在一项研究中，报道了总细胞计数接近4 000个/μL，但在大多数其他研究中，细胞密度常小于1 000个/μL[16,18,20,22]。

口腔 / 咽喉物质的污染

偶尔，TTW和BAL样本被口腔和咽喉物质污染。口腔或者咽部污染的细胞学特征包括鳞状上皮细胞和各种类型的细菌，包括西门斯氏菌属（图5-8和图5-9）。鳞状上皮细胞是大而扁平的细胞，通常呈嗜碱性染色，但也可能呈轻微的嗜酸性染色。有时有细菌黏附在鳞状上皮细胞的表面。污染的微生物的形状和大小多样。大量微生物的存在表明样本被来自口腔、鼻腔和咽喉的物质污染（图5-10）。

在TTW或者BAL样本中有西蒙斯氏菌可以证明污染物来自口腔/咽喉（图5-9）。西蒙斯氏菌纵向分裂，并列排列，形成丝状体。涂片中可见游离或黏附在鳞状上皮细胞上的菌体。患有吸入性肺炎的马获得的样本中可见口腔/咽部污染物。如果炎症并伴随有口腔或者咽喉污染，则必须考虑误吸引起的呼吸道炎症。

在一些地区，通常在室内饲养的马中可见腐生的"谷仓真菌"菌丝、孢子和大分生孢子的污染。一种常见的污染物是链格孢属（*Alternaria* sp.）（图5-13）。链格孢属与其他真菌不同，特别是曲霉属真菌，因为大分生孢子会横向或纵向分裂并在菌丝的连接处膨大。

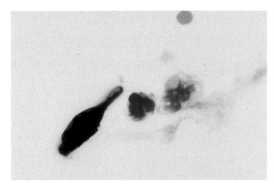

图5-13 在污染的TTW样本中的链格孢属的大分生孢子
（瑞氏染色；原始放大倍数为200倍）

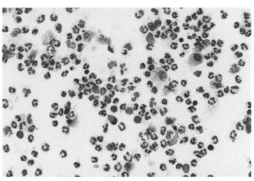

图5-14 马化脓性肺炎的TTW样本中出现中性粒细胞
（一些已变性）和巨噬细胞
（瑞氏染色；原始放大倍数为200倍）

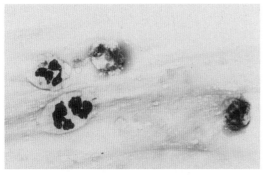

图5-15 在兽疫链球菌感染性肺炎的马驹的TTW样本中出
现中性粒细胞和一对小的细胞外球菌
（瑞氏染色；原始放大倍数为400倍）

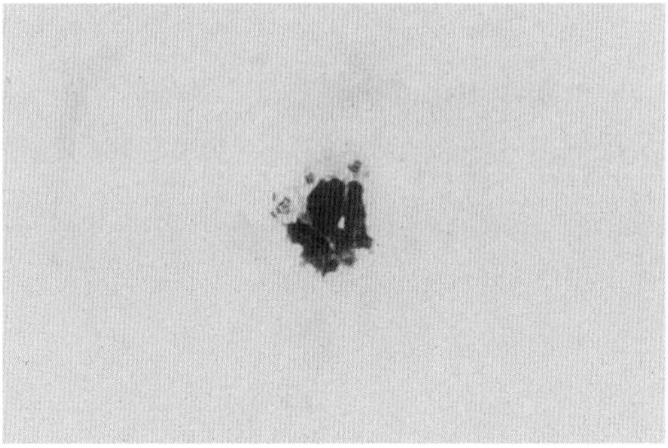

图5-16 在患有马红球菌性肺炎的马驹的TTW样本中出
现极度变性的并含有一些小杆状菌的中性粒细
胞（核溶解）
（瑞氏染色；原始放大倍数为400倍）

细胞异常的情况

1.化脓性和非感染性炎症　通过下呼吸道样本检测到的最常见的病变之一是化脓性
（急性）炎症[8,14,17~20,23]。中性粒细胞是化脓反应的主要细胞（图5-14）。自呼吸道收集的
中性粒细胞常呈核溶解和细胞质空泡化（图5-15、图5-16）。其他部位液体样本中出现这
样的中性粒细胞则强烈提示为败血症。而在TTW和BAL样本中，非化脓性炎症出现中性粒
细胞变性，是因为样本的采集和处理经常会导致中性粒细胞的变性。灌洗样本，特别是在
收集液中留存一段时间的样本，往往含有空泡化且有核溶解特征的中性粒细胞。偶尔，中
性粒细胞不会表现出变性特征，特别是当细菌的数量较少并且样本采集后很快涂片时。同
样的，来自非败血性炎症反应病例的样本中，中性粒细胞在收集样本后快速涂片也可能会
出现多叶核或者核碎裂现象（图5-17）。当中性粒细胞是主要的细胞类型并且马匹有感染的
临床症状时，如果BAL或TTW液体中通过显微镜观察未发现微生物，那么需要对采集到的样
本进行细菌培养。

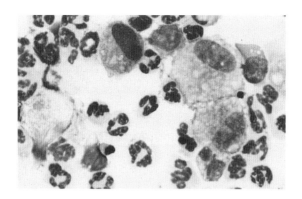

图5-17　在急性、非化脓性炎症的马的TTW样本中出现中性粒细胞和肺泡巨噬细胞。注意少量细胞的细胞核深染，是因为细胞衰老而退化，而不是毒性作用

（瑞氏染色；原始放大倍数为400倍）

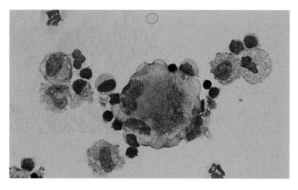

图5-18　马尘肺病的BAL样本中出现多核巨噬细胞、其他巨噬细胞、淋巴细胞和中性粒细胞，右上角的巨噬细胞含有粉红色的方石英晶体

（瑞氏染色；原始放大倍数 400倍）

　　肺泡巨噬细胞（图5-14和图5-17）通常存在于化脓性炎症中，柱状上皮细胞通常存在于急性化脓性炎症病患的下呼吸道TTW液体中（操作得当的BAL液体中不可见）。肺泡巨噬细胞大，胞质丰富而内有空泡，呈嗜碱性（图5-18）。柱状上皮细胞往往表现正常，但在化脓性炎症中可见少量增生的上皮细胞。

　　当炎症病变持续存在时，中性粒细胞与肺泡巨噬细胞的比值下降[14,15,17,19,21]。即巨噬细胞数量上升。巨噬细胞和中性粒细胞的相对数量决定病变的类型，可分为混合性、中性粒细胞性、单核细胞性。由于巨噬细胞的反应迅速而化脓性炎症可持续存在，依据不同细胞的比例容易导致病变类型（如急性、亚急性和慢性）的误判。然而病变持续时间与细胞反应类型之间的相关性较低。

　　所有炎性病变都应确定其病原。细菌可以在细胞内或者细胞外被发现（图5-15和图5-16）。致病性的细菌有很多种，并且通过培养或生物体形态观察发现不止一种病原体。多种微生物可导致成年和新生马的肺炎。据统计，约1/3的感染马的阳性样本会含有一种微生物，1/3含有两种，余下的1/3将会含有3种及3种以上[24]。大多数细菌罗曼诺夫斯基染色呈深色。细胞内存在细菌提示机体发生败血症。尽管细菌种类不能通过细胞学检查来确定，但是可以根据其形状进行分类（表5-1），可以通过革兰氏染色进一步确定。马最常见的肺病原体是兽疫链球菌，革兰氏阳性球菌，涂片中的菌体往往以单个散在或呈2～4个短链状。

表 5-1 马肺炎样本中细菌的微观形态和其他特征

形 态	革兰氏反应	菌 群	分 类	其他特征
球菌	阳性	β 溶血性链球菌	兽疫链球菌，**其他链球菌**	单个散在、成对和短链状（通常不超过 4 个）；马肺炎最常见的链球菌；马链球菌也可能形成长链
		厌氧微生物	**消化链球菌属**	单个散在、成对或短链
球杆菌	阳性	棒状杆菌	马红球菌	马红球菌通常是单个散在，西瓜子样（很难与球菌相鉴别）通常存在于细胞内；马驹（＜6个月）比老马更常见
杆菌（棒状）	阴性	肠道微生物	**大肠杆菌**，克雷伯氏菌，肺炎链球菌，其他肠道菌种	大肠杆菌是马肺炎最常见的肠杆菌
		非肠道微生物	**猪放线杆菌**，其他放线菌，巴氏杆菌和博德特氏菌	猪放线菌是马肺炎最常见的非肠道杆菌
		厌氧微生物	类杆菌属，卟啉单胞菌，普氏菌和梭菌属	除了杆状，可能有奇怪的形状（尖头、中间或末端凸起，弯曲或卷曲）
	阳性菌	厌氧性微生物	梭菌属，真菌，双歧杆菌和丙酸杆菌	梭菌往往大于其他杆状微生物

*黑体的微生物为最常见的马肺炎的致病源。

马红球菌，仅存在于马驹下呼吸道，革兰氏染色阳性，通常在细胞内并具有"西瓜籽"的外观（图5-19）。马肺脏的病原菌多是短杆状微生物，并且大多数是革兰氏阴性的。这些包括放线杆菌类（图5-20）[25]、巴氏杆菌、肠杆菌科的成员(大肠杆菌,肺炎克雷伯菌、肠杆菌属）和许多厌氧菌包括坏死梭杆菌、拟杆菌和梭状芽孢杆菌[24~29]。通常厌氧菌形状不规则，如具有锋利的尖端，中间或两端凸起、弯曲或卷曲（图5-21）。有必要区分细菌与其他短小、圆形或细长结构的物质，包括黏液颗粒、肥大细胞颗粒和染色剂颗粒。当口部或者咽喉污染物存在同时具有严重的化脓性炎症时，一定要考虑吸入性肺炎。口腔和咽部的污染物包括鳞状细胞、黏附于鳞状细胞的混合细菌和西蒙斯氏菌。

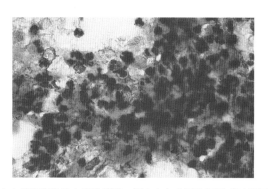

图5-19　马驹肺炎的TTW样本中出现变性的中性粒细胞，图中心有大量外观呈"西瓜籽"的小球杆菌。分离培养可获得马红球菌

（瑞氏染色；原始放大倍数为400倍）

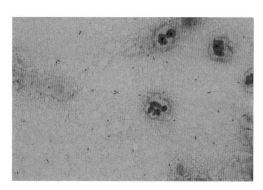

图5-20　细胞外和细胞内细菌分散在黏液和细胞碎片中。球菌和杆菌（短杆状）暗示混合感染。分离培养可获得兽疫链球菌和猪链球菌

（瑞氏染色；原始放大倍数为400倍）

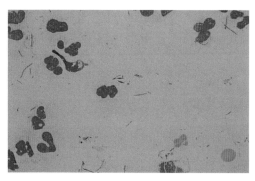

图5-21　成年马肺炎TTW样本中变性的中性粒细胞和形状怪异的细菌，大肠杆菌和混合的厌氧性细菌，包括坏死性梭菌属、韦荣球菌属和消化链球菌属

（瑞氏染色；原始放大倍数为600倍）

2.真菌感染 呼吸道的真菌感染最可能继发于免疫抑制，其他严重的肺脏疾病或其他疾病如小肠结肠炎、腹膜炎、内毒素血症或败血症[30]。灌洗液中很少会发现或培养出真菌成分[30~32]。炎症反应通常是化脓性的，但偶尔主要的细胞是巨噬细胞。马下呼吸道最常见的病原性真菌是曲霉菌（附图5B）。其他真菌包括粗球孢子菌（附图5A）、荚膜组织胞浆菌（附图4C）、新生隐球菌（附图4H）。污染性的真菌（尤其是链格孢菌）必须与病原菌（特别是曲霉菌）相区别。

3.原虫感染 卡氏肺孢子虫感染可以引起免疫抑制马驹肺炎，或继发于细菌感染[33~34]。在来自卡氏肺孢子虫感染的两只马驹的BAL样本中发现由中性粒细胞和巨噬细胞组成的混合性炎症反应[34]。TTW或者BAL样本中包囊阶段的原虫可以通过细胞学确认，但游离的滋养体很难与碎片相区别。完整的包囊特征明显，直径5～10μm，包含4～8个直径为2～3μm深染的囊内小体（附图5F）。

4.慢性阻塞性肺疾病（COPD） COPD由肺脏对吸入的刺激物或过敏原的超敏反应和应激性亢进引起[4,35,36]。通过巨噬细胞产生趋化因子介导的一系列机制导致支气管和细支气管的化脓性炎症[37]。症状因病情的严重程度而异，包括运动障碍、咳嗽伴哮鸣音、湿啰音和呼吸困难。细胞学特征是黏液量增加伴有中性粒细胞与巨噬细胞渗出[4]。由于黏液量的增加与超敏反应，偶尔可见库什曼螺旋体（图5-3）以及嗜酸性粒细胞的增加。在一些马匹中，嗜酸性炎症是COPD的早期反应[38]。此外，可见成簇的增生的纤毛上皮细胞（图5-6）和数量增加的杯状细胞（图5-5），偶见鳞状上皮化生（图5-22）。细胞学检查结果并无特异性，但研究结果显示炎症是COPD的重要症状。

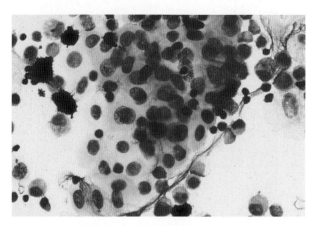

图5-22 来自慢性呼吸道疾病的马匹的TTW样本中出现鳞状上皮化生。大量巨噬细胞和淋巴细胞以及少量深染的肥大细胞分散在玻片上

（瑞氏染色；原始放大倍数200倍）

5.病毒 马会受到多种呼吸道病毒的感染。上皮细胞的异型性，包括染色质的边缘化、纤毛细胞变性崩解和多核化都提示有病毒的感染，纤毛细胞变性崩解是一种特殊类型

的变性，细胞核浓缩，细胞质内出现嗜酸性包涵体[39]。这些变化是非特异性的，通常严重的病毒感染伴随继发的细菌感染。原发性细菌性肺炎与继发性细菌性肺炎在TTW和BAL检查结果无显著差异，原发性细菌性肺炎的中性粒细胞数量增加[40]。病毒性肺炎的患马淋巴细胞的数量增加[5]。

6.嗜酸性炎症　嗜酸性炎症是一种过敏反应。过敏性支气管炎和肺蠕虫迁移过程中可见嗜酸性粒细胞数量增加。嗜酸性炎症反应通常伴发有明显的肺泡巨噬细胞增殖。马匹感染驴蠕虫以及安氏网尾线虫后引发严重的呼吸道症状[41,42]。细胞学检测可见大量的嗜酸性粒细胞和肺泡巨噬细胞（图5-23）。使用贝尔曼幼虫分离法在粪便中偶尔可检测到幼虫[8,41,43]。嗜酸性炎症并不是肺蠕虫感染的特异性反应，过敏反应也会有嗜酸性粒细胞的浸润[38]。马呼吸道嗜酸性炎症提示有过敏原的吸入以及寄生虫幼虫的迁移。

7.烟雾吸入　吸入烟雾会对呼吸道造成严重的损害，比如谷仓着火产生的烟雾，上呼吸道更容易受到热量的影响，而下呼吸道也会受到火灾产生的有毒气体和颗粒的影响[44]。气管、支气管和细支气管的上皮也会被破坏甚至严重损伤，导致呼吸道严重水肿和出血。肺泡巨噬细胞内充满红细胞和黑色炭质颗粒（图5-24）。由于黏液纤毛清除机制受到严重损害，可能会继发细菌和/或真菌感染，并且TTW或者BAL液中会含有大量的中性粒细胞。生活在严重污染环境中的马的下呼吸道的巨噬细胞中有含碳物质。多种其他吸入性物质，如晶体（图5-24）、花粉（图5-11）、植物纤维（图5-12）和真菌物质（图5-13），都可能在烟雾吸入或者其他状况下出现在样本中，例如，病毒感染和导致黏液纤毛功能障碍的败血性化脓性炎症。

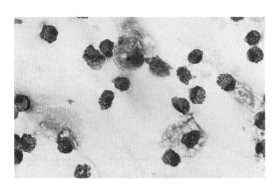 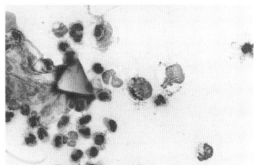

图5-23 在以前被驴使用的牧场放牧后感染安氏网尾线虫的母马的TTW液体样本中出现嗜酸性粒细胞和肺泡巨噬细胞

（瑞氏染色；原始放大倍数200倍）

图5-24 谷仓起火后存活的马匹的TTW液体样本中有含碳质颗粒的肺泡巨噬细胞、大量中性粒细胞和大的晶体

（瑞氏染色；原始放大倍数400倍）

8.运动性肺出血（EIPH）　EIPH是由高强度剧烈运动引起的[45]。部分马匹可能出现鼻出血现象，但大多数为下呼吸道出血[46]。TTW和BAL检测有利于EIPH的诊断。清洗液中有红细胞，同时马曾剧烈运动且有明显的临床症状，都还不足以确诊，必须通过内窥镜观

察气道中的血液情况才能够确诊。必须有证据表明红细胞并不是由于检查或样本采集过程中创伤导致出血的结果。出血时间较长时，可见肺泡巨噬细胞吞噬红细胞（图5-25），并含有红细胞裂解产物，如胆红素（附图2A）或含铁血黄素（图5-26）[47]。普鲁士蓝和果莫里氏染色剂可用于确定巨噬细胞中的物质是否含有铁。EIPH发生以后噬铁血黄素细胞会持续存在至少3周[48]。噬铁血黄素细胞会在肺脏中持续存在21d[19]。鼻衄后发生血液误吸也可见噬铁血黄素细胞的存在[20]。

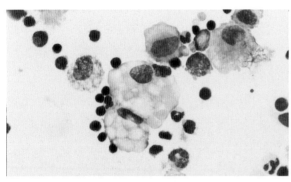 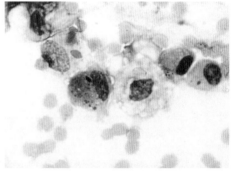

图5-25　来自EIPH马匹的BAL液体样本中两个巨噬细胞吞噬红细胞。也有一些其他的巨噬细胞、大量的淋巴细胞和少量的中性粒细胞

（瑞氏染色；原始放大倍数为400倍）

图5-26　在复发性鼻出血的马匹的TTW中，巨噬细胞中的色素（可能是噬铁血黄素）。也出现一些其他巨噬细胞和红细胞

（瑞氏染色；原始放大倍数为400倍）

9.硅肺　加利福尼亚的蒙特利地区和卡梅尔[49]以及其他沿海区域的马患有硅肺病或尘肺病。主要特征是运动障碍和呼吸窘迫。患马有限制性通气障碍以及听诊有刺耳的呼吸音和哮鸣。TTW液含有大量巨噬细胞，在巨噬细胞中有不规则的粉色晶状包涵体，它们与肺泡巨噬细胞中发现的其他晶体包涵体的区别是在于它们独特的粉红色（图5-10和图5-27）。除巨噬细胞变化外，还有大量黏液、库什曼螺旋体、增多的中性粒细胞以及增生

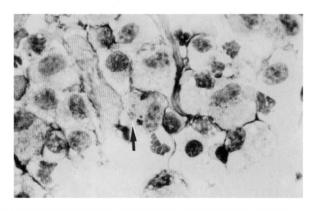

图5-27　在硅肺（尘肺病）的马匹的TTW中出现一些巨噬细胞、中性粒细胞和一些黏液。一个巨噬细胞含有一些小的粉色方晶石结晶（箭头）

（瑞氏染色；原始放大倍数为400倍）

的上皮细胞。

10.肿瘤 马原发性和转移性肺肿瘤比较少见[50~53]。未见BAL/TTW有助于诊断马的原发性肺肿瘤的报道，根据经验，BAL/TTW对诊断马或其他动物的转移性肺肿瘤没有帮助。然而，通过BAL检查，可以准确诊断人的转移性肺肿瘤，如黑色素瘤、肉瘤、癌和白血病[5]。帕帕尼古劳涂片法可以检测出人BAL液中的癌细胞，操作简便且准确率高，但不是兽医学中常用的方法。可从BAL/TTW回收液中检测到肿瘤细胞，肿瘤一定是侵入了支气管或细支气管，但气管或支气管不能被外周分泌物的黏液堵塞。采集疑似肺组织肿瘤的样本更可靠的方法是经皮肺穿刺活检[2,51]。马原发性肺肿瘤包括肺颗粒细胞瘤、肺腺癌、支气管癌、肺癌、支气管鳞状细胞癌、肺软骨肉瘤和支气管黏液瘤[50~53]。肺脏或者胸腔的转移性肿瘤包括血管肉瘤、鳞状细胞癌、腺癌、肾癌、横纹肌肉瘤、恶性黑色素瘤、纤维肉瘤、肝母细胞瘤、软骨肉瘤、神经内分泌肿瘤、未分化肉瘤和未分化癌[51]。马肺最常见的转移性肿瘤是恶性黑色素瘤[53]。一例马肺部肿块的超声引导抽吸物中发现上皮瘤的细胞学特征，经组织学检查确定为支气管肺泡的癌症[54]。通过活检组织块印片细胞学检测诊断了一匹母马的颗粒细胞肿瘤（图5-28）[55]。来自其他马肺肿瘤的肺抽吸样本中未显示出肿瘤细胞[56,57]。

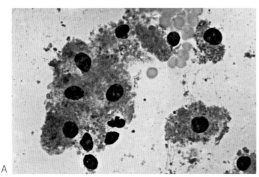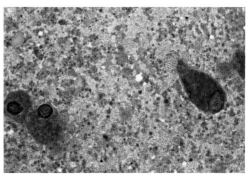

图5-28 马肺部肿块（颗粒细胞瘤）超声引导穿刺活检的印迹涂片

A. 上皮细胞较大，胞质内含有嗜酸性颗粒（瑞氏染色；原始放大倍数 250倍） B. 3个上皮细胞和许多破裂细胞释放出的嗜酸性颗粒分散在涂片上（瑞氏染色；原始放大倍数 250倍）

参考文献

[1] Wagner:in Smith:Large Animal Internal Medicine.St.Louis,1996,Mosby,pp 550-565.

[2] Savage et al: Survey of the large animal diplomates of the American College of Veterinary Internal Medicine regarding percutaneous lungbiopsy in the horse.J Vet Internal Med 12:456-464,1998.

[3] Hoffman and Viel:Techniques for sampling the respiratory tract of horses. Vet Clin North Am 13:463-475, 1997.

[4] Derksen et al:Bronchoalveolar lavage in ponies with recurrent airway obstruction (heaves). Am Rev Respir Dis 132:1066-1070,1985.

[5] Linder and Rennard: Bronchoalveolar Lavage. Chicago, 1988, ASCPPress.

[6] Mansmann and Knight:Transtracheal aspiration in the horse.JAVMA 160:1527-1529,1972.

[7] Beech:Technique of tracheobronchial aspiration in the horse.EquineVet J 13:136-137, 1981.

[8] Whitwell and Greet: Collection and evaluation of tracheobronchialwashes in the horse. Equine Vet J 16:499-508, 1984.

[9] Mansmann and Strouss:Evaluation of transtracheal aspiration in the horse. JAVMA 169:631-633, 1976.

[10] Sweeney et al: Comparison of bacteria isolated from specimens obtained by use of endoscopic guarded tracheal swabbing and per-cutaneous tracheal aspiration in horses. JAVMA 195:1225-1229,1989.

[11] Darien et al: A tracheoscopic technique for obtaining uncontami-nated lower airway secretions for bacterial culture in the horse.EquineVet J 22:170-173, 1990.

[12] Hoffman et al: Sensitivity and specificity of bronchoalveolar lavageand protected catheter brush methods for isolating bacteria from foals with experimentally induced pneumonia caused by Klebsiella pneu-moniae.Am J Vet Res 54:1803-1807, 1993.

[13] Mair et al:Cellular content of secretions obtained by lavage from dif-ferent levels of the equine respiratory tract.Equine Vet J 19:458-462,1987.

[14] Larson and Busch: Equine tracheobronchial lavage: comparison oflavage cytology and pulmonary histopathologic findings. Am J VetRes 46:144-146, 1985.

[15] Derksen et al: Comparison of transtracheal aspirate and bron-choalveolar lavage in 50 horses with chronic lung disease.Equine Vet J 21:23-26, 1989.

[16] McKane et al: Equine bronchoalveolar lavage cytology: survey of Thoroughbred racehorses in training. Aust Vet J 70:401-404, 1993.

[17] Bain: Cytology of the respiratory tract. Vet Clin North Am (Equine Pract) 13:477-486, 1997.

[18] Couetil and Denicola: Blood gas, plasma lactate and bronchoalveo-lar lavage cytology analyses in racehorses with respiratory disease.Equine Vet J Suppl 30:77-82, 1999.

[19] McKane and Slocombe: Sequential changes in bronchoalveolar cytology after autologous blood inoculation. Equine Vet J Suppl30:126-130, 1999.

[20] Beech: Cytology of tracheobronchial aspirates in horses. Vet Pathol 12:157-164, 1975.

[21] Bursh and Jensen:The use of cytology in the diagnosis and treatment of equine respiratory infections. Equine Pract 6(10):18-23, 1984.

[22] Moore et al: Cytologic evaluation of bronchoalveolar lavage fluid obtained from Standard bred racehorses with inflammatory airway disease. Am J Vet Res 56:562-567, 1995.

[23] Bursh and Jensen:The use of cytology in the diagnosis of equine respi-ratory infections. Equine Pract 9(2):7-10,1987.

[24] Hirsh and Jang:Antimicrobic susceptibility of bacterial pathogens from horses.Vet Clin North Am (Equine Pract) 3:181-190,1987.

[25] Jang et al: Actinobacillus suis-like organisms in horses. Am J Vet Res48:1036-1038,1987.

[26] Traub-Dargatz: Bacterial pneumonia. Vet Clin North Am (Equine Pract)7:53-61,1991.

[27] Hoffman et al:Association of microbiologic flora with clinical, endo-scopic,and pulmonary cytologic findings in foals with distal respiratory tract infection.Am J Vet Res 54:1615-1622,1993.

[28] Warner:in Smith:Large Animal Internal Medicine.St Louis,1996,Mosby,pp 566-575.

[29] Carlson and O'Brien:Anaerobic bacterial pneumonia with septicemia in two racehorses. JAVMA 196:941-943,1990.

[30] Sweeney:in Smith:Large Animal Internal Medicine.St Louis,1996,Mosby,pp 576-577.

[31] Sweeney and Habecker: JAVMA 214:808-811, 1999.

[32] Riley et al:Cryptococcosis in seven horses.Aust Vet J 69:135-139,1992.

[33] Ainsworth et al: Recognition of Pneumocystis carinii in foals with respiratory distress. Equine Vet J 25:103-108,1993.

[34] Ewing et al: Pneumocystis carinii pneumonia in foals. JAVMA 204:929-933,1994.

[35] Nuytten et al: Cytology, bacteriology, and phagocytic capacity of tracheobronchial aspirates in healthy horses and horses with chronic obstructive pulmonary disease (COPD).Zbl Vet Med A30:114-120,1983.

[36] Beech:in Smith:Large Animal Internal Medicine. St Louis,1996,Mosby,pp 594-597.

[37] Franchini et al:The role of neutrophil chemotactic cytokines in the pathogenesis of equine chronic obstructive pulmonary disease (COPD).Vet Immunol Immunopathol 66:53-65,1998.

[38] Hare and Viel: Pulmonary eosinophilia associated with increased air-way responsiveness in young racing horses. J Vet Intern Med 12:163-170,1998.

[39] Freeman et al:A review of cytological specimens from horses with and without clinical signs of respiratory disease. Equine Vet J 25:523-526,1993.

[40] Gross et al:Effect of moderate exercise on the severity of clinical signs associated with influenza virus infection in horses.Equine Vet J 30:489-497,1998.

[41] MacKay and Urquhart:An outbreak of eosinophilic bronchitis in hors-es possibly associated with Dictyocaulus arnfieldi infection. Equine Vet J11:110-112,1979.

[42] Dixon et al: Equine pulmonary disease: a case control study of 300referred cases.Part 3:Ancillary diagnostic findings.Equine Vet J 27:428-435,1995.

[43] Mair:Value of tracheal aspirates in the diagnosis of chronic pulmonary disease in the horse. Equine Vet J 19:463-465,1987.

[44] Beech:in Smith:Large Animal Internal Medicine.St Louis,1996,Mosby,pp 595-596.

[45] Roberts and Erickson: Exercise-induced pulmonary haemorrhage workshop.Equine Vet J Suppl 30:642-644,1999.

[46] Pasco et al: Exercise-induced pulmonary hemorrhage in racing thor-oughbreds:a preliminary study.Am J Vet Res 42:703-707,1981.

[47] O'Callaghan et al: Exercise-induced pulmonary hemorrhage in the horse: results of a detailed clinical, postmortem and imaging study. I.Clinical profile of horses.Equine Vet J 19:384-388,1987.

[48] Meyer et al: Quantification of exercise-induced pulmonary haemor-rhage with bronchoalveolar lavage.Equine Vet J 30:284-286,1998.

[49] Schwartz et al:Silicate pneumoconiosis and pulmonary fibrosis in hors-es from the

Monterey-Carmel Peninsula.Chest 80:82S-85S,1981.

[50] Moulton:Tumors of Domestic Animals.3rd ed.Berkeley,1990,University of California Press,pp 308-346.

[51] Scarratt and Crisman:Neoplasia of the respiratory tract.Vet Clin NorthAm (Equine Pract) 14:451-473,1998.

[52] Mair and Brown: Clinical and pathological features of thoracic neo-plasia in the horse. Equine Vet J 25:220-223,1993.

[53] Dungworth: in Jubb et al: Pathology of Domestic Animals, 4th ed. New York,1993,Academic Press,pp 688-696.

[54] Anderson et al:Primary neoplasm in a horse.JAVMA 201:1399-1401,1992.

[55] Walker et al:What is your diagnosis.Vet Clin Pathol 22:35,58-59,1993.

[56] Schultze et al:Primary malignant pulmonary neoplasia in two horses.JAVMA 193:477-480,1998.

[57] Van Rensburg et al:Bronchoalveolar adenocarcinoma in a horse.TydskrS Afr Vet Ver 60:212-214,1989.

第 6 章　胃肠道

胃肠道疾病约占所有马病的一半[1]。对于这类疾病来说，细胞学诊断是一种快速、廉价的辅助诊断方法。在内窥镜、腹腔镜和超声检查出现之前，细胞学技术的应用仅仅被限制在胸腔液和腹腔液（第 8 章和第 9 章）、尸体剖检样本以及粪便的检查上。内窥镜、腹腔镜和超声检查的出现，使得胃肠道病变的可视化以及活体组织的检测在实际操作上和经济上都成为可能。因此，活体胃肠道样本的采集不仅是可行的，甚至已经成为一套完整诊断检查中不可或缺的一部分。

对于那些由肿瘤或炎症 / 感染引起的肿块是可以用细胞学进行确诊的，而对于出血性、慢性炎症或坏死等，细胞学检测虽然不能给出确切的诊断，但是或许可以提供有用的预后信息或者推测诊断。细胞学检测即使显示为阴性，也并不能够排除肿瘤或者炎症的可能，因为细胞学检测结果会受到样本大小、样本质量、组织对治疗的反应、样本的代表性、活检细胞剥脱倾向，以及反应细胞与肿瘤的细胞学鉴别的影响。细胞学结果的判读必须与临床表现、内窥镜以及超声检查结果相结合。

Diagnostic Cytology
and Hematology of the Horse
Second Edition

一、取样

    胃肠道紊乱检查通常是在收集少量信息后从直肠触诊开始的。如果发现异常的肿物、淋巴结肿大、肠袢增厚或腹部液体过量等异常现象，可以通过内窥镜、超声波、放射学或腹腔穿刺术等辅助诊断方法对紊乱进行更具体的确诊。通过内窥镜获取的活体组织块通常很小（一般为1.8～2.3mm），但已经足以达到诊断的目的。采集优质的活检组织是极具挑战性的，尤其是使用内窥镜和腹腔镜进行辅助的活检组织。取样经验和团队合作对于使用内窥镜和腹腔镜进行活检组织的采集是必不可少的。活检采样设备的滑脱、错误的角度、出血、全层活体检查的风险以及内窥镜造成的病变肠道医源性穿孔都是需要考虑的非常严重的问题。除此之外，内窥镜采集样本时所造成的细菌污染也是一个确实存在的问题。因此，活体组织的培养结果必须要与细胞学研究结果进行对比来减少错误判读的风险。

    内窥镜、腹腔镜和超声检测已经成为马胃肠道活检和可视化检查的新标准。胃肠道活体检测、细胞刷采样和灌洗样本都可以通过内窥镜检查完成。除此之外，还可以通过腹腔镜、手术探查以及经皮超声引导的方法来采集活体组织[2~7]。简而言之，长度为3m的内窥镜能够胜任大多数成年马的食管、胃和近端十二指肠的检查。根据马的情况，可以使用最低限度的限制手段（拉住缰绳或轻微镇静）。如果不进行麻醉仅做食管镜检查，不需要禁食。

    食管镜检查通常是从鼻咽位置开始，平稳地向前推进并且观察收缩食管的典型白色食管黏膜。如果不确定食管位置或者观察不到气管环，可以撤回并再一次尝试，不要在不知道内窥镜检查路线的情况下强行检查。强行检查可能导致设备在口咽部折转损坏，更可能造成马的食管穿孔。由于胃部损伤经常伴随食管病变，所以要同时对胃和食管进行检查。为了保证成年马胃内的能见度，在待检马体况允许的情况下，在检测前12h对其进行禁食，检测前6h禁水。检查十二指肠时，将内窥镜沿胃大弯方向通过胃部和幽门，这需要耐心和经验。在进行直肠和结肠检查前要手动清除粪便，对于小马也可以进行灌肠。清理完肠道后从直肠插入预先涂过润滑剂的内窥镜。检查过程中鼓入空气可使食管和胃肠道膨胀，更有利于黏膜，尤其在发生溃疡时的检查。对肿物的经皮抽吸取样或穿刺活检取样可利用经直肠（5MHz）或经腹部（2.5～3.5MHz）超声进行辅助定位。

    收集活检标本后，可以在载玻片上轻轻滚动或细胞学印迹之前在10%福尔马林缓冲液中固定进行组织病理学检查。此外，坚硬或颗粒状的病料可以像血涂片一样涂抹、挤压和抽吸。疑似传染病应选择合适的培养基进行培养，并进行细胞学检查。疑似感染性病变应该进行分离培养，而细胞学检查结果对于选择合适的培养基是很有价值的。

通过内窥镜活检通道，用适当尺寸的聚乙烯管收集胃液，以及从病变区域吸入液体或用生理盐水灌洗后回收液体相对比较容易。直接涂片，浓缩后直接涂片和细胞离心涂片机适用于所有的液体样本，颗粒性样本还可以采用压片。采集直肠样本时，先将粪便除去，然后使用化学抹刀一类的钝器刮取直肠样本，刮取时用力要温柔、均匀，刮取深度应达到固有层，但要避免穿孔。

二、正常组织的细胞学特征

1. 食管和胃　食管和胃前部非腺体区域布满了复层鳞状上皮细胞(图6-1)。在一层厚的角质层覆盖下是颗粒细胞层 (含有较小的细胞核，嗜碱性细胞质中有大量角质蛋白颗粒)，棘细胞层(扁平的立方状细胞)和基底细胞层(柱状细胞) [1]。表层上皮细胞相对较大，内含有淡蓝色均匀的细胞质、角状胞质边缘，有时可见圆形至椭圆形细胞核，体积小而深染。细菌可以黏附在这些上皮细胞表面，但少见炎症细胞。更深层的样本可能会包含一些基底层上皮细胞，细胞呈圆形，具有深蓝色、略有颗粒感的细胞质和卵圆形、较大的细胞核，核质比（细胞核：细胞质）较高。

马胃褶皱缘在呈粉白色的鳞状区域和呈红色的腺体分泌区形成了一个明显的边界。马

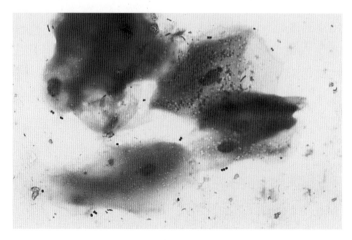

图6-1　马胃鳞状上皮细胞

部分细胞表面可见细菌群。（瑞氏-姬姆萨染色）

腺胃部分布满了一层高柱状、PAS染色阳性的柱状上皮细胞，覆盖在位于深层的主细胞、壁细胞、颈部黏液细胞，以及罕见的肠道内分泌细胞表面。细胞学样本制备从均一的胃腺体区的柱状上皮细胞组成细胞群，低倍镜观察细胞呈现蜂窝状（图6-2）。个别的细胞显示出与基底层相同的柱状、椭圆形的核、斑点型染色质和淡蓝色具有颗粒感的细胞质，其边缘具有羽毛状的微绒毛（图6-3）。

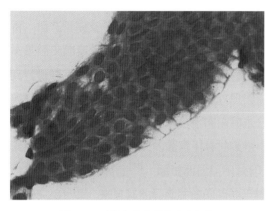

图6-2　胃幽门部分的柱状上皮细胞

细胞的大小和形状一致使细胞团呈蜂巢状。（瑞氏染色）

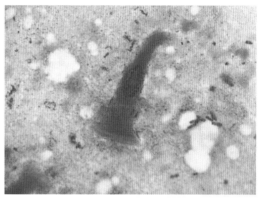

图6-3　腺胃区的柱状上皮细胞

细胞具有椭圆形偏向基底一侧的细胞核，细胞顶部具有浅染的微绒毛。（瑞氏-姬姆萨染色）

　　马胃液中的pH是可变的，胃酸会持续分泌，但分泌量会发生变化，并伴有间歇性的自发碱化作用。在马很常见的十二指肠液的回流可以促进其胃液碱性化。在饲料匮乏时胃液的pH低于2.0，但在自由采食牧草后会高于6.0。对胃液的细胞学检测发现其中包含已经脱落和退化性的鳞状和柱状上皮细胞，并且混有菌群，可能还有一些植物成分（图6-4）。

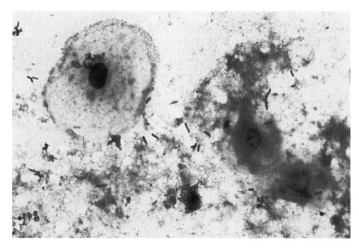

图6-4　马胃液涂片中包含脱落的鳞状上皮细胞，混合菌群，以及一些碎片

（瑞氏-姬姆萨染色）

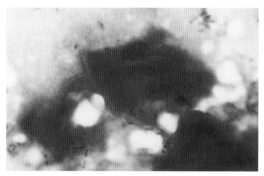

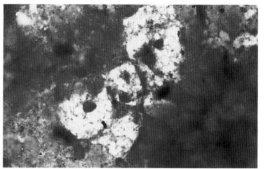

图6-5　马十二指肠中，柱状上皮细胞呈椭圆形，含有基底核和浅染的微绒毛在细胞顶端形成刷状缘，与胃内的柱状上皮细胞相似
（瑞氏-姬姆萨染色）

图6-6　马结肠中浅染的杯状细胞
细胞中可见小的位于一侧的细胞核以及丰富、清晰可见的有液泡的细胞质，这些细胞在大肠中比较常见。（瑞氏-姬姆萨染色）

2. 大肠和小肠　大肠和小肠的黏膜细胞与腺胃区域的上皮细胞类似（图6-5）。细胞呈柱状、淡蓝色，胞质具有轻微颗粒感，位于底部的卵圆形核、顶端微绒毛构成纹状缘。杯状细胞具有浅染的空泡状细胞质和嗜酸性的黏液，在结肠和直肠样本中较为常见（图6-6）。鳞状上皮细胞位于直肠末端和肛门。内分泌细胞、潘氏细胞（拥有顶端突出、球形、嗜酸性颗粒的锥状细胞）、Brunner氏腺细胞（阿辛蓝染色阳性黏膜下浆膜型肠腺）多见于小肠，颗粒细胞多见于结肠，但这些细胞不常见，尚没有细胞学描述（图6-7、图6-8）。马肠道样本中，经常看到的少数淋巴细胞，来自Peyer氏结和黏膜下淋巴组织。临床正常的马，肠道固有层中含有噬铁血黄素的巨噬细胞也常被报道[10]。虽然中性粒细胞在马直肠表面上皮中不存在，但在健康马的直肠固有层中有散在的中性粒细胞和嗜酸性粒细胞。

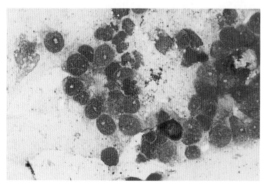

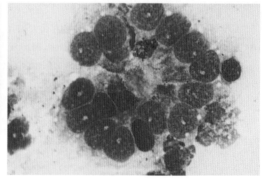

图6-7　健康马的结肠刮取物中包含大量聚集的或形成腺泡状结构的上皮细胞，偶尔可见肥大细胞
（瑞氏-姬姆萨染色）

图6-8　高倍镜下的结肠上皮细胞
在细胞集群间可见伴随清晰的嗜苯胺蓝颗粒的小颗粒细胞。（瑞氏-姬姆萨染色）

　　肠液中包含少量来自食管和胃的鳞状上皮细胞，少数来自肠黏膜的柱状上皮细胞，混合细菌、原生动物、真菌以及食物碎片，罕见或无炎症细胞（图6-9至图6-11）。关于马胃肠

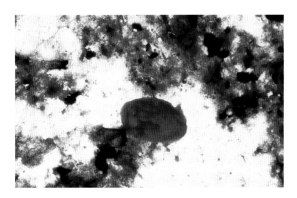

图6-9　大肠液中包含一个大的深染的原生动物，周围包绕着植物成分、混合菌群和细胞碎片
（瑞氏-姬姆萨染色）

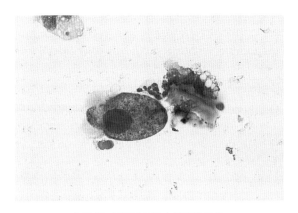

图6-10　正常马匹体内的原生动物

大肠液样本展示了正常马匹中原生动物的多形性，原生动物比红细胞大，在原生动物周围有一些植物成分和细胞碎片。
（瑞氏-姬姆萨染色）

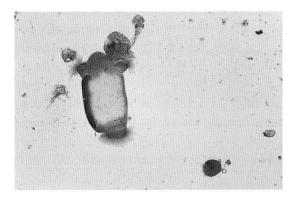

图6-11　患有慢性盲肠阻塞马的腹腔液

两个大小明显不同的纤毛虫。没有肠破裂的症状。　（瑞氏-姬姆萨染色）

道的常在菌群的报道有限。在马胃肠道中，蛋白溶解性细菌在可培养细菌中的比例很高[12]。马十二指肠、空肠、回肠和直肠中pH分别为6.32、7.10、7.47和6.7。

三、异常组织的细胞学特征

1. 肿瘤　马胃肠道的肿瘤较少见，并且除了淋巴瘤经常发生在年轻的马之外，大多肿瘤发生于老龄马（表6-1）。患有胃肠道肿瘤的马在临床上表现为体重下降、厌食、嗜睡、间歇性腹痛、间歇性发热以及排便不规律。临床化验结果显示胃肠道肿瘤会导致吸收不良〔葡萄糖和D(+)木糖吸收率下降〕、低白蛋白血症、高球蛋白血症、贫血症（出血和慢性疾病）、高钙血症（淋巴瘤和鳞状细胞癌）。腹腔液中有核细胞数量增加（中性粒细胞性炎症）、蛋白增加，有时还会有脱落下来的肿瘤细胞。来自肠腔的微生物可能会侵入胃肠道肿瘤中，导致脓肿形成和继发感染性腹膜炎。

表6-1　马胃肠道肿瘤

食管	盲肠
鳞状细胞癌	腺癌（骨化生或未见骨化生）
胃	**结肠**
鳞状细胞癌	腺癌（骨化生或未见骨化生）
腺癌	平滑肌瘤
平滑肌肉瘤	脂肪瘤
平滑肌瘤	脂肪过多症
胃息肉	
小肠	**直肠**
淋巴瘤	淋巴瘤
腺癌	脂肪瘤
平滑肌瘤	平滑肌肉瘤
平滑肌肉瘤	息肉
腺瘤性息肉病	
脂肪瘤	
良性肿瘤	

数据来源： Barker et al: in Jubb et al: Pathology of Domestic Animals, ed 4, Vol 2. San Diego, 1993, Academic Press, pp 33-317; East and Savage: Abdominal neoplasia (excluding urogenital tract). Vet Clin North Am (Equine Pract) 14:475-493, 1998; Orsini et al: Intestinal carcinoid in a mare: an etiologic consideration for chronic colic in horses. JAVMA 193:87-88, 1988; Patterson-Kane et al: Small intestinal adenomatous polyposis resulting in protein-losing enteropathy in a horse. Vet Pathol 37:82-85, 2000.

淋巴瘤是马胃肠道最常见的恶性肿瘤[8,13]。它最常发生在小肠，可能是原发性的消化道淋巴瘤，也可能是累及外周淋巴结和/或胸腔，以及肠道的多中心性淋巴瘤。消化道淋巴瘤会导致肠壁弥漫性增厚以及肠系膜淋巴结明显肿大[14]。肿瘤会从固有层和黏膜下层向浆膜层扩散。淋巴细胞的群体从淋巴细胞的母细胞、颗粒淋巴细胞到大小不同的淋巴细胞不等(图6-12至图6-15)[14~18]。使用细胞学技术很容易看到颗粒淋巴细胞细胞质中的颗粒物质，但用组织病理学技术却很难做到[15]。在患有淋巴癌马匹的肠壁和淋巴结中有大量的浆细胞样细胞和浆细胞，有时也可见巨细胞[13,14]。

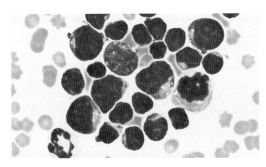

图6-12 马肠道淋巴瘤

内含粗染色质、核仁不明显并且细胞质稀少的大、中、小淋巴细胞。（瑞氏-姬姆萨染色）

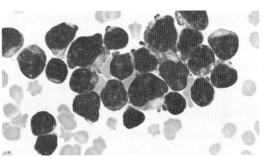

图6-13 马肠道淋巴瘤

多种形态的大的不成熟的淋巴细胞包裹着不规则细胞核、簇状的染色质、1~4个小的核仁，可在部分细胞核边缘见到少量有时含有液泡的嗜碱性细胞质。（瑞氏-姬姆萨染色）

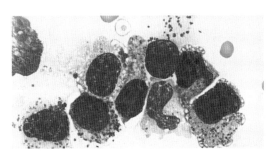

图6-14 患有多中心淋巴瘤马的肠道大颗粒淋巴瘤

肿瘤细胞为较大的含有椭圆形细胞核的细胞，染色质呈簇状，可见核仁，具有适量的浅蓝色细胞质，其内可见液泡和许多大小不一的嗜天青颗粒。（瑞氏-姬姆萨染色）

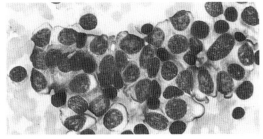

图6-15 颗粒淋巴瘤

患有颗粒淋巴瘤的马的淋巴细胞核呈椭圆形、粗点状染色质、适量的含有很小的嗜酸性颗粒的淡蓝色细胞质，在样本中细胞质颗粒不明显，在颗粒淋巴细胞中散布着一些小淋巴细胞。（瑞氏-姬姆萨染色）

近年来对马恶性肿瘤的研究发现，有77%（24/31）的肿瘤都是由较大的、形态不典型的B细胞来源细胞组成的高恶性程度肿瘤。在这个研究中，唯一一例肠道淋巴瘤被归类为多中心T细胞淋巴瘤，并且所有的胸腺淋巴瘤均为T细胞起源。有46%（11/24）的B细胞淋巴瘤是富含T细胞的大B细胞淋巴瘤，肿瘤中可见非肿瘤性的、正常出现的T细胞，以及大型的细胞核形状不规则、染色质粗糙，并具有非典型核分裂象的非典型B细胞的混合浸润。大小淋巴细胞混合性淋巴瘤与富含T细胞的大B细胞淋巴瘤的鉴别需要依靠淋巴细胞标志物。在马胃中也曾发现由大小肿瘤B细胞组成的混合淋巴瘤[17]。除此之外，还在一匹马的外周血、皮肤结节、心脏、腹腔以及结肠中发现了B细胞淋巴瘤[18]。虽然罕见，但在患有肠道淋巴瘤的马中类肿瘤性的嗜伊红细胞过多现象也曾有过报道[19]。

鳞状细胞癌，排在马常见的恶性肿瘤的第二位，是常见于马食管和胃的肿瘤 [13, 20, 21]。细胞学上，鳞状细胞癌被分为三类[20]：

（1）分化良好（＞50%分化良好的鳞状细胞称为鳞片，圆形或椭圆形鳞状细胞多达30%）；

（2）中等分化（＞50%圆形或椭圆形鳞状细胞和少量鳞片）；

（3）低分化（圆形或椭圆形多形性鳞状细胞为主而罕有鳞片）。

肿瘤细胞经常形成厚细胞团或片状排布（图6-16），较薄的区域或散在的细胞必须仔细检查以评估细胞（图6-17至图6-19）。细胞大小、细胞核大小、核仁的大小和形状，会有显著变化，可能在核周出现多个或在细胞质中出现较大的液泡。分化良好的鳞状细胞癌细胞呈多形至梭形，核质比低的鳞状细胞具有丰富的淡蓝色细胞质形成的多角边界。细胞也可能出现树突，或呈圆形、椭圆形或有尾形，并有多个无色、有折光性，有时会呈现深粉色至深紫色的细胞质颗粒，或者具有弥散性粉色到淡红色细胞质。细胞核很小，含有粗糙型染色质，呈现不规则的椭圆形和圆形。染色质和核仁形状不规则，胞质环的出现（角化过度），着色过度，异型细胞增多，细胞核大小不均，有尾细胞具有极长细胞质突起（蝌蚪细胞）和细胞间的细胞质内迁移（伸入运动），这些都是细胞发育不良和肿瘤的特征。Papanicolaou's染色是检测角化、角化不良以及聚集在一起的细胞的细胞学特征最好的方法。细胞质橙瘤病与细胞角质化有关，广泛的炎症反应通常与鳞状细胞癌相关，尤其是浅表溃疡。

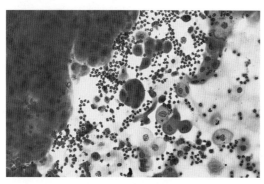

图6-16 胃鳞状细胞癌

对患有鳞状细胞癌的马进行细针抽吸活检，可见呈片状脱落的细胞形态比形成簇状或散在的细胞更均一。细胞从圆形至梭形不等，含有不等量的嗜碱性至弱嗜碱性的细胞质。（瑞氏-姬姆萨染色）

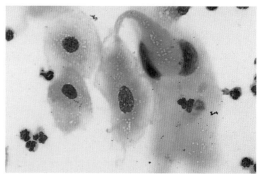

图6-17 胃鳞状细胞癌

高倍镜下观察马的鳞状细胞癌可见有两个细胞延伸出了细胞质突起。（瑞氏-姬姆萨染色）

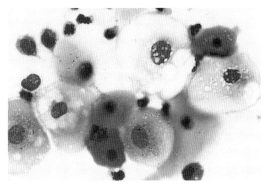

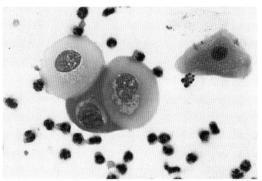

图6-18 胃鳞状细胞癌

高倍镜下观察患有马胃鳞状细胞癌的细胞可见细胞大小不均、细胞核大小不均、细胞质空泡化以及角质化。（瑞氏-姬姆萨染色）

图6-19 胃鳞状细胞癌

可以清晰地看到3个成熟的鳞状细胞聚集在一起，内含椭圆形细胞核、粗糙型细胞质、模糊的核仁以及细胞质空泡化，这些都是鳞状细胞癌的特征。（瑞氏-姬姆萨染色）

　　分化良好型的鳞状细胞癌细胞看起来像正常鳞状上皮细胞，分化不良型的鳞状细胞癌细胞可能很难与活跃的/发育异常的间皮细胞，或者是分化不良的腺癌细胞相区别。因此，为了更好地细胞学判读，必须排除样本中鳞状细胞存在的其他原因。与鳞状上皮细胞有关的两种情况可能是破裂性胃溃疡（异型增生和中性粒细胞炎症）和怀孕母马的羊水误吸。食管-胃溃疡通常发生在马驹或年轻马，而鳞状细胞癌在老龄马中较常见(6～18岁)[21]。内窥镜和超声波检查有助于证实细胞学检查结果。鳞状细胞癌倾向于转移到内脏表面或广泛地转移到整个胸腔或腹膜腔，类似于间皮瘤，使得胸腔液和腹腔液中都含有癌细胞。大多数患有胃鳞状细胞癌的马常有大量的腹水，这些腹水的特征是含有中性粒细胞，含有含铁血红蛋白的巨噬细胞和噬红细胞现象。离心浓缩和细胞离心涂片器的使用，增加了在这些样本中找到鳞状上皮细胞和肿瘤征象的概率。

　　马肠道腺癌是很少见的[13, 22, 23]。最常见于马的大肠，为单发性结节状肿块，转移潜能低，但很容易发生骨化[23]。肿瘤细胞呈圆形至柱状，具有中等至丰富的双嗜性至嗜碱性胞质，细胞核很大且核仁突出。偶尔可见印戒细胞，也会观察到细胞外嗜酸性黏蛋白，罕见形成腺泡[22]。在组织学上，这些肿瘤细胞有多种形状，有的是分化良好型的柱状细胞形成含有杯状细胞腺体样结构，有的是未分化细胞形成团块或不规则的腺体结构[22, 23]。

　　在一例年轻去势马的腺瘤性息肉病病例中，患马还伴有蛋白丢失性肠病、广泛的腹侧皮下水肿，以及严重的低蛋白血症[24]。在小肠中发现大量由假复层高柱状细胞以及散布的杯状细胞形成的息肉状、乳突状和腺状肿块。

　　在马由胃黏膜和肠黏膜的内分泌或旁分泌细胞起源的类癌是很少见的[25]。这些内分泌细胞是均一的，圆形或椭圆形的细胞含有圆形泡状细胞核，缺少显著的核仁，但有丰富的有颗粒感的嗜酸性细胞质，经常从细胞中剥离，留下一个弱嗜酸性细胞影和裸露的核。在疾病诊断中通过嗜银性染色和电镜鉴定分泌细胞质颗粒是十分必要的证实诊断。

平滑肌瘤和平滑肌肉瘤是发生在老龄马肠道的平滑肌肿瘤。这些肿瘤可能发生在小肠中，在浆膜表面形成包囊状的团块，或者在直肠腔内形成有蒂的肿瘤突入直肠腔[13]。细胞学形态类似于发生在其他脏器的平滑肌肿瘤。细胞呈现特别的纺锤状，具有长梭形或椭圆形、雪茄状细胞核，花边形染色质，核内有一个或两个不明显的核仁和适量的淡蓝色的细胞质。随着肿瘤的恶化，纺锤状细胞减少，多形性细胞增多。需通过细胞学与马肠道分化良好的间充质细胞包括肠纤维化，弥散性腹膜平滑肌瘤病，网膜纤维肉瘤和继发于炎症的纤维组织增生进行鉴别[26,27]。肠纤维化的特征是小肠弥漫性厚，小动脉硬化，毛细血管内皮细胞肥大和平滑肌细胞核肥大和变性。弥散性腹膜平滑肌瘤病是一种罕见的良性肿瘤，多发生于雌性动物腹部，呈现多中心扩散[26,27]。

与肠道肠系膜脂肪组织相关的带状脂肪瘤有充足的文献记载[28]，但这些肿瘤和脂肪瘤病（一种不常见的良性浸润型脂肪瘤）都是罕见的，可以通过细胞学确诊。

2. 炎性病变　马炎症性胃肠道功能紊乱是很常见的[13]。有研究对105匹马进行直肠活检，结果显示有60匹发生病变（57%）[11]。直肠炎在该研究中是最常见的，被分为单纯性（中性粒细胞性炎症）、慢性（淋巴细胞和浆细胞）或慢性化脓性（中性粒细胞、淋巴细胞和浆细胞）三种类型。在该研究中，直肠炎通常是非特异性的，反映近端肠道炎症反应的疾病，而不是一个形态学改变[11]。然而，即使有其局限性，直肠活组织检查和组织病理学（如细胞学活检）在马病检测中是一个有用的辅助手段。曾在细菌性疾病，如沙门氏菌感染的病例中，观察到中性粒细胞性炎症，并在粪便涂片观察到中性粒细胞。

（1）细菌性肠炎　胃肠道细菌感染是致命的，特别是对于小马驹或免疫功能不全的马。该类疾病均建议使用细胞培养和药敏试验进行确诊，并且选择最好的治疗方法。而细胞学有助于快速证实胃肠道菌群的变化，初步确定细菌或病原体的类型，以便进行相应的诊断和治疗。

罗曼诺夫斯基染色法比革兰氏染色更适合用于粪便细胞学涂片的初筛，使用罗曼诺夫斯基染色法时，细菌（阴性的分支杆菌除外）呈深蓝色，形态差异，如杆状或球状很容易区分。很重要的一点是，炎性细胞与上皮细胞的细胞形态用罗曼诺夫斯基染色法观察也是较好的。

细菌感染引发的炎症反应不是只随特定的细菌有所差异，随着细菌感染的持续时间也不相同。例如，马红球菌〔*Rhodococcus*(*Corynebacterium*) *equi*〕，一种革兰氏阳性球菌，能引起马驹小肠结肠炎，最初引起中性粒细胞性炎症，逐渐发展为可见巨噬细胞内吞噬有球菌和多核巨细胞浸润到固有层的慢性炎症。马沙门氏菌病在临床上可表现出败血症性、急性、慢性及无症状携带等不同的感染阶段，可以通过细胞的变化进行区分。梭状芽孢杆菌是导致腹泻的潜在原因，特别是在马驹中。尽管从腹泻马驹的细菌分离培养中可以见到空肠弯曲菌和肠毒性大肠杆菌，但它们是否为腹泻的致病菌尚不明确。

马单核细胞埃立克体（E.risticii）引起的波托马克热，是一种以腹泻、白细胞减少、发热和精神沉郁为症状的疾病。肠道病变包括充血、瘀血、出血、溃疡和表面坏死。埃立克体是专性细胞内寄生的细菌性病原，在宿主细胞的吞噬泡内增殖。里氏埃立克体与马埃立克体不同，在外周血涂片上难以分辨。这种微生物在苏木精和伊红染色的组织切片中也不明显，但在施泰纳银染色后会在上皮细胞和巨噬细胞内出现10～15个一群的细小棕色点（直径小于1μm）。

小肠壁增厚、隐窝上皮细胞增生、细胞内含有弯曲的菌体都是增生性肠炎的特征，马驹的病例中还有严重肠炎的记录。细胞内劳森菌也被鉴定为病原体[29]。

（2）慢性炎症性肠病　慢性炎症性肠病的特点是肠壁内局灶性或弥漫性的白细胞浸润。这一类型的马病，包括肉芽肿性胃肠炎、嗜酸性粒细胞性胃肠炎、肠结核、组织胞浆菌病和淋巴细胞增生性疾病[30~34]。肉芽肿性胃肠炎的细胞学特征包括，巨噬细胞、上皮样细胞、多核巨细胞、淋巴细胞和浆细胞。样本中含有肉芽肿性炎症细胞的病例应该对其进行真菌（附图5B、附图5C）、组织胞浆菌（附图4C）、分支杆菌（附图5B、附图5C）以及寄生虫幼虫的检测。

①肉芽肿性胃肠炎：尽管肉芽肿性胃肠炎和嗜酸性胃肠炎被认为是两种不同的综合征，但也有些相似之处，如肠道中及其他部位都有肉芽肿的形成[32]。马肉芽肿性肠炎会引起多种消化道疾病，对小肠的影响尤其明显[35]。肉芽肿是由巨噬细胞、淋巴细胞、上皮样细胞和多样巨细胞组成的。青年马匹更加易感。虽然马肉芽肿性肠炎的病因尚不清楚，但是有假设认为与其免疫机制和铝有一定的联系[31,35,36]。

②嗜酸性胃肠炎：马慢性嗜酸性胃肠炎已被认为是一种特殊的多系统上皮综合征的一部分，与之相关的还有嗜酸性粒细胞皮炎和嗜酸性肉芽肿性胰腺炎[13,33,35]。在食管、胃、大小肠以及肠系膜淋巴结发生弥漫性或局灶性炎性浸润。肠壁内浸润有嗜酸性粒细胞、肥大细胞、巨噬细胞、淋巴细胞和浆细胞。未发现外周嗜酸性粒细胞增多症，但会出现腹泻和低白蛋白血症。病因不明，但可能与免疫介导性因素有关[13]。直肠的嗜酸性粒细胞的浸润诊断意义可能不大，除非伴随有马嗜酸性胃肠炎的病理损伤。在健康马的直肠活检中常发现嗜酸性粒细胞[11]。

③嗜碱性小肠结肠炎：在马中发现的嗜碱性小肠结肠炎可能是嗜酸性胃肠炎的变种。回肠、盲肠和结肠的炎性浸润以嗜碱性粒细胞为主，并伴有淋巴细胞、浆细胞、巨噬细胞和嗜酸性粒细胞[13,37]。

④淋巴细胞-浆细胞性肠炎：淋巴细胞-浆细胞性肠炎的发病机制尚不清楚，但它会导致蛋白质丢失性肠病和低白蛋白血症[13,33,34]。粪便的黏稠度正常表明蛋白质损失性肠病主要涉及小肠，而大部分大肠的功能仍然正常。因此，与更容易获得的直肠活检样本相比，

小肠的活检更有助于诊断。固有层内可见数量增加的高分化淋巴细胞和浆细胞浸润。在马和犬中，黏膜下层或贯穿肠壁全层的淋巴细胞-浆细胞浸润可能预示着淋巴瘤[13]。同时，淋巴细胞和嗜酸性粒细胞浸润的区别在于有无寄生虫的入侵[13]。

⑤病毒性肠炎：腺病毒、冠状病毒、轮状病毒会引起马驹的腹泻，马疱疹病毒Ⅰ型会引起成年马的坏死性小肠结肠炎[13]。不幸的是，细胞学诊断对于马胃肠病毒疾病不是很有帮助。血清学、分子检测、病毒培养和电子显微镜技术在病毒性病原的检测中是很有必要的。

⑥真菌/酵母菌：见肉芽肿性炎症。真菌和组织胞浆菌可引起马的胃肠炎/肠炎。属于消化道正常黏膜菌群的念珠菌属，及芽殖酵母在微环境发生改变时可以成为条件致病菌。分枝的、丝状假菌丝和菌丝可以取代酵母形式。胃食管念珠菌病最常发生在马驹中，并与鳞状上皮的溃疡病有关[13]。

⑦寄生虫：马胃肠道寄生虫如表6-2所示[13,38]。被包裹的圆线虫幼虫已成为马的主要寄生虫性病原体[39,40]。这些包裹中的幼虫，与小型和大型圆线虫不同，它们能够抵抗大多数现代肠驱虫剂。这些圆线虫幼虫进入大肠黏膜，在这里停留好几年并且大量积累。临床症状与这些包囊内的幼虫同时脱囊有关。青年马在早春时感染这种寄生虫的风险很高，近来使用驱虫剂进行治疗[39]。这种疾病的主要症状是导致急性腹泻以及体重急速下降。在直肠检查后通过直肠套管发现圆线虫幼虫来协助诊断。患有该病的马还可能出现外周血中性白细胞增多和低白蛋白血症[39,40]。

马绦虫病（叶状裸头绦虫感染）的发病率也在增加[39,41]。感染马匹出现急腹症、肠穿孔和回盲连接处的肠套叠。叶状裸头绦虫血清学分析技术的发展推进了该病的诊断。粪便漂浮困难与绦虫卵对漂浮的抵抗力以及完整虫体孕节未释放卵有关。

表 6-2　马胃肠道炎性疾病

传染性疾病
寄生虫
胃：胃蝇、线虫、大口德拉希线虫、毛圆线虫
小肠：韦氏类圆线虫、马蛔虫、大裸头绦虫、艾美耳球虫、隐孢子虫
大肠幼虫：小圆线虫幼虫包囊、小圆形线虫（普通圆线虫、普通无齿阿福线虫、马圆线虫）、三齿属线虫、叶状裸头绦虫、马蛲虫、三毛滴虫、梨形鞭毛虫、隐孢子虫
细菌（非肉芽肿性）
小肠：产气荚膜梭菌、魏氏梭菌、胞内劳森氏菌
大肠：沙门氏菌、产气荚膜梭菌、魏氏梭菌、里氏埃里希氏体

传染性疾病

细菌（肉芽肿性）

　　小肠：鸟型结核分支杆菌、副结核分支杆菌、马红球菌

真菌／酵母菌

　　假丝酵母、组织胞浆菌属、腐霉属、曲霉属真菌

病毒

　　小肠轮状病毒、冠状病毒、腺病毒、 马疱疹病毒 I 型（成年马）

非传染性的疾病

马肉芽肿性肠炎

马嗜酸性胃肠炎

马嗜碱性肠胃炎

淋巴细胞／浆细胞性肠胃炎

斑蝥中毒引起的化学性胃肠炎

尿毒症性胃肠炎

淀粉样蛋白沉积

　　在马大肠中有大量的纤毛虫。它们的功能还并不明确，但是它们大多是特殊的非致病性微生物（图6-9至图6-11）。慢性腹泻病与许多粪便鞭毛虫有关，尤其是三毛滴虫；然而，其致病性尚不明确[38]。纤毛虫可以入侵肠道，但它们也可死后入侵肠道和非肠道疾病[13, 42]。另一种原生动物，在马驹的粪便中常可能发现艾美耳球虫，但其致病性还存疑[13, 38]。

　　感染贾第鞭毛虫和隐孢子虫的检测并不简单，但更新、更敏感和特异性更高的测试，如荧光免疫检验法、粪便酶联免疫吸附检测可以用来诊断贾第鞭毛虫和隐孢子虫[43]。在马驹中，无论是贾第鞭毛虫还是隐孢子虫的感染率都很高（15%～35%），即使在没有临床症状的马驹中也有发现（图6-20）。

　　（3）其他病因　淀粉样蛋白相关的胃肠病虽然很罕见，但其发生多与吸收障碍和肠蛋白质损失有关[44]。在细胞学中，淀粉样蛋白分布在细胞外，呈均质粉红色。细胞学对于斑蝥中毒或尿毒症性胃炎/胃肠炎诊断的帮助是有限的，这些疾病会伴随非特异性出血性损伤[45]。

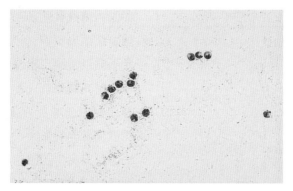

图6-20 粪便涂片中被染成红色的许多小的隐孢子虫

虫卵囊比红细胞略小。（抗酸染液）

四、粪便涂片的细胞学特征

粪便直接涂片在马的肠道疾病诊断中很有价值。通常，粪便涂片中包含大量的混合细菌群、黏液、植物碎片，以及一些上皮细胞和极少的炎症细胞。在病马的粪便中可以检测出潜血、砂、梭菌、沙门氏菌、贾第鞭毛虫的包囊、隐孢子虫的卵囊、纤毛虫、寄生虫卵、寄生虫幼虫和白细胞。纤毛虫应该出现在正常的新鲜粪便中。极少量或者大量的纤毛虫表示肠道菌群的不稳定。粪便中的白细胞提示出现活跃的炎性疾病。如果嗜酸性粒细胞数量多，则应该进一步检测是否出现嗜酸性胃肠炎。除浮选试验外，直接涂片在寄生虫的检测中也很有价值，它可以检测如滋养体或绦虫卵等，而用浮选试验检测时会出现结构被破坏或不漂浮的现象，用直接涂片法可以避免。

参考文献

[1] Pfeiffer and MacPherson: in White: The Equine Acute Abdomen.Philadelphia,1990,Lea & Febiger,pp 2-24.

[2] Reef: Equine Diagnostic Ultrasound. Philadelphia, 1998, Saunders,pp 321-346.

[3] Byars and Bain: in Rantanen and McKinnon: Equine Diagnostic Ultrasonography.Baltimore,1998, Williams & Wilkins, pp 595-602.

[4] Tucker:in Rantanen and McKinnon:Equine Diagnostic Ultrasonography.Baltimore,1998, Williams & Wilkins,pp 649-653.

[5] Klohnen et al: Use of diagnostic ultrasonography in horses with signs of acute abdominal pain.JAVMA 209:1597-1601,1996.

[6] Traub-Dargatz and Brown: Equine Endoscopy, ed 2. St Louis, 1997,Mosby.

[7] Pearson et al:in Cowell and Tyler:Cytology and Hematology of the Horse. Goleta,CA,1992,American Veterinary Publications,pp 89-95.

[8] East and Savage:Abdominal neoplasia (excluding urogenital tract).Vet Clin North Am (Equine Pract) 14:475-493,1998.

[9] Murray: Pathophysiology of peptic disorders in foals and horses: a review.Equine Vet J Suppl 29:14-18,1999.

[10] Ochoa et al: Hemosiderin deposits in the equine small intestine. Vet Pathol 20:641-643,1983.

[11] Lindberg et al:Rectal biopsy diagnosis in horses with clinical signs of intestinal disorders: a retrospective study of 116 cases. Equine Vet J 28:275-284,1996.

[12] Mackie and Wilkins:Enumeration of anaerobic bacterial microflora of the equine gastrointestinal tract.Appl Environ Microbiol 54:2155-2160,1988.

[13] Barker et al:in Jubb et al:Pathology of Domestic Animals,ed 4,Vol 2.San Diego,1993, Academic Press,pp 33-317.

[14] Platt:Alimentary lymphomas in the horse.J Comp Pathol97:1-10,1987.

[15] Grindem et al:Large granular lymphocyte tumor in a horse.Vet Pathol 26:86-88,1989.

[16] Kelley and Mahaffey:Equine malignant lymphomas:morphologic and immunohistochemical classification.Vet Pathol 38:241-252,1998.

[17] Asahina et al:An immunohistochemical study of an equine B-cell lym-phoma.J Comp Pathol 11:445-451,1994.

[18] Polkes:B-cell lymphoma in a horse with associated Sezary-like cells in the peripheral blood. J Vet Intern Med 13:620-624,1999.

[19] Duckett and Matthews: Hypereosinophilia in a horse with intestinal lymphosarcoma.Can Vet J 38:719-720,1997.

[20] Garma-Avina:The cytology of squamous cell carcinomas in domestic animals.J Vet Diagn Invest 6:238-246,1994.

[21] McKenzie:Gastric squamous cell carcinoma in three horses.Aust Vet J 75:480-483,1997.

[22] Fulton et al:Adenocarcinoma of intestinal origin in a horse:diagnosis by abdominocentesis and laparoscopy.Equine Vet J 22:447-448,1990.

[23] Kirchhof et al: Equine adenocarcinomas of the large intestine with osseous metaplasia.J Comp Pathol 114:451-456,1996.

[24] Patterson-Kane et al:Small intestinal adenomatous polyposis resulting in protein-losing enteropathy in a horse.Vet Pathol 37:82-85,2000.

[25] Orsini et al: Intestinal carcinoid in a mare: an etiologic consideration for chronic colic in horses. JAVMA 193:87-88,1988.

[26] Traub-Dargatz et al: Intestinal fibrosis with partial obstruction in five horses and two ponies.

JAVMA 201:603-607,1992.

[27] Johnson et al: Disseminated peritoneal leiomyomatosis in a horse. JAVMA 205:725-728,1994.

[28] Blikslager et al: Pedunculated lipomas as a cause of intestinal obstruction in horses:17 cases (1983-1990).JAVMA 201:1249-1252,1992.

[29] Smith: Identification of equine proliferative enteropathy. Equine Vet J 30:452-453,1998.

[30] Schumacher et al:Effects of intestinal resection on two juvenile horses with granulomatous enteritis.J Vet Intern Med 4:153-156,1990.

[31] Lindberg:Pathology of equine granulomatous enteritis.J Comp Pathol 94:233-247,1984.

[32] Sweeney et al: Chronic granulomatous bowel disease in three sibling horses. JAVMA 186:1192-1194,1986.

[33] Platt: Chronic inflammatory and lymphoproliferative lesions of the equine small intestine.J Comp Pathol 96:671-684,1986.

[34] MacAllister et al: Lymphocytic-plasmacytic enteritis in two horses. JAVMA 196:1995-1998,1990.

[35] Fogarty et al:A cluster of equine granulomatous enteritis cases:the link with aluminum.Vet Hum Toxicol 40:297-305,1998.

[36] Collery et al: Equine granulomatous enteritis linked with aluminum? Letter to the editor.Vet Human Toxicol 1:49-50,1999.

[37] Pass et al: Basophilic enterocolitis in a horse. Vet Pathol 21:362-364,1984.

[38] Bowman:Georgi's Parasitology for Veterinarians,ed 6.Philadelphia,1995, Saunders.

[39] Hutchens et al:Treatment and control of gastrointestinal parasites. Vet Clin North Am (Equine Pract) 15:561-573,1999.

[40] Love et al:Pathogenicity of cyathostome infection.Vet Parasitol 85:113-122,1999.

[41] Proudman et al:Tapeworm infection is a significant risk factor for spas-modic colic and ileal impaction colic in the horse.Equine Vet J 30:194-199,1998.

[42] Gregory et al:Tissue-invading ciliates associated with chronic colitis in a horse.J Comp Pathol 96:109-114,1986.

[43] Xiao and Herd: Epidemiology of equine Cryptosporidium and Giardia infections.Equine Vet J 26:14-17,1994.

[44] Hayden et al:AA: amyloid-associated gastroenteropathy in a horse. J Comp Pathol 98:195-204,1988.

[45] Helman and Edwards: Clinical features of blister beetle poisoning in equids:70 cases (1983-1996). JAVMA 211:1018-1021,1997.

第 7 章　淋巴结

　　细胞学对于外周淋巴结病的评价非常有用。淋巴结抽吸样本的细胞学检查为深入查明淋巴结病变的发生原因提供了一种快捷、简易、价格低廉的方法，而且不会对患畜造成重大风险。淋巴结细胞容易剥落，因而通过抽吸可以获得大量细胞，细胞学判读更加可靠。细胞学可得出一个明确的诊断结果（如淋巴肉瘤、某些传染性淋巴结病），或者指示引起淋巴结病变的疾病过程（如免疫刺激、化脓性炎症）。

　　淋巴结病可以是局部的或者全身性的，也可以是原发性的或者继发性的。淋巴结病的病因包括增生、淋巴结炎（中性粒细胞性、化脓性、嗜酸性粒细胞性、肉芽肿性）、免疫刺激、淋巴肉瘤和转移性肿瘤。淋巴结抽吸样本的评价和判读的流程见图 7-1。

Diagnostic Cytology
and Hematology of the Horse
Second Edition

一、样本收集和准备

1.抽吸法　当要对外周淋巴结进行抽吸取样时，应该按照注射的要求清洁穿刺部位。用5mL或更大的注射器连接21～25号规格的细针头抽吸比较合适。因为淋巴结的细胞比许多其他组织的细胞更易脱落，当抽吸淋巴结时，使用小的注射器（5mL）比较适当。收集时，操作者用拇指和食指固定淋巴结。与注射器连接后，将针头插入增大的淋巴结中。将注射器活塞快速抽出到注射筒长度的2/3到3/4，以产生足够的负压吸出淋巴细胞[1]。

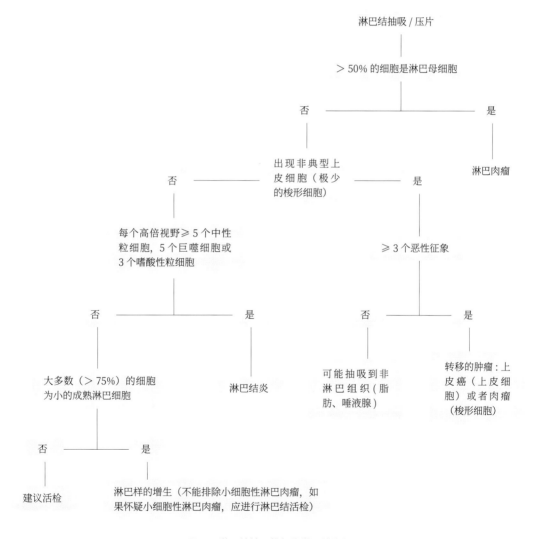

图7-1　淋巴结抽吸物细胞学评价流程

（由俄克拉何马州立大学临床病理学教学档案提供）

如果淋巴结的体积足够大，不用担心针会穿透淋巴结，可通过改变针头方向进行多次吸取，但要保持负压状态。否则，应该在重新进针之前释放负压，然后再给予负压吸取。如果在施加负压时，针头穿出了淋巴结，细胞学涂片中可能会出现人为假象（例如，抽吸样本为皮下脂肪和/或皮肤各层细胞）。另外，如果仅收集到少量样本，样本可能会被吸入注射器筒内而无法进行细胞学评价。

对组织抽吸样本进行细胞学评价时，阻力最小的组织会被吸进针头或注射器中。如果有血管破裂，血液将被吸出，持续地吸出血液会导致严重的样本污染。同时，样本会被稀释，降低细胞学诊断的价值。因此，一旦血液进入针头或注射器，请勿继续施加负压；根据血液的污染程度，改变针头方向，或者更换新的针头和注射器重新采样[2]。

当针栓内可见样本后，或者已经改变针头方向3～4次，在注射器中仍然看不到样本或是仅在针栓内看见样本，应停止抽吸，释放负压后将针头从淋巴结中拔出。将针头与注射器分离，在注射器筒内抽入2～4mL空气，再将针头重置于注射器上，快速推进活塞，将针头中的样本吹在一张洁净且干燥的玻片上。在保证细胞不会过度破碎的前提下，将样本涂成单层（图7-2）。由于淋巴细胞（特别是淋巴母细胞）非常脆弱且容易破裂，需特别注意。这需要一些技术，但通过几次实践即可轻松掌握。组合的涂片步骤见图1-2中的描述。

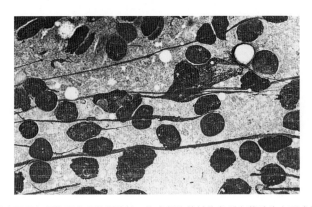

图7-2 淋巴结抽吸涂片中可见与细胞质分离的细胞核。许多细胞的核染色质在载玻片上形成线条状，细胞过度的破裂涂片不能进行细胞学评价

（瑞氏染色；原始放大倍数为250倍）

2. 非抽吸法（毛细管技术、穿刺技术） 将22号针头连接到预先充满空气的3～10mL注射器上，将需要采样的淋巴结固定，有利于穿刺和指引入针方向。以拿飞镖的方式拿住针头/注射器，将连接至注射器的针头刺入淋巴结，并沿着相同平面快速来回移动五六次。无须抽吸，细胞可通过剪切作用和毛细作用收集。采集到样本后，快速推进活塞将样本吹至干净的载玻片上。根据第1章描述的技术进行涂片。

通常情况下，一次仅需收集足够制作一张涂片的样本量。因此，需要在一个淋巴结的不同部位或者不同淋巴结重复操作2～3次，以获取足够的涂片和不同部位的样本进行评价。

二、染色

有一些染色方法被用在淋巴结抽吸的细胞学检查中。最常用的是罗曼诺夫斯基染色（瑞氏染色、姬姆萨染色、迪夫快速染色）。这些染色方法都较为便宜，临床兽医易于获得，染液容易准备、保存和使用。这些方法能很好地着染微生物和细胞质。细胞核和核仁的细节往往足以区分肿瘤和炎症，可以评价肿瘤细胞的恶性程度。

罗曼诺夫斯基染色的玻片需要自然风干，使细胞固定，在染色过程中可以黏附在载玻片上不至于脱落。

商品化的罗曼诺夫斯基染色包括迪夫快速染色、迪普浸泡染色和其他不同的快速瑞氏染色。大多数罗曼诺夫斯基染色可用来染淋巴结样本。阅片人熟悉常规的染色方法后，不同的罗曼诺夫斯基染色方法的差异不会影响判读[3]。

一般可按照厂商推荐的染色步骤进行染色，也可根据涂片的种类和厚度，以及阅片人的偏好进行调整。通常，涂片越薄，浸泡时间越短；涂片越厚，浸泡时间越长。因此，较厚的涂片，例如肿瘤性增生的淋巴结样本涂片的染色时间可能需要延长至推荐时长的2～3倍。每个人都有各自偏好的染色效果，可以通过改变染色时长，获得阅片人所偏好的染色效果。

三、淋巴结细胞的类型

在淋巴结抽吸样本中可见到多种类型的细胞，包括小淋巴细胞、中淋巴细胞、大淋巴细胞（淋巴母细胞）、浆细胞、巨噬细胞、肥大细胞、中性粒细胞、嗜酸性粒细胞、多核巨细胞和转移性癌细胞。这些细胞类型可通过其形态学特征区分。

1. 小淋巴细胞　直径小于9μm（小于中性粒细胞），具有少量透明至淡蓝色并含少量嗜天青（红紫色）颗粒的细胞质（图7-3）。细胞核呈圆形至椭圆形，通常为锯齿状，核染色质密集，粗糙、污渍状，核仁不可见。

2. 中淋巴细胞　中淋巴细胞直径9～12μm(与中性粒细胞大小相似)，具有中等量的蓝色细胞质，有时含有一些嗜天青颗粒。细胞核为椭圆形至不规则形，有细点型至颗粒型的染色质。正常的幼淋巴细胞可能不会有可识别的核仁，或者只有模糊的核仁。然而，对于幼淋巴细胞性淋巴肉瘤，肿瘤细胞往往含有单个、大的并非常明显的核仁。在未损伤的淋巴细胞中出现核仁，表明它不是幼淋巴细胞，而是淋巴母细胞（大淋巴细胞）。

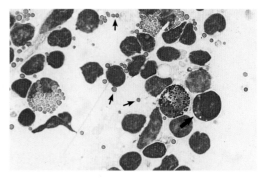

图7-3　淋巴结抽吸物

可见大量的小淋巴细胞，一个浆细胞（宽箭头），一个嗜碱性粒细胞和嗜酸性粒细胞。也可见来源于嗜酸性粒细胞破裂的游离颗粒（窄箭头）。（瑞氏染色；放大倍数为330倍）

3. 大淋巴细胞（淋巴母细胞）　淋巴母细胞比中性粒细胞大，有大量呈蓝色的细胞质，带有颗粒感，有时可见一些嗜天青颗粒。在细胞质中，有一个明显透明的区域为高尔基体。细胞核为椭圆形、开裂、有缺口或不规则；有细点型至颗粒型染色质。也可见多个大小不等的核仁。当细胞质体积增大时，通常无法与细胞核分界清楚，多趋向于在一处或多处区域的核。

4. 浆细胞　浆细胞为椭圆形，有一个偏向一侧的圆形细胞核和粗糙索状染色质（图7-3）。细胞质呈深蓝色，在核和大

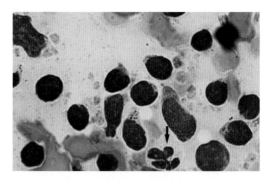

图7-4　增生的淋巴结的抽吸样本

细胞类型以小淋巴细胞为主，中性粒细胞（箭头）大于小淋巴细胞。（瑞氏染色；放大倍数250倍）

量的细胞质之间的透明区域为高尔基体。浆细胞的细胞质内偶尔可见含有透明淡染的小泡（Russel小体）。这些细胞有时被称为Mott细胞[4]。

5. 巨噬细胞　巨噬细胞往往比淋巴母细胞大，并有一个圆形、椭圆形至不规则形的细胞核，具有松散或丝带型染色质。细胞质为蓝灰色，往往含小泡和/或吞噬碎片。

6. 肥大细胞　肥大细胞（附图7D）容易通过其胞质内异染性（红紫色）颗粒识别。肥大细胞为圆形细胞，核呈圆形至椭圆形，细胞质中等至丰富。

7. 中性粒细胞　中性粒细胞细胞质清晰，分叶核，核染色质粗糙（图7-4）。

8. 嗜酸性粒细胞　嗜酸性粒细胞稍大于中性粒细胞，且有一个分叶的细胞核，染色质粗糙、丛状（图7-3）。细胞质内有大而圆的嗜酸性颗粒为嗜酸性粒细胞的特征。

9. 多核巨细胞　多核巨细胞非常大（是中性粒细胞大小的几倍到多倍），有多个核、中等量的蓝色细胞质。可能含有吞噬的微生物、细胞或碎片[5]。

10. 转移的恶性肿瘤细胞　肿瘤转移至淋巴结可通过识别淋巴结抽吸样本中出现的非

常在细胞种类，或通过正常时少量存在的细胞明显增多来判别。淋巴结抽吸样本中发现的转移癌细胞大多数是癌或腺癌（上皮）细胞，转移的癌细胞一定程度上与原发肿瘤相似。一般来说，转移的癌细胞非常大、核质比高、核染色质粗糙，具有大的有角的核仁，细胞质蓝染；细胞质内还可能含有小泡（附图 6A、附图6C）。转移性肉瘤细胞一般为中等大小，蓝染的胞质倾向于一或两个方向逐渐远离细胞核，在一些细胞中形成尾巴（表1-3）（附图 7C）。它们往往有高的核质比，具有细粒型至粗糙型染色质、大的（通常是有角的）核仁，并可能含有胞质小泡。

上述细胞类型在多种常见状况下的比例和意义将在后文中进行论述。

四、细胞学评价

知道正常淋巴结抽吸样本的细胞学特征，使阅片人能够识别异常结果。可以通过淋巴结抽吸样本的细胞学检查得出的确诊结果包括：

①淋巴肉瘤：涂片上＞50%的细胞是淋巴母细胞（大淋巴细胞）和/或幼淋巴细胞。

②淋巴结炎：虽然淋巴结炎可能存在，当炎性细胞数量少于以下所列数量时可以被有经验的细胞学家发现，但对缺乏经验的细胞学家来说，参照下列给定的细胞密度可以防止过度诊断。

③中性粒细胞性淋巴结炎：≥5中性粒细胞/100×物镜视野（油镜）。

④化脓性淋巴结炎：≥20中性粒细胞/100×物镜视野（油镜）。

⑤嗜酸性粒细胞性淋巴结炎：≥3嗜酸性粒细胞/100×物镜视野（油镜）。

⑥慢性（巨噬细胞性）淋巴结炎：≥5 巨噬细胞/100×物镜视野（油镜）。

⑦肉芽肿性淋巴结炎：出现多核巨细胞。

⑧免疫刺激：≥3 浆细胞/100×物镜视野（油镜）。

⑨转移性肿瘤：可见到转移的癌细胞。可通过正常情况下不会出现的细胞种类，出现3个或多个恶性肿瘤征象，或淋巴结抽吸样本中常在的但数量稀少的细胞数量显著增加来判别。

由于细胞学检测仅从淋巴结的几个小的、离散的部位采集样本，因此，识别上述一个或多个病变的样本，并不能完全排除未采样部位有其他情况的可能性[6]。

然而，淋巴结炎常扩散到整个淋巴结，而当受影响的淋巴结肿大时，淋巴肉瘤的扩散程度一般足以确诊。另外，转移的肿瘤细胞可能是局灶性或弥漫性的。

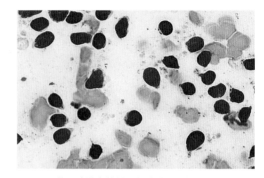

图7-5　淋巴结增生的抽吸样本中以小淋巴细胞为主
（瑞氏染色；放大倍数为330倍）

1. 正常淋巴结　小淋巴细胞是正常淋巴结的主要细胞类型（占75%～95%）（图7-4和图7-5）。在所有的淋巴结抽吸样本中还可见混合的其他类型的细胞，主要为中等淋巴细胞和淋巴母细胞，并有少量巨噬细胞、浆细胞和中性粒细胞。小而圆形的嗜碱性结构被称为淋巴腺样小体（淋巴样细胞的细胞质碎片）（图7-10）。这些淋巴腺样小体不能与微生物或者寄生虫混淆。

2. 淋巴增生　增生的淋巴结主要由小淋巴细胞组成，通常在细胞学上与正常淋巴结非常相似（图7-4和图7-5）。浆细胞数量增多，暗示可能存在免疫刺激。即使没有浆细胞增多，如果临床检查发现淋巴结肿大，则诊断为淋巴增生（相对于正常淋巴组织而言）。淋巴增生通常是由局部反应引起的。但是，也可能发生与全身性淋巴结病相关的淋巴增生。当抗原到达淋巴结并激活免疫反应时，就会引起增生。如果抗原血症很严重或者淋巴结自身被感染，中性粒细胞性、化脓性、化脓性肉芽肿和肉芽肿性淋巴结炎是常见的反应。

3. 淋巴结炎　淋巴结炎可能是中性（图7-6）、化脓性（图7-7）、嗜酸性（图7-8和图7-9）、慢性（巨噬细胞）、肉芽肿性或这些反应的任何组合。淋巴结炎可能是原发性或继发性的。原发性淋巴结炎，即淋巴结自身被感染，由链球菌引起的马腺疫就是一个很好的例子。其特点是，在这些病例中，下颌、下腭和咽后淋巴结都有明显的中性粒细胞浸润（化脓性淋巴结炎），继而形成脓肿(图3-5)。在继发性淋巴结炎中，淋巴结本身没有受到感染，刺激来自远离淋巴结的炎症部位（不一定是感染引起的炎症）。继发性淋巴结炎通常为中性和/或嗜酸性。浆细胞数量的增加表明受到免疫刺激，任何原因的淋巴结炎中均可出现。当具有化脓性淋巴结炎、慢性淋巴结炎、肉芽肿性淋巴结炎或化脓性肉芽肿性淋巴结炎的征象时，应仔细检测微生物，并进行适当的分离培养和药敏测试。被细菌感染的淋巴结表现出化脓性淋巴结炎（图7-7），而当全身性感染真菌、原虫或藻菌类累及淋巴结时会表现为肉芽肿性或化脓性肉芽肿性淋巴结炎。然而，一些真菌感染，例如皮肤真菌病(腐霉属、固孢蛙粪霉菌、冠状耳霉)可引起显著的淋巴结嗜酸性粒细胞浸润。嗜酸性粒细胞性淋巴结炎常见于皮肤、呼吸道或者消化系统区域的淋巴结（图7-8）。任何过敏性炎症反应都可能导致继发性嗜酸性淋巴结炎[7]。

4. 淋巴肉瘤（淋巴瘤）　马的淋巴肉瘤并不像其他家畜一样频发。然而，在对480匹马的尸检结果的调查发现，淋巴瘤致死的病例占2.5%。淋巴肉瘤可以是广泛性地发生或者

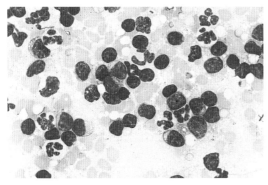

图7-6 中性粒细胞性淋巴结炎

中性粒细胞性淋巴结炎的淋巴结抽吸样本中以小淋巴细胞和中性粒细胞为主。小淋巴细胞比中性粒细胞小，有少量的透明至略带蓝色的细胞质和圆形至椭圆形的细胞核，核染色质不清晰。（瑞氏染色；放大倍数为250倍）

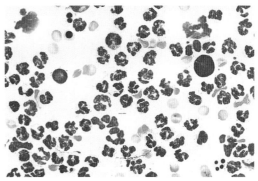

图7-7 感染的淋巴结抽吸样本

大量的中性粒细胞和细胞内棒状菌体是腐败性化脓性淋巴结炎的特征性表现。（瑞氏染色；放大倍数为250倍）（由俄克拉何马州立大学提供）

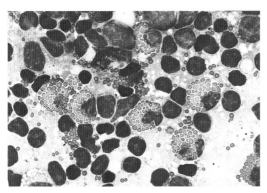

图7-8 嗜酸性粒细胞性淋巴结炎的马淋巴结抽吸样本

以小淋巴细胞为主，但可见大量的嗜酸性粒细胞。（瑞氏染色；放大倍数为330倍）

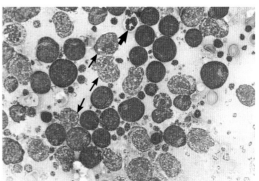

图7-9 淋巴肉瘤患马淋巴结抽吸样本

主要为大淋巴母细胞。淋巴母细胞大于中性粒细胞（宽箭头），但必须与受损的细胞（窄箭头）区分。（瑞氏染色；放大倍数为250倍）

局限于一到两个淋巴结。因为通过细胞学无法观察淋巴结的结构，因此，需要通过识别淋巴母细胞和/或幼淋巴细胞（大淋巴细胞）比例的异常增加，在细胞学涂片上诊断淋巴肉瘤。淋巴肉瘤以淋巴母细胞和/或幼淋巴细胞数量大于细胞总数的50%为特征（图7-9和图7-10）。当评价淋巴肉瘤的抽吸样本时，仅计算完整的淋巴细胞。在抽吸或准备玻片过程中破裂的淋巴细胞易于分散，核仁变得可见，不可被误认为淋巴母细胞。通常，这些破裂的细胞的核染色质松散，比完整淋巴细胞的核染色质更具嗜酸性。当要判读淋巴细胞大量破裂的涂片时，需要谨慎。淋巴母细胞往往比小淋巴细胞更脆弱，更容易破裂。因此，当涂片中有大量破裂的细胞时，淋巴肉瘤的特征可能被掩盖。

并不是所有的马淋巴肉瘤都是淋巴母细胞性的。马也有淋巴浆细胞样淋巴肉瘤（浆细胞性淋巴肉瘤）和淋巴细胞样（小淋巴细胞）淋巴肉瘤。因此，如果临床上怀疑淋巴肉

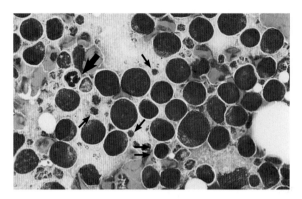

图7-10 淋巴肉瘤是由大量淋巴母细胞的存在而鉴别出来的。中性粒细胞（宽箭头）、小淋巴细胞（双箭头）和大量
　　　淋巴腺体（窄箭头）也存在

（瑞氏染色；放大倍数为330倍）

瘤，但不能通过细胞学诊断，应该进行切除活检。整个淋巴结（以1/4in的间隔切开）应浸泡于10%的缓冲福尔马林进行组织病理学评估。这样可以让病理学家评估在细胞学涂片中无法观察到的淋巴结结构。

5. 非淋巴样肿瘤　　肿瘤转移至淋巴结的特征是淋巴结中出现中等量到大量的正常时不存在或少量存在的细胞。恶性上皮性肿瘤（癌或腺癌）是淋巴结抽吸样本中非淋巴样肿瘤的常见类型。它们可根据存在大量的有粗糙核染色质和大而显著的、常多角形核仁的上皮细胞进行诊断。这些细胞可能单个或成群出现，并常出现细胞和细胞核大小的显著差别（图7-11）。在腺癌病例中可见明显的分泌物。

很少在淋巴结抽吸样本中发现恶性梭形细胞瘤（肉瘤）细胞。大量细胞呈现细胞

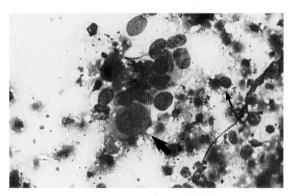

图7-11　含有转移癌细胞的淋巴结抽吸样本

单个的大的癌细胞具有大而有角的核仁，核染色质粗糙，核质比高（宽箭头）。一个完整的小淋巴细胞可作为大小参照物（窄箭头）。（瑞氏染色；放大倍数为100倍）（由俄克拉何马州立大学提供）

质向一个或两个方向远离细胞核，并有恶性肿瘤的细胞核特点，暗示为恶性梭形细胞瘤（附图 7C）。

对马而言，肥大细胞瘤很少转移到淋巴结，仅有一个病例报道。如果肥大细胞瘤出现在淋巴结的远端，则应考虑为肥大细胞瘤。否则，当大量肥大细胞出现在马的淋巴结抽吸样本中，除了转移性肥大细胞瘤外，更可能是藻菌性淋巴结炎、寄生虫性淋巴结炎和过敏性淋巴结炎[8]。

6. 非淋巴样组织　当收集淋巴结样本时，皮下脂肪是最常见的偶然采集到的非淋巴样组织。脂肪在玻片上呈现湿润（油状）外观且难以干燥，肉眼即可区别。显微镜下有时可见完整的脂肪细胞（附图6H）。然而，如果脂肪滴（不是完整的脂肪细胞）被吸入，这样的物质可能无法在细胞学上确认，因为血液学染色使用的酒精会溶解脂肪滴。

当抽吸下颌淋巴结时，唾液腺组织也可能不慎被抽吸到。抽吸到唾液腺的样本的涂片

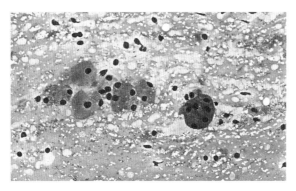

图7-12　强嗜酸性背景下的唾液腺上皮细胞

（瑞氏染色；放大倍数为100倍）　（由俄克拉何马州立大学提供）

往往由唾液腺细胞组成，背景中有大量嗜酸性物质（图7-12）。唾液腺细胞是均一的、中等大小至较大的细胞，通常呈团块状或簇状出现。细胞质丰富，略带蓝色，泡沫状，细胞核大小均匀，圆形，染色质致密。应该注意不要将这些细胞与肿瘤细胞混淆[9]。

参考文献

[1] Tyler et al: Diagnostic Cytology of the Dog and Cat. Goleta, CA, 1989,American Veterinary Publications,pp 1-19.

[2] Perman et al: Cytology of the Dog and Cat. Denver, 1979,American Animal Hospital

Association, pp 11-13.

[3] Muhktar and Timoney: Chemotactic response of equine polymor-phonuclear leucocytes to Streptococcus equi.Res Vet Sci 45:225-229,1988.

[4] Nara et al: Experimental Streptococcus equi infection in the horse:cor-relation with in vivo and in vitro immune responses. Am J Vet Res44:529-534,1983.

[5] Yelle: Clinical aspects of Streptococcus equiinfection.Equine Vet J19:158-162,1987.

[6] Miller and Campbell: The comparative pathology of equine cutaneous phycomycosis.Vet Pathol 21:325-332,1984.

[7] Schalm: Lymphosarcoma in the horse.Equine Pract 13(2):23-27,1981.

[8] Baker and Ellis: A survey of post-mortem findings in 480 horses,1958to 1980.Equine Vet J 13:43-46,1981.

[9] Riley,Yovich,and McChowell: Malignant mast cell tumours in hors-es.Aust Vet J 68 (10):346-347,1991.

第 8 章　胸腔积液

　　当大体检查、影像学检查或超声检查发现有胸腔积液或胸腔肿瘤时，可以通过胸腔穿刺术进行诊断。在美国，胸膜肺炎是造成马胸腔积液（称为类肺炎性胸腔积液）最常见的病因[1,2]。因此，当马发生下呼吸道疾病时，胸腔穿刺术可能是最具实际应用价值的临床评价检验方式[3,4]。偶尔会有其他潜在的系统性疾病造成胸腔积液，而此类积液称为非类肺炎性胸腔积液。极少情况下可能无法确认潜在病因的，称为特发性胸腔积液。一般来说，非类肺炎性胸腔积液和特发性胸腔积液的预后较差[1,5]。

　　胸腔积液相关的临床症状差异很大，取决于病情的严重程度和持续时间，也可能是非特异性临床症状。这些症状包括厌食、精神沉郁、体重减轻、运动不耐受、肺炎、呼吸困难、腹部或前肢坠积性水肿以及疝痛。疝痛症状可归因于正在发生的胃肠道疾病，或是类似疝痛的严重胸膜痛[6]。胸膜痛的临床症状也可能类似于运动性横纹肌溶解症或蹄叶炎。马兽医需要详知患畜近期应激史，例如，长途运输、训练或是住院治疗等。当大体检查（包含直肠触诊）、血液学检验、血清生化学检验、粪便检验、腹腔穿刺检查等结果无法确诊时，胸腔穿刺术可能最具有诊断参考价值。

马胸腔液的产生方式有别于犬、猫以及人[7]。犬和猫胸膜壁层的血液供应来自体循环动脉，然而胸膜脏层的血液供应来自血压相对较低的肺动脉。因此胸腔液会从壁层流向脏层。而马的胸膜壁层和脏层的血液都由体循环的血液供应。胸膜壁层主要的血液来源为肋间动脉，而胸膜脏层的血液来自支气管、食道以及胸腔内动脉[7,8]。因此，马的胸腔液并不会在壁层至脏层之间流动，胸腔液由胸膜的许多淋巴管排出。壁层表面的大多数液体汇入胸骨淋巴结，而纵隔和横膈膜的部分液体汇入纵隔淋巴结。胸腔脏层的液体汇入气管与支气管淋巴结[7,8]。

与腹腔液一样，正常量的胸腔液实质上是血浆的透析液，具有细胞量低和总蛋白浓度低的特征。正常量的胸腔液可在胸膜的脏层和壁层间起到润滑作用。因此，胸膜液的体积、细胞数量和生化成分可反映出胸膜的脏层和壁层的病理生理状况。

当胸膜腔液体的量增加时，表示液体的生成量超过排出量。许多状况会造成马胸腔积液，包括心衰、慢性肝病、低白蛋白血症、横膈膜破裂、胸膜炎、肺炎、肺脓肿、胸腔肿瘤、创伤、寄生虫以及血胸[3,8~11]（表8-1）。

表 8-1　马胸腔积液的鉴别诊断

细菌性胸膜肺炎	细菌性胸膜肺炎	细菌性胸膜肺炎
肿瘤性胸膜增生症	病毒性肺炎	肝功能衰竭
胸部外伤	纤维性肺炎	充血性心力衰竭
血胸	低蛋白血症	猫支原体病
食管穿孔	心包炎	乳糜胸
并发腹膜炎	过量补液疗法	肺栓塞
膈疝	尿源性腹膜炎	肺包虫病
肺肉芽肿	败血症	特发性胸膜炎
球菌性肺炎	马传染性贫血	
隐球菌病	寄生性绦虫	

一、样本收集

胸腔穿刺术可在马站立时以最小限度的保定方式进行。特定的采样技巧在文献中有详细说明[2,12,13]。通常可使用马笼头、缰绳和保定架。如果有必要可使用额外的人力保定或镇静药物。采样必须保证无菌操作条件下进行。大多数马的纵隔具有孔洞，因此，健康马胸腔两侧的液体是相似的。但在生病的状况下，胸腔纵隔的孔可能会被纤维素所堵塞，造成胸腔两边的体液有所差异。因此，建议先叩诊两侧胸腔，然后从较严重的一侧开始采样。右侧穿刺位置常在第6或第7肋间，肘突背侧上方10cm处或肋骨软骨处[3,7,11,14]。左侧通常在第6到第9肋间，肘突背侧上方4～6cm或刚好在肋骨软骨背侧处[7,14]。采样部位在靠头侧的肋骨边缘，可避免伤害到沿着肋骨尾侧分布的肋间血管和神经[13]，还要小心避开胸外侧静脉[6,15]。大多数病例可先利用胸腔听诊、叩诊、放射学以及超声影像学等方法来确认积液的位置[7,14,16,17]。这些方式都会影响胸腔穿刺位置的选择。

当确认积液存在后，通常初诊时即可采集到胸腔积液。如未采集到液体，应该选择其他区域进行穿刺。如果仍未成功，可使用30cm的母犬导尿管进行采样。采样困难意味着液体的量并未增加，也可能是积液呈腔室性而非弥漫性的。放射摄影技术和（特别是）超声检查是辨别腔室化胸腔积液并指导胸腔穿刺的有效辅助技术。

大多数正常马匹使用标准技术可采集到2～8mL的胸腔积液。只需要1mL或2mL的液体，就可以用于有核细胞计数、细胞学检验、总白蛋白测量以及细菌学检验。

二、胸腔穿刺术的并发症

胸腔穿刺术的并发症并不常见，一项针对18匹临床上正常的马进行的研究[11]，并未见到相关的后遗症。不当的采样技术可能会造成气胸、肺脏撕裂伤、血胸、心律不齐，或肠道、肝脏或心脏的穿刺伤[6,13]。因采样造成的孔道吸入的气体造成的轻微气胸通常不引起临床症状，而且胸腔的气体会被快速吸收[5]。偶尔在胸腔穿刺部位发生局限性的蜂窝织炎，此时需要对症治疗[15]。

另外，当大量的积液被引流出体外时，需要同时给予静脉输液以避免发生血液浓缩。除非是由于严重的呼吸衰竭而需要迅速排出积液，否则，建议缓慢引流液体以避免发生肺水肿[5]。

三、样本的处理方式

正常马的胸腔积液包含可忽略不计的纤维蛋白原，其数量并不会使液体凝固。然而在胸腔穿刺过程中，时常会因针头穿过肋间肌造成的轻微血液污染。

此外，蛋白渗出也是炎症反应的常见表现，而炎症是导致胸腔积液最常见的病因。这些情况都会增加液体中的纤维蛋白原，进而可能使液体凝固。

胸腔积液用于进行细胞计数、细胞学检验以及总白蛋白测量（使用分光光度计）时，需要用EDTA抗凝管来收集样本。当样本太少时（不到EDTA管1/4量），会造成蛋白质测量误差，但仍可获得细胞计数结果（见生化检验章节）。除蛋白质分析外，很少在诊断胸腔积液时进行其他生化检验。

必要时，对无菌抗凝管中收集的离心沉淀物和特殊运输管中收集的液体进行需氧和厌氧微生物学检验。可联系参考实验室以获取有关处理和运输微生物样本的建议。

如果预计采样和实验室处理之间会有时间上的延迟，建议在这期间冷藏保存样本。遇到这种状况，可在采集样本后将混浊样本（细胞含量高）直接制作涂片或将透明样本（细胞含量低）离心后制作涂片，作为实时的细胞形态参考样本。如果采样后数小时才制作涂片，胸腔积液的巨噬细胞会变得空泡化或吞噬有核细胞，导致难以鉴别样本为出血性渗出液或周边血液污染。有核细胞可能表现老化的变化，如过度的分叶和染色质浓缩，从而类似于较慢性病程。在未及时进行EDTA抗凝处理的样本中也可观察到中性粒细胞核分叶减少的人为误差。此外，致病微生物或污染的微生物都可能发生过度生长，造成判读困难。

将样本送至外部实验室诊断时，事先与该实验室确认样本采集方式、样本保存的特殊需求、运送方式以及样本送检方式。大多数情况下，空气干燥、直接或浓缩涂片、EDTA管和非抗凝管以及指定的运送培养基等方式足以满足送检需求。

四、液体的肉眼检验

胸腔积液的初步肉眼检查项目包括液体的体积、颜色、混浊度、气味以及是否形成凝结块。正常情况下，未被血液稀释的胸腔液体不会形成凝结块，量少，颜色透亮至轻微雾状，呈淡黄色，无味[11,13]。对胸腔内液体的颜色、混浊度、气味和体积（根据收集的难易程度或收集率进行评估）进行主观评价通常可提供初步诊断，从而使患畜在获得完整的实验室结果之前得到初步的治疗。由于大多数马的胸腔积液为渗出性的且外观异常，如果胸腔液体的肉眼评价和外观无异常，则可能是正常液体[1]。但是，当采集的样本被外周血中度污染时，诊断就更加困难。胸腔积液的肉眼评价并不能取代实验室检验，包含有核细胞计数、细胞学检验以及总蛋白含量测定。然而在许多病例中，尤其是没有严重出血的情况下，肉眼评价仍可将积液的来源大致分为漏出性或渗出性。

1.体积 通常可在健康马匹获得几毫升的胸腔液，但第一次操作不一定能获得那么多液体，甚至有些正常的马可能抽取不到液体[13]。在18匹临床正常的马中，有17匹在胸腔穿刺时获得2~8 mL的胸腔液[11]。

2.气味、颜色以及混浊度 正常胸腔液是无味且无菌的。一旦有恶臭，可能是源于组织坏死或厌氧菌感染。但是，没有恶臭不代表可排除这些异常。

不同疾病的胸腔积液颜色可从无色到黄色、橘色、红色、棕色、灰色或白色。渗出液颜色会随着红细胞、有核细胞的相对比例以及血浆生化成分（如血红素、脂质）而改变。红细胞会使样本呈红色，常见原因是采样过程中造成肋间肌出血导致污染。如果可避免血液污染，正常胸腔液的外观与腹腔液相似。如果上清液的颜色改变，通常意味着红细胞或白细胞在采样前就遭受损伤。液体的混浊度从清澈至不透明，与液体中细胞、蛋白质或脂质的含量有关。如果样本内有绒毛样物质，可能使混浊度增加，这些物质可能是纤维蛋白，或较罕见的来自意外性肠道穿刺或胃肠道破裂的食物或植物。后者可能发生在选择进行腹侧胸腔穿刺，套管偏向尾侧或是有部分肠道横膈疝气时。

正常的胸腔液和漏出液，细胞含量少，清澈、呈无色至淡黄色。渗出性积液因细胞含量多、蛋白质增加，表现出颜色异常且混浊度增加。在这种情况下，对样本的沉淀物和上清液进行眼观检查是有诊断价值的。在现场可利用重力分离沉淀物。实验室可使用血液离心管及离心机分离沉淀物与上清液。在管内，沉淀物的高度通常和积液里的细胞量成正相关，但颜色会随着红细胞和有核细胞的相对数量而改变。以红细胞为主时液体呈红色，而白细胞为主时液体呈现棕色至灰白色。红色（溶血）、葡萄酒色、琥珀色、红棕色或棕色的上清液与采样前红细胞或白细胞的损伤有关。

当样本中存在红细胞或游离血红蛋白时，会呈粉红色至红色。样本采集过程中样本变红，提示可能有外周血的污染。液体呈均匀红色时，通常表示为出血性积液，可能与出血性素质、大血管撕裂、肿瘤或脓肿破裂、创伤、肺梗死或肺叶扭转等原因有关[13,19]。血胸的某些病因可能伴随气胸。当样本（成分）与全血非常相似时，确认血细胞比容（积液和静脉）、凝血时间以及细胞学形态有助于鉴别诊断。当样本无法凝结或在显微镜下出现大量红细胞吞噬现象时，表明是真正的血胸。如果样本是被血液污染，通常血细胞比容的数值会远低于外周血液，并在显微镜检查会看到血小板团块。

红棕色、葡萄酒色或泥泞样渗出物可能与组织缺血性损伤、坏死或肿瘤有关[13]。退行性白细胞变化（核分叶丢失，核边缘模糊）伴随细菌性病原的出现可推测为败血症。

牛奶样、灰白色或乳白色的出现可能发生在白细胞数量或脂质成分的增加（胆固醇或甘油三酯），习惯上称为乳糜样和伪乳糜样液体。乳糜样渗出液的混浊度和颜色的改变是源于甘油三酯成分的增加，同时伴有或不伴有白细胞增加。伪乳糜样渗出液的细胞及胆固醇含量都升高，眼观与乳糜样渗出液相似。下文章节会讨论乳糜样和伪乳糜样渗出液在显微镜下的差异。

五、细胞学检验

主观评价胸腔积液的颜色、混浊度、气味、体积（依照采样速度或难易度来评价）通常可提供一个粗略的诊断，使兽医师可以在获得实验室数据之前先给予初步的治疗。然而，当样本受到周围血液中等程度的污染时，所造成的干扰会增加诊断的难度。肉眼评价胸腔积液外观的方法不应取代细胞计数以及细胞学检验。然而在许多病例，尤其未见到明显出血的病例中，此种评估方式可粗略地区分液体为漏出性或渗出性。

细胞计数，总蛋白测定，以及细胞学评价可在实验室中进行。此种检验需要特定仪器来进行。实验室进行涂片的细胞学评价方法会随着样本的细胞量以及采样方法而改变。例如总有核细胞计数少于5 000/μL的液体，在浓缩细胞量后可直接进行涂片镜检。

在临床实验室中，通常使用特殊的细胞离心方式来进行检验。大多数样本可用100μL的液体来制作适合进行细胞学形态检验的细胞离心涂片（图9-1、图9-2）。漏出性积液，细胞含量低，需要用约200μL的液体来增加显微镜下检验的细胞密度。如为渗出性积液，细胞含量高，则需要减少体积至25～50μL或将样本稀释以制作细胞形态和数量较为理想的细胞离心涂片。

在没有细胞离心涂片机的临床实验室中，可将约10mL胸腔积液放置在离心管中，以1000～1500r/min离心约5min来浓缩样本。将上清液与沉淀物分离后，保留上清液进行总蛋白测定。接着将沉淀的细胞小心地与0.25～0.5μL的胸腔积液混合后制作细胞涂片，通常使用线性涂片技术在涂片上来浓缩细胞（见第1章）。涂片染色常用罗氏染液方式，可以通过离心或非离心的方式来获得总有核细胞计数为5000～10000/μL的浓缩样本，这取决于检验者的偏好（使用细胞离心涂片机或将样本离心后取沉淀做线性涂片都能够提高涂片中的细胞密度，以便更好地进行评估）。总有核细胞计数大于10000/μL，以及液体非常混浊时，通常可不离心样本直接制作涂片。

细胞计数以及细胞学检验

胸腔积液的总有核细胞以及红细胞计数方法与血液样本相同。依据实验室的条件，可人工稀释后在显微镜下计数，或是使用自动细胞计数器。参考数值见表8-2。小体积样本（小于EDTA管1/4容积）充分稀释以减少细胞计数[18]。临床上健康的马胸腔液中可能出现红细胞，但这被认为是来自肋间肌轻微出血造成的污染。因此，红细胞吞噬现象并不会在正常胸腔液体中出现。正常样本的上清液也会透明没有溶血的现象。一般不会对胸腔积液进行红细胞计数，除非使用的自动细胞计数仪器的程序中包含红细胞计数。

一般将有核细胞分类为中性粒细胞、淋巴细胞、大型单核细胞（包括单核细胞、巨噬细胞以及间皮细胞）、嗜酸性粒细胞、嗜碱性粒细胞或肥大细胞。分类计数会在100～200个细胞中进行。尽管各种形态细胞的数量通常以百分比来表现，其数值必定要结

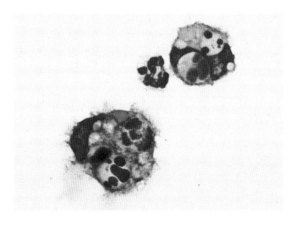

图8-1 马胸腔积液

细胞吞噬性胸膜巨噬细胞在正常马积液样本中不常见，但在有轻度炎症马匹中常见。（瑞氏-姬姆萨复合染色）

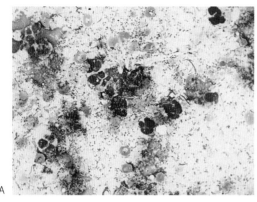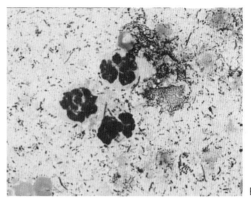

图8-2 马化脓性胸膜炎

A. 退化的中性粒细胞，污渍样细胞，少量红细胞背景中可见混合的细菌　B. 高放大倍率视图（瑞氏-姬姆萨复合染色）

合总有核细胞计数、总蛋白浓度，以及液体体积以进行正确判读。细胞形态学的评价在细胞学检验上是非常重要的。一般关于腹腔积液白细胞形态的解释可应用于胸腔积液，但相关的研究还较少。

1. 中性粒细胞　中性粒细胞进入胸腔后并不会回到血液循环中（如同中性粒细胞进入其他体腔或是组织）。因此，见到细胞老化以及死亡是正常现象。老化的中性粒细胞通常具有中等程度的过度分叶化至细胞核浓缩，而少见到巨噬细胞吞噬衰老的中性粒细胞（图8-1）。有时候这些发现不容易与轻微炎症区分。正常胸腔积液的中性粒细胞本身不会表现细胞吞噬活性。

杆状核中性粒细胞的出现或是较多未成熟粒细胞的出现意味着急性炎症以及中性粒细胞在储存池和成熟池之间的移动。而出现退行性改变（例如，细胞肿大，失去细胞核分叶，以及细胞核边界不清）[24]意味着胸膜环境异常。这可能继发于胸膜腔内出现细菌性细胞素后。毒性变化（例如，细胞质嗜碱性增加，空泡化或是Dohle小体）可能会出现在败血症或是肠毒血症病例中。这种毒性变化会被视为"先前存在的"，在髓细胞生成就已经发生，而非进入胸膜腔后才发生。当发生败血性胸膜炎时，除这些改变外还能观察到被吞噬的细菌菌体（图8-2、图9-13和图9-14）。

2. 大型单核细胞　大型单核细胞的分类包含来自血液单核细胞的非活化（组织）巨噬细胞，活化（组织）巨噬细胞以及间皮细胞（图9-2，图9-4至图9-6）。在腹膜液中，通常不容易通过形态学分辨这些细胞。由于这些细胞都具有细胞吞噬能力，为了方便而将这些细胞分类为单核吞噬细胞（图8-1、图8-3）。这些细胞都为大型细胞，常具有中等到高的核质比，以及多量、稍呈嗜碱性的细胞质（图9-2、图9-4）。细胞核为这些细胞最具代表性的特征，但这也并非特异性的特征，大型单核细胞的子分类也相当主观。

间皮细胞通常具有卵圆形的细胞核，以及细网型染色质。当细胞散在分布时，可沿着

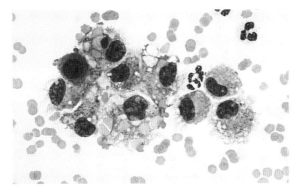

图8-3　噬红细胞的巨噬细胞意味着曾经或正在发生的血液渗
　　　 出或胸腔内出血
(瑞氏-姬姆萨复合染色)

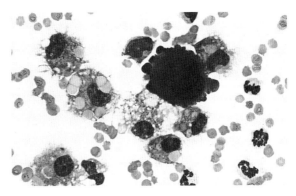

图8-4　噬红细胞的巨噬细胞、中性粒细胞退化，和一个单一
　　　 的、深嗜碱性、反应性间皮细胞。反应性间皮细胞变
　　　 化可能伴随炎性积液，可能开始与肿瘤转化相似
(瑞氏-姬姆萨复合染色)

细胞边界观察到细小的嗜酸性"皇冠状"或糖萼样边缘（图8-5）。渗出性积液中，可能出现成片或是大量形态统一的细胞，并具呈多角形至平行四边形。在漏出性积液中，间皮细胞可能变得活跃或变形并且展现出增殖活性上升的特征，包括细胞质嗜碱性增强、多核、核仁明显以及核分裂象（图8-4、图8-5）。在严重的炎症中，可能开始表现出与肿瘤相似的增生/发育不良的特征。当间皮细胞数量增多时需要怀疑为间皮细胞瘤。

　　典型的非活化的巨噬细胞（或单核细胞）具有缺角卵圆形的细胞核，以及较明显的均质型染色质。然而细胞核也可能具有多形性，形态为伸长的、圆形、卷曲的或分叶形不等。

　　活化的细胞具有更丰富、更具嗜碱性的细胞质。活化的巨噬细胞通常具有皱褶的细胞质边缘，明显的细胞质空泡，和/或细胞质包涵体（吞噬小体）。后者可能为无法辨认的碎片或退行性的炎性细胞或红细胞（图8-1和图8-3）。在18匹临床上正常的马胸腔液的研究

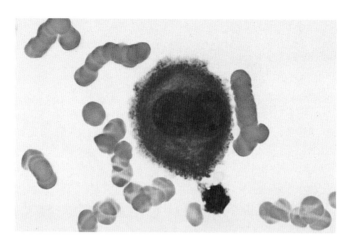

图8-5 马胸腔积液

　　一个散在的间皮细胞。可见细胞质嗜碱性增强，双核，有褶边的细胞质的边界，均为反应性转化的变化。（瑞氏-姬姆萨复合染色）

中，并未观察到活跃的大型单核细胞[11]。在急性炎症性积液病例中，单核细胞/巨噬细胞比例降低并伴随颗粒细胞数量增加。在较慢性的炎性积液病例中，单核/巨噬细胞的比例通常会增加，可能展现活跃性的改变。

　　3. 淋巴细胞　正常胸腔液中淋巴细胞的大小通常为小到中等，与周边血液的淋巴细胞相似。胸腔内的淋巴细胞会透过胸腔淋巴管重新回到血液循环中。

　　在慢性炎症反应、乳糜胸（尤其是急性的）或肿瘤病例中，淋巴细胞比例可能上升。正常胸腔液中不会出现淋巴母细胞，这些细胞具有深染的、粗糙团块型的染色质，可能有明显的核仁，以及强嗜碱性的细胞质，并可能包含小至大空泡。淋巴细胞瘤的细胞学诊断，通常是基于见到大量的淋巴母细胞[13]。浆细胞的出现并非正常现象，且可能表示有慢性抗原刺激。

　　4. 其他细胞　胸腔积液中的嗜酸性粒细胞和嗜碱性粒细胞形态与外周血涂片中相似，肥大细胞的形态则与组织中的肥大细胞相似。

　　通过胸腔积液的细胞学检查可辨认肿瘤细胞，然而该方法对于所有肿瘤的诊断率都很低。圆形肿瘤细胞（最常见的为淋巴母细胞）、间皮细胞（间皮瘤），以及上皮细胞（癌与腺癌）为最常见到的肿瘤细胞[25]。恶性的诊断标准包含细胞大小不一，细胞核大小不一，核质比变化，细胞大小增加，巨型细胞核，多核，明显/大/多角形/多数量的核仁，以及增加/异常的有丝分裂象。同时出现炎症反应时会使辨别反应性增生/发育不良变得困难，而需要进一步的诊断性检查。没有在胸腔积液细胞学涂片中见到肿瘤细胞不代表能排除肿瘤的可能性，因为肿瘤细胞不一定会剥落至胸腔积液中。在一项对38匹患有胸腔肿瘤的马匹进行研究中，只有12匹（32%）通过胸腔积液的细胞学诊断出了胸腔肿瘤，其中10

匹马诊断出淋巴瘤[25]。另一项针对患淋巴瘤的马匹的研究中，对13匹马中的12匹进行了胸腔积液检查，有10匹马的胸腔积液具有诊断意义[26]。这些结果表明胸腔积液的细胞学检验在诊断胸腔肿瘤时，对于淋巴瘤有良好的诊断意义。事实上马的淋巴瘤占胸腔肿瘤大于一半的比例[25,26]，也常伴随胸腔积液的发生[26,27]，因此胸腔穿刺和胸腔积液细胞学检验是有价值的诊断工具。

六、生化检验

胸腔积液的生化分析通常包括蛋白质成分以及比重的检查。在特殊情况或在研究应用上才会测量其他的生化参数。甘油三酯以及胆固醇浓度可帮助区分乳糜和伪乳糜样的积液。分析葡萄糖，乳酸和液体pH可以有助于分辨复杂的（败血症）和非复杂的（非感染性的）。有时候也会将胸腔积液的氧气分压、二氧化碳分压，以及碳酸氢根的浓度与动静脉的血液气体分析同时进行比较来评价胸腔内的状况[28]。

1. 总蛋白质成分　测量总蛋白时，通常会将胸腔积液收集在EDTA管中（与细胞学检验相同）。浓度可用分光光度计来测量。也可使用化学方法，例如，双缩脲反应（与血液样本相同）来检测。正常参考值（表8-2）稍高于腹腔液的数值。然而，一般来说，正常胸腔液的总蛋白浓度小于2.5g/dL，通常是分光光度计可读到的最低蛋白质浓度数值。

当样本体积较小时（不足EDTA管容积的1/4），根据折光率进行蛋白浓度测定的结果可能会出现人为升高（EDTA的溶质效应），而根据蛋白双缩脲反应测定出的蛋白浓度则可能人为地降低（稀释效应）。尽管这些人为造成的结果变化通常较小，但在鉴别处于临界值的变性渗出液与渗出液或漏出液时可能造成影响。

2. 比重　比重是液体和蒸馏水之间浓度的比较，后者的数值为1.000。建议定期用蒸馏水校正折射仪。比重可反映出液体中溶解溶质的量，如总蛋白质、血糖、尿素、胆红素以及离子。参考范围值如表8-2。总蛋白质数值相较于比重值更常被记录。

3. 葡萄糖和乳酸浓度　低分子量的水溶性物质，如葡萄糖和乳酸，可在血液循环和胸腔之间扩散流动。健康马的胸腔液中，葡萄糖浓度类似于血浆中的浓度。当代谢活跃的细胞（白细胞或肿瘤细胞）或是细菌进行无氧糖酵解时，可能降低液体中的葡萄糖浓度。因此，即使胸腔积液的分离培养结果为阴性，其葡萄糖浓度的降低（小于40mg/dL）仍然可以用于预测败血症[2,5,6]。当胸腔积液的葡萄糖浓度大于60mg/dL时，则可推测为非

表 8-2　马胸膜液参考值

测量项目	观测范围	注释
红细胞计数	22 000 ～ 540 000 个 /μL （22 ～ 540）×10⁹L	94% 的马：≤ 370 000 个 /μL（≤ 370×10⁹L）
有核细胞总数	800 ～ 12 100 个 /μL （0.8 ～ 12.1）×10⁹L	94% 的马：≤ 8 000 个 /μL（≤ 8.0×10⁹L）
细胞分类计数		
中性粒细胞	450 ～ 10 290 个 /μL （0.5 ～ 10.3）×10⁹L 32% ～ 91%	94% 的马：450 ～ 7 120 个 /μL（≤ 0.5 ～ 7.1×10⁹L）
淋巴细胞	0 ～ 680 个 /μL （0 ～ 0.7）×10⁹L 0 ～ 22%	94% 的马：0 ～ 10%
大单核细胞	50 ～ 2 620 个 /μL （0.1 ～ 2.6）×10⁹L 5% ～ 66%	
嗜酸性粒细胞	0 ～ 170 个 /μL 0 ～ 0.2×10⁹L 0 ～ 9%	89% 的马未观察到嗜酸性粒细胞；94% 的马匹中有 0 ～ 1%嗜酸性粒细胞
比重	1.008 ～ 1.03L	
总蛋白质	0.2 ～ 4.7 g/dL 2 ～ 47 g/L	83% 的马：≤ 2.5 g/dL (25 g/L)；94% 的马：≤ 3.4 g/dL(≤ 34 g/L)

资料来源于18匹临床正常马的数值。引自Wagner and Bennett: Analysis of equine thoracic fluid. Vet Clin Pathol 11(1):13-17, 1982.

复杂性胸腔积液。

无氧糖酵解的增加可以预示积液乳酸浓度升高。当检测到积液乳酸浓度高于外周血液（或积液乳酸脱氢酶活性大于1000 IU/L）时，能够进一步证实对败血症的怀疑[28]。

如果不能及时进行检测，样本需要用含氟化物-草酸盐的抗凝管保存以确保检测结果的准确。因为氟化物能够抑制细胞代谢，可以阻止样本中的细胞和细菌的葡萄糖降解和草酸合成。

4. 甘油三酯和胆固醇浓度　积液中的三羧酸甘油酯和胆固醇浓度有助于区分乳糜样和伪乳糜样积液。乳糜样积液具有甘油三酯浓度大于血清以及胆固醇浓度小于血清的特征。相反的，积液中胆固醇的升高和甘油三酯数值的降低可推测为伪乳糜样积液。

七、胸腔积液的病理变化

胸腔积液特征分类

当胸腔液体的体积增加时，表示出现积液。积液的产生来自胸腔液体的产生速率大于移除速率。可能来源为漏出性或渗出性液体的增加。前者产生类似于腹水的积液，特征为细胞量以及蛋白质浓度低（正常）。常见原因包含毛细血管静水压增加，如充血性心力衰竭，以及血浆胶体渗透压降低，如低白蛋白血症。相对的，胸腔毛细血管通透性增加以及淋巴回流受阻造成积液中有核细胞和/或蛋白质成分的增加。淋巴回流受阻可能由炎症（胸膜炎）和累及胸膜的肿瘤导致。

积液可被分类为漏出性积液、变性漏出性积液、渗出性积液或是出血性积液（表8-3）。虽然这些类型有所不同，通常有共同的病理生理机制连接各类疾病，但仍然有一些局限性。例如，胸腔肿瘤以及乳糜胸造成的积液并不能吻合这一分类方式。此外这些病变具有自身的重要性，并不一定需要用此种方式分类。

表 8-3　胸腔积液的分型

积液	有核细胞总数 （个 /μL）	蛋白质总浓度 *（g/dL）	病因
参考范围 (成年)	< 8 000	< 2.5	N/A
漏出液 †	< 5 000 （一般 <1 500）	< 2.5 （一般 <1.5）‡	↓胶体渗透压: 低蛋白血症 ↑毛细血管静水压: 　充血性心力衰竭 　淋巴管阻塞
改良漏出液	5000 ～ 15 000	2.0 ～ 5.0	↑毛细血管静水压: 　充血性心力衰竭 　淋巴管阻塞 　肿瘤 　肺叶扭转 　急性食管穿孔
渗出液	>10 000 ～ 15 000	> 3.0 ～ 3.5	↑毛细血管通透性: 　炎症 / 血管炎 　缺血 / 梗死 / 血栓栓塞 　组织坏死 　淋巴管阻塞 　炎症 　肿瘤 　急性和亚急性食管穿孔

＊由折射率决定；†漏出液与正常胸液的不同之处可能仅在于容量的增加；‡生化测定。

此种分类系统的另一个缺点是各个分类项目为互斥的。这样的假设是不正确的。举例来说漏出液和变性漏出液具有相似的特征，这些积液通常具有相同的病因。同样的，变性漏出液和轻微的炎性渗出液的区分方式也相当主观。

最后，胸腔液反映了胸腔以及内脏的状况，可随着疾病的进程而改变。举例来说，急性胸膜炎由胸腔穿刺取得的胸腔积液可能正常，然而慢性疾病通常有明显的积液，并具有渗出液的特征[31,32]。尽管有这些缺点，这几种主要的分类方式在大多数的病例仍具有临床意义。即使有样本并不完全符合特定的分类，其结果可能仍具有诊断价值。

接下来的内容会讨论一般疾病病程以及胸腔积液的鉴别诊断中，常见的体积、颜色，以及胸腔积液混浊度的改变。图8-6与图8-7为如何判读胸腔积液样本检测结果的流程。

1. 漏出液　漏出性积液的特征为体积增加、低细胞数以及低总蛋白浓度。因为正常胸腔液没有细胞量以及总蛋白质含量的最低线，评价胸腔液体的体积在区分液体为漏出性积液时相当重要（表8-3）。

漏出性积液的细胞学结果通常不显著，其中中性粒细胞、淋巴细胞，以及大型单核细胞通常具有正常比例。除了可能见到活跃的间皮细胞，细胞形态通常也是正常的（图9-5、图9-6、图9-10和图9-11）。活跃的间皮细胞可能出现在任何长期的积液中，因此，对于漏出性积液不具有特异性。这些细胞被认为是因为过量的液体使这些细胞从脏层和壁层间皮表面分离出来。这些表面的细胞通常排列紧密，细胞增生受到接触抑制。

漏出性积液在胸腔内并不常见，在过去发表的文献中占了7%[3,8,10,11]。成因包括低白蛋白血症造成继发性的血浆胶体渗透压降低，以及静脉或淋巴压力的增加，如瘀血性心衰竭以及慢性肝病。其他临床和实验室的诊断结果必须考虑鉴别这些病因。

2. 变性漏出液　分类为变性漏出液的胸腔积液体积增加，通常肉眼外观正常，总有核细胞计数为5 000～15 000个/μL（5.0～15.0×10⁹个/L），总蛋白质浓度为2.0～5.0 g/dL（20～50g/L）。中性粒细胞通常为正常形态，数量最多。而乳糜性积液不同，呈不透明的淡粉色，主要以小淋巴细胞为主。

胸腔积液很少会被分类为变性漏出液。通常更容易被分类为漏出性或渗出性积液。变性漏出液主要来自静脉或淋巴压力的增加，如瘀血性心衰竭以及慢性肝病（表8-3）。

3. 渗出液　炎性渗出液为马最常见的胸腔积液，在已发表异常胸腔积液样本的研究中占了53%～91%[1,3,8,10,11]。渗出液的细胞量以及总蛋白质浓度升高，体积通常显著增加。其肉眼外观变化会随着红细胞以及炎症细胞的数量和相对比例而改变，可从红棕色、灰色至白色。

在一些渗出液样本中，可能因为细胞的团块化，纤维素的沉积，或是显著的核溶解性退化现象，而导致总有核细胞计数偏低。这些特征可在涂片中观察到。总有核细胞计数可能被胸腔积液的体积所影响。例如，转归中的胸膜炎，胸腔积液体积可能相较于总有核细胞数以及总蛋白质含量下降更快地减少。即使胸膜的总细胞数量正在减少，由于渗出的速率

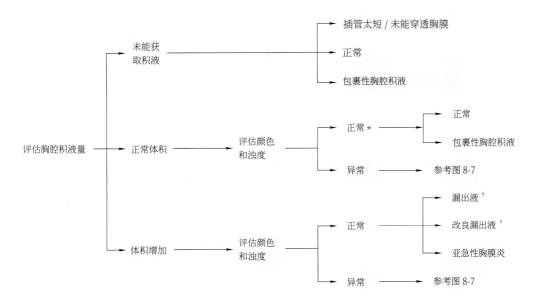

图8-6 初步评估胸腔积液的方法

* 正常胸腔积液呈淡黄色至红黄色，透明至混浊。
† 建议进行细胞学检查，包括有核细胞总数和总蛋白质测定。

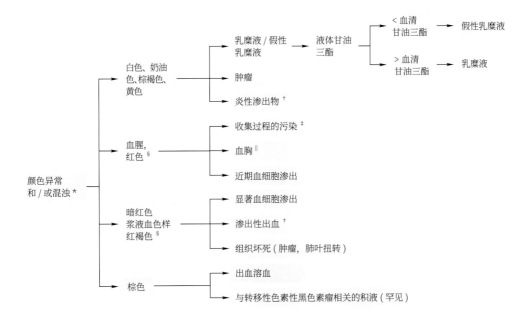

图 8-7 用于评估胸腔积液异常外观的方法

* 建议进行细胞学检查，包括有核细胞总数和总蛋白测定。肿瘤可能是渗出性或出血性渗出的潜在原因。
† 渗出物增加了细胞密度和总蛋白浓度。它们可细分为化脓性、慢性化脓性和慢性炎症反应，还应评估中性粒细胞形态和巨噬细胞的吞噬活性（见正文），细菌的存在表明脓毒症。
‡ 在收集过程中可能很明显。可能会在细胞学涂片上出现血小板，上清液通常不会溶血，无吞噬红细胞作用。
§ 当胸腔积液有微红色变色时，应评估上清液是否溶血。溶血或紫红色上清液提示慢性出血或尿失禁，这可能与肺实质损害有关，包括严重的胸膜炎。
‖ 样本在整个采集过程中都是均匀的血迹。噬红细胞作用可能很明显，上清液可以是非溶血的，也可以是溶血的。有核细胞总数没有明显增加。

变慢，总有核细胞计数和蛋白质浓度可能暂时性地上升。因此，应该根据胸腔积液的体积来校准总有核细胞计数和总蛋白浓度的检测结果，尤其是在通过连续的胸腔穿刺监测病情进展和治疗效果时。

渗出液还可以再分为败血性或非败血性。马渗出性胸腔积液通常为好氧和/或厌氧细菌性感染所造成。最常见的感染途径为借由呼吸道以及肺。因此常同时发生肺炎和肺脏脓肿，在4个针对马胸腔炎的研究中占了39%～77%[3,8,9,10]。诱发因子包括剧烈的运动/比赛，近期感染的病毒性呼吸道疾病，在密闭空间的长时间运输（尤其与其他马），以及近期接受全身麻醉/手术。肺脏右顶叶以及右胸廓最容易受到影响[9,31,32]。吸入或食入异物也可能造成胸膜性肺炎或是胸膜炎[2,33-35]。前者可能造成呼吸道或是食道穿孔。其他造成胸膜炎的感染性因子包括霉菌（*Coccidioides* spp. 与 *Blastomyces dermatitidis*）及支原体。非败血性渗出液可能与肿瘤有关（见后文）。

依据中性粒细胞以及大型单核细胞的比例，炎症反应可被广泛地分为如下几类。

① 化脓性（也称为中性粒细胞性）：当中性粒细胞比例≥70%，且大型单核细胞比例≤30%。

② 慢性-化脓性（也称为化脓性肉芽肿性）：当中性粒细胞比例介于50%～70%，且大型单核细胞比例介于30%～50%。

③ 慢性（也称为肉芽肿性）：当中性粒细胞比例＜50%，且大型单核细胞和淋巴细胞比例＞50%。

这些分类能够反映潜在的病因，但不能反映出炎症反应的持续时间。化脓性炎症反应可能是近期因素造成，或是可能已存在数天至数周。相对的，慢性化脓性以及慢性发炎反应则可能已经存在一段时间了（以d计算或更久）。一些持续一段时间的渗出液通常表现出巨噬细胞吞噬能力增强，其内可见被吞噬的有核细胞、红细胞以及无法辨认的碎片。在这种情况下，细胞质空泡也比较常见。在慢性炎症反应和败血性胸膜炎的消退阶段，淋巴细胞的数量也可能增加。大多数这些细胞具有正常的外观（图 9-12），但偶尔可观察到类似大型淋巴母细胞样细胞。

炎性的蛋白质渗出使胸腔积液的纤维蛋白原成分升高，有时候可在细胞学涂片中被观察到。然而样本不一定会在收集管中形成凝块。无法凝集提示可能存在白细胞或溶菌酶的机械性除纤维或纤维蛋白溶解作用。

评价渗出液时，细胞形态学评估是很重要的。细菌性细胞毒素在生物体内可能快速的破坏炎性细胞，尤其是中性粒细胞。这种快速的细胞受损会造成细胞核退化，可见到细胞核肿大，核染色变浅（核溶解）并导致碎片化（核破裂）。细胞核溶解主观地被分级为轻微、中度或显著（图8-2）。当观察到核溶解时，需要仔细地检验涂片中是否含细菌。核溶解越明显，越有可能为败血症所引起。如果积液内没有发现（或培养出）细菌，造成积液最可能的病因仍可能为细菌感染，但可能被局限在胸膜或是单一脓疡或胸腔某缝隙之中。

中性粒细胞的形态正常（可能有核致密退化的表现）并不能排除细菌性病原。如果微生物病原被限制在采样部位以外、病原产生的细胞毒素不足，或是已进行抗生素治疗，即使有明显的炎症反应，炎性细胞形态仍可能维持正常。涂片中的细菌可能散在和/或被吞噬，也可能见到混合的微生物群。革兰氏阳性和革兰氏阴性菌在罗氏染色的涂片中都呈嗜碱性。

即使在显微镜检下没有观察到病原，所有胸腔渗出液都建议使用好氧和厌氧的方式培养。厌氧细菌为常见的呼吸道病原[32,39]，其培养需要特殊的培养基以及小心处理。由于这些细菌样本多数对于低温敏感，样本不建议冷藏。

常见被分离出来的需氧微生物包括巴氏杆菌、假单胞菌、葡萄球菌和链球菌[3,9,32,39]，常见分离的厌氧菌包括类杆菌和梭状芽孢杆菌[3,9,32,39]，混合感染常见。即使造成渗出性积液的病因最可能为细菌，并非所有被感染的马的胸腔积液培养都会呈现阳性。部分胸腔积液培养结果呈阴性的马匹，在气管支气管抽吸样本中可分离到细菌[9,32,39]。因此建议同时对气管、支气管抽吸样本进行培养。

八、不同情况下的表现

1. 胸膜肺炎 从临床的角度，胸膜肺炎有4种阶段：亚急性、急性、慢性以及终末期[31]。这些分类法并非完全互斥，表示疾病过程的连续性。尽管在细胞学上没有明确的界限，但进行胸腔积液分析仍有助于区分这些临床阶段。

（1）**亚急性胸膜肺炎** 指感染后1～4d内的病理变化。临床症状与肺脏炎症反应相关，藉由适当的（对症的）治疗，可为自限性疾病，对胸腔影响极小[31,40]。

（2）**急性胸膜肺炎** 指感染约半周至两周内，肺部感染状况仍然持续或是加重[31,40]。虽然有明显渗出性胸腔积液，但细菌并未侵入胸腔内。

（3）**慢性胸膜肺炎** 指感染发生2～4周后，此时开始发生败血性纤维素性化脓性胸腔炎[31,41]。

（4）**终末期胸膜肺炎** 指感染大于1个月。此时有脓肿，液体在胸腔内形成腔室，造成支气管胸腔瘘管以及胸腔纤维化[31,41]。胸膜肺炎的生存预后以及是否能恢复至正常状况，需要注意在亚急性至急性期的预后良好，而随着病程演变预后也随之变差甚至容易死亡。

胸腔积液的体积，总有核细胞计数，总蛋白质浓度不能作为预后的指标。少量的液体虽然可推测为没有胸腔积液的产生，但也可能是采样时套管阻塞所致，如套管受到纤维素、肺脏组织的阻塞，穿刺套管未穿透胸膜壁层，或穿刺位置不适当。利用超声波可协助确认采样失败原因以及确认适合穿刺采样的位置[13,17]。相反的，当采得大量液体时，表示存在显著的胸腔积液。胸腔液体的总有核细胞计数，总蛋白质成分以及细胞组成可帮助确认胸膜炎以及败血症。然而目前没有总有核细胞计数或总蛋白质浓度与预后相关的研究[9,13]。

好氧或厌氧菌感染之间的预后是否存在差异尚不明确。有些研究者发现受到好氧细菌感染的预后明显好于厌氧菌感染的马匹，然而其他研究并未检测到如此差异。许多受到厌氧菌感染的马匹（约62%），胸腔积液和/或呼出气体（或气管灌洗液）具有腐败的气味。好氧菌感染一般不会产生腐败气味。因此如果样本在现场即具有腐败的味道，多数可确定为厌氧菌感染。然而即便没有腐败的气味也不能排除厌氧菌的感染。

中性粒细胞是类肺炎性胸腔积液最主要的白细胞种类，然而有些与厌氧菌感染相关的积液中可能含有许多细菌病原以及无法辨认的细胞。在含大量细胞的积液中，常见到中性粒细胞的退行性改变（图8-2）。可能见到大量活跃的大型单核细胞。长时间的积液中，间皮细胞的增生和活跃程度可能类似于肿瘤性病变。通常渗出性积液的淋巴细胞数量很少，形态也较正常。有时候可见到非典型的大型淋巴母细胞，可能会与肿瘤化的淋巴细胞互相混淆。通过细胞学诊断淋巴细胞瘤（详见后续章节），可基于见到大量的非典型大型淋巴母细胞。在受到慢性抗原刺激时，胸腔积液中可能出现浆细胞。同样的现象也会发生在腹腔积液中[43]。炎性胸腔积液很少见到嗜酸性粒细胞，但也曾经有过记录[11]。

2. 出血性积液 出血性积液在采样时可见到与血液一致的外观。然而当样本在采样初期为非出血性，但随后因红细胞而变色时，即可推测为医源性肋间血管血液污染。如果采样时液体一直呈血液样，除了医源性污染的可能性外，也需要考虑是否为采样前的胸腔出血。

胸腔积液样本中的出血表现（红细胞），可能原因包括采样时医源性污染，出血性红细胞渗出，或是胸腔内出血。

（1）**医源性污染** 胸腔液体样本常见到来自肋间动脉的少量出血。如果持续采样时样本开始变得颜色变浅或明显的没有血液污染，即可确定为采样时的血液污染。如果样本在采样过程中一直呈血液样，也需要考虑是否有医源性的出血。近期出血（在采样中或采样几小时前发生），通常离心后会得到干净至血浆样的上清液，而非溶血性上清液。在显微镜检下可能见到染色淡而聚集的血小板和噬红细胞现象。

（2）**出血性红细胞渗出** 出血性红细胞渗出可能与胸膜炎或是肿瘤相关。样本的外观会随着红细胞和炎性细胞的相对数量而变化。离心后其上清液可能呈现溶血性。实际的红细胞计数很少超过750 000个/μL（750×10^{9}个/L）[11]。可能观察到噬红细胞现象 （图8-3和图8-4）。其他细胞学发现取决于潜在病因。

（3）**胸内出血** 在文献中很少见血胸的病例[8,11,19]。血胸可能发生在创伤，出血性素质，主要血管撕裂伤，肿瘤或囊肿破裂，肺脏梗塞或肺叶扭转。一般来说胸腔积液的血细胞比容和总蛋白质浓度会小于外周血液，但如果有严重出血则可能与外周血液数值相近。与腹腔出血的病例相似，细胞学检验可能显示白细胞的比例与外周血液相近，且几乎没有（或极少）血小板。由于胸腔内快速的去纤维作用，积液样本不一定会凝结。如果采样后液体在凝结管内不容易凝固，并不一定代表有凝血障碍。如果样本离心后上清液呈现干净的血浆样，且细胞学检查没有看到噬红细胞作用，表示出血是近期发生的。当上清液呈现溶血和/或细胞学有看到噬红细胞作用，表示为陈旧性出血（图8-3和图8-4）。

3. 乳糜胸 马少见到乳糜胸。这种积液在马驹中有过报道，与先天性膈疝，胎粪性肠阻塞有关，也有特发性病例[44-46]。成马的乳糜胸病理还没有文献报道。乳糜胸的积液呈现淡粉红色和乳白色。严重慢性炎症反应的伪乳糜性积液外观可能与乳糜胸积液相似。静置或离心后，伪乳糜性积液中的白细胞会形成沉淀物，并留下透明的上清液。相反的，乳糜胸的积液在离心后并不会有透明的上清液。在静置或冷藏后，乳糜胸积液的脂质会在表面形成一层奶油样物质。碱性化或加入乙醚会使乳糜微粒溶解使乳糜样本变得透明。

检测积液的甘油三酯和胆固醇浓度是区分乳糜性和伪乳糜性积液最准确的方法。乳糜性积液的甘油三酯浓度会大于血清内浓度，胆固醇浓度会小于血清内浓度。相反的，如果液体的胆固醇数值上升而甘油三酯的数值降低，即可推测为伪乳糜性积液。

显微镜检下，乳糜性积液在急性期可能观察到高比例的小淋巴细胞，可能伴随低淋巴细胞血症。然而，长期性的积液，可能发生混合性的炎症反应。对空气干燥后的液体涂片进行苏丹Ⅲ、苏丹Ⅳ或是油红O染色法染脂质以确定是否有乳糜微粒的存在，来确认是否为乳糜性积液[38]。根据经验，残余的染液或染液中的沉淀很难与乳糜颗粒进行区分，而在未染色的湿涂片中更容易观察到细小的具有折光性的乳糜颗粒（降低显微镜聚光镜，减少进光量）。

4. 肿瘤 胸腔肿瘤可能会造成胸腔积液。在4篇已发表的学术文章中有5%～38%的胸腔肿瘤伴随胸腔积液的产生[3,8,10,11]。

最常见的病例为淋巴细胞瘤，占这些肿瘤的33%～100%。胸腔积液的细胞学检查可帮助建立胸腔内肿瘤的诊断，然而此方式的诊断率差异较大[1,25,26,47]。借由细胞学来诊断淋巴细胞瘤的成功率比其他类型的肿瘤高[26,47]。可能原因包含淋巴细胞瘤发生率较高，较容易累及胸膜，肿瘤细胞容易脱落，以及较少同时发生炎症反应来稀释肿瘤细胞。也可能发现间皮细胞瘤、恶性上皮细胞瘤，以及恶性腺瘤[25]。

当评价马胸腔积液来怀疑胸腔肿瘤时，需要考虑下面几点：

①胸腔肿瘤细胞不一定会脱落至胸腔积液中。这阻碍了通过胸腔穿刺来诊断。可利用胸膜腔镜来直接观察胸腔肿块以及是否具有胸腔转移[48]。

②阻碍胸腔淋巴回流的肿瘤可能导致大量积液的产生，具有变性漏出液的特征。

③浆膜面的肿瘤，尤其是会损伤浆膜层血管的肿瘤，可能造成出血性血细胞渗出或是血胸。

④肿瘤坏死或感染，可能导致胸膜炎。此炎性渗出液可能会掩盖肿瘤细胞的存在。

⑤活跃的间皮细胞可能会被误认为肿瘤细胞，尤其是对于细胞学初学者。此种细胞可能会出现在任何积液中。

对于疑似病例，可检验多个积液样本以加强细胞学诊断肿瘤的可能性[5]。在样本有核细胞浓度低时，可通过各种方法来浓缩样本进行细胞学检验（如细胞离心或沉淀）有助于肿瘤细胞的辨识。

（1）淋巴瘤 淋巴瘤被分类为4种类型：消化道型、皮肤型、纵隔型（胸腺型），以及多中心型。消化道以及多中心型淋巴瘤可能造成胸腔积液，特征为变性漏出液或是出血性积液。虽然在这些液体里不一定会观察到肿瘤细胞，但出现积液仍可辅助诊断[3,47,51,52]。肿瘤化的淋巴细胞通常为淋巴母细胞，为大型细胞，核质比高，具有嗜酸性细胞质（图8-8至图8-13）。表现出多形性，通常可见明显的细胞核大小不一和细胞大小不一。其细胞核通常为圆形至卵圆形，可能有锯齿状或呈现两半。染色质型常为细腻而均一。核仁明显，在单一细胞内和不同细胞之间的数量、大小以及形态有所不同。很少见到有丝分裂象，有些可见异常的纺锤体形成。有丝分裂活性并不能用来确诊淋巴瘤，也可见于其他肿瘤或一些非肿瘤疾病中。

在过往的文献中没有记录过其他引起胸腔积液的淋巴瘤，例如组织细胞性淋巴瘤或淋巴细胞性淋巴瘤。根据其他样本的发现，组织细胞性淋巴瘤的特征为大型细胞，明显的细胞核大小不一、细胞大小不一以及核质比多变。这些细胞通常具有丰富，轻微至中等量的嗜碱性细胞质（图9-26）。淋巴细胞性淋巴瘤（小细胞性）的淋巴细胞分化良好，因此形态正常。当积液中的小淋巴细胞增加时，鉴别诊断包括乳糜胸以及与抗原刺激相关的淋巴细胞炎症反应（图9-12）。在马也曾经有过伴随嗜酸性粒细胞的淋巴瘤的记录，被认为是一种副肿瘤变化[53]（图8-10）。马淋巴瘤的免疫分型，可利用细胞表面抗原分为B细胞、T细胞、非免疫活性三类。在一项31例马淋巴瘤的研究中[24]，有77%为B细胞来源。许多样本中（11/24,46%）可见混合的B细胞和T细胞，其中非肿瘤性T细胞占了有核细胞的40%～80%[54]。

（2）鳞状细胞瘤 鳞状细胞瘤偶尔会转移到胸膜腔。频率最高的原发肿瘤来源为胃鳞状细胞瘤，较少来自其他部位，如包皮、外阴、阴茎、口腔或眼睛[47]。转移性胃鳞状细胞

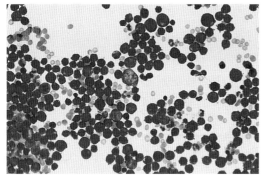

图8-8 胸腔积液马淋巴瘤

注意淋巴细胞的异质性群体。马淋巴瘤的诊断，可能由于同时发现成熟的淋巴细胞和肿瘤性的淋巴母细胞而变得困难。（瑞氏-姬姆萨复合染色）

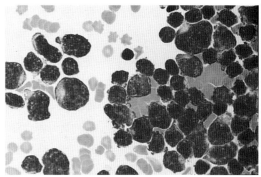

图8-9 马淋巴瘤

与图8-8相似的另一匹马胸部肿瘤性积液的淋巴瘤，淋巴细胞从母细胞到成熟的形态变化。（瑞氏-姬姆萨复合染色）

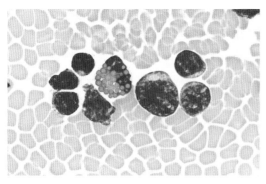

图8-10 混合细胞淋巴瘤

视野中心可见一个嗜酸性粒细胞。嗜酸性粒细胞增多可能是淋巴瘤的副肿瘤反应。（瑞氏-姬姆萨复合染色）

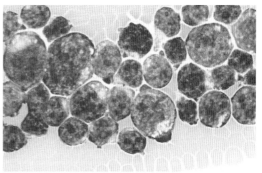

图8-11 马淋巴瘤

注意形态的差异。特征为染色质淡染，核仁明显。也可见到大小不一的淋巴样细胞群。（瑞氏-姬姆萨复合染色）

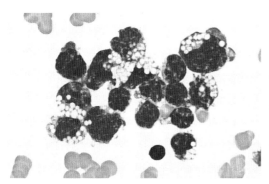

图8-12 马淋巴瘤

马淋巴瘤的另一种形态学表现。这些肿瘤的淋巴母细胞表现出细胞质空泡化，使其呈现与组织细胞相似的外观。（瑞氏-姬姆萨复合染色）

图8-13 马淋巴瘤

另一匹马空泡化的淋巴瘤形态。这些细胞具有圆形至凹陷的偏离中心的细胞核，具有不规则成块的染色体和一个或多个不明显的核仁。细胞质中度嗜碱性，体积轻度增加，边缘多见皱褶和细胞质泡化。需通过特殊染色和免疫分型来鉴别淋巴样细胞与组织细胞及其他来源的细胞。还可见有丝分裂象，轻度退化的中性粒细胞和具有吞噬活性的巨噬细胞。（莱特-姬姆萨染色）

瘤，累及胸腔的临床症状较不常见，可能包含心动过速，呼吸困难，胸腔腹侧面水肿，以及腹侧面肺音的减弱。胸腔积液的放射学征象很常见，其样本的细胞学检查结果通常和化脓性渗出物相似[47]。

肿瘤细胞可能以团块或是单一细胞的方式脱落至胸腔积液中，细胞形态学差异较大（图9-30、图9-31）。分化良好的肿瘤样本中可见大型鳞状细胞，具中等至大型的细胞核，网状至粗糙团块的染色质型，不明显的核仁，以及中等至低的核质比。经过罗氏染色，可见细胞质丰富并呈现淡蓝色，可能有轻微的空泡化（尤其是在细胞核周边），还可能部分角化。这使得细胞质呈光滑均匀的玻璃样。分化较不良的肿瘤可能具有明显的细胞核大小不一和细胞大小不一，核质比不一（通常程度较高）。细胞核为不规则圆形，可能有明显的核仁，细胞内和细胞之间的核仁的大小、形态和数量变化较大。

（3）**腺癌**　研究指出转移性腺癌占了转移到胸腔肿瘤的43%[47]。原发部位包含肾脏、卵巢、子宫、乳腺、胰脏以及甲状腺等[47,58]。转移性肿瘤造成的积液可从漏出液至渗出液不等。很少见积液中包含能辨认的肿瘤细胞。细胞学诊断腺癌的特征包括存在上皮样肿瘤细胞团块，伴随细胞排列成管腔，小管或是腺泡样结构（图8-14、图8-15）。此外，细胞质可能包含透明的空泡或包含分泌物质的小泡。当有许多细胞质小泡时，可进行特殊染色协助细胞学诊断腺癌。PAS染色有助于分辨糖蛋白分泌物，尤其是同时使用淀粉酶排除细胞内糖原时[13]。

（4）**间皮瘤**　胸腔的间皮瘤，可能为起源于脏层或壁层胸膜的原发肿瘤，或罕见的来源于心包膜或腹膜腔的间皮细胞的转移性肿瘤[47]。常出现胸腔积液，细胞学检查通常可见许多散在和形成团块的多形性间皮细胞[47]。区分反应性或肿瘤性的间皮细胞可能不容易，尤其在同时发生炎症反应时。肿瘤性间皮细胞的特征为多形性外观，具有轻微至明显的细

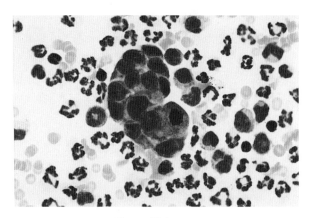

图8-14　腺癌

在马胸腔积液的慢性化脓性炎症的背景下，存在均一的上皮细胞群。只有细胞大小和核大小的轻微变化，可明显支持肿瘤的诊断。这些肿瘤细胞在细胞学上很难与反应性间皮细胞区分开来；细微的腺泡形成支持了腺癌的诊断。（瑞氏-姬姆萨复合染色）

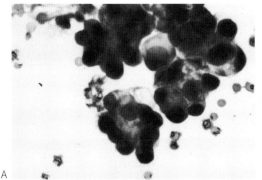
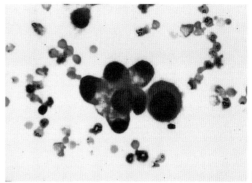

图8-15 转移性乳腺癌

A.注意腺泡细胞簇，中等程度的异核细胞症 B.注意异核细胞症和异核细胞增多症，核质比不同。（瑞氏染色；原始放大400倍）

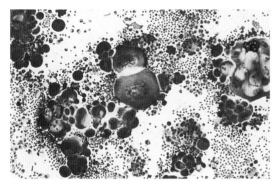

图8-16 马胸膜恶性间皮瘤

在慢性化脓性炎症情况下，可见大量肿瘤间皮细胞。恶性肿瘤的标准包括巨细胞数，明显异常细胞增多和异常细胞核变化，N：C比值显著变化，以及多个/突出/角形核仁。还观察到印戒细胞，细胞质空泡化和细胞分裂周期。（瑞氏-姬姆萨复合染色）

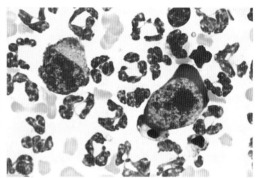

图8-17 马胸腔未分化的圆形细胞瘤

肿瘤的离散型细胞存在于化脓性炎症之下。这些细胞很大，有不规则的圆形偏移的细胞核，染色质呈块状，还有几个大小不一的，有时是大核仁。细胞质稀少，从中度至深度嗜碱性染色不等。鉴别诊断将包括淋巴瘤，其他圆形细胞瘤，间皮瘤，或未分化癌。（瑞氏-姬姆萨复合染色）

胞核大小不一和细胞大小不一。同样的，核质比的变化较大。细胞排列可能从几个细胞聚集的小团块到大于50个细胞组成的大团块。大量的细胞聚集类似息肉，假膜，实心团块，或是成串。细胞边界清楚。细胞核为圆形至卵圆形，常见到多核细胞（3～4个细胞核/细胞）（图8-16）。可能观察到有丝分裂象。细胞之间的细胞质体积差异大。可能含有透明的空泡，外观从许多小空泡、中等大小空泡至大的单一空泡，可散布在细胞核边缘或使细胞膨胀（指环形）。此种空泡可能在腺癌中出现，但是细胞排列成腺体仍为腺癌的主要诊断依据。如需确认间皮细胞的来源，可利用电子显微镜和/或免疫化学染色[58]。

（5）**其他肿瘤** 血管肉瘤，可能原发于或转移至胸膜，对于马，并不常造成胸腔积液[47]。血胸可能与胸膜出现血管肉瘤有关（图9-32）。虽然过去病例的积液样本中未观察到肿瘤细胞，但可能与其他组织的肿瘤化内皮细胞相似。

其他很罕见的造成胸腔积液的马胸膜肿瘤，包括原发性肺脏上皮瘤、转移性肾脏上皮瘤、黑色素瘤[25]，以及胰脏腺癌[58]。细胞学检查下，肿瘤细胞不一定能被发现（图8-17）。

据报道，转移至胸腔的纤维肉瘤会导致大量的胸腔积液，但积液中未见肿瘤细胞[47,59]。一例马的网膜纤维肉瘤病例中，患马出现了胸腔和腹腔的渗出性积液，然而积液中并没有辨认出肿瘤细胞。在一例胃平滑肌瘤病例中，同时伴有胸腔和腹腔渗出性积液[58]。在两例胸腔转移性横纹肌瘤的病例中，其中之一产生胸腔积液[47]。积液样本中带有血液，但包含正常的有核细胞分布和蛋白质成分。

据报道，肝母细胞瘤转移至胸膜会造成出血性积液[60]，然而在此积液中并未观察到肿瘤细胞。

5. 意外的发现　乳胶手套内的粉末（玉米淀粉）偶尔可能污染胸腔积液样本。在显微镜下呈现不同大小，圆形至六角形的颗粒，具中央裂隙或十字（图9-37）。经罗氏染色后通常透明（无法染上色），但也可能呈现蓝色。中央裂隙或十字在偏振光下会很明显（图9-38）。

偶尔也会观察到角化鳞状上皮细胞，可能来自皮肤表层的污染[42]。这些细胞表面罕见有球菌附着。

参考文献

[1] Schott and Mansmann: Management of pleural effusion in the horse.Proc Am Assoc Equine Pract 35:439-449,1990.

[2] Byars and Becht: Pleuropneumonia.Vet Clin North Am (Equine Pract)7(1):63-78,1991.

[3] Smith: Pleuritis and pleural effusion in the horse: a study of 37 cases.JAVMA 170:208-211,1977.

[4] Raphel and Beech: Pleuritis secondary to pneumonia or lung absces-sation in 90 horses. JAVMA 181:808-810,1982.

[5] Schott and Mansmann:Thoracic drainage in horses. Compend ContinEd Pract Vet 12(2):251-261,1990.

[6] Chaffin et al:Equine bacterial pleuropneumonia.Part II.Clinical signsand diagnostic evaluation.Compend Contin Ed Pract Vet 16(3):362-378,1994.

[7] Smith: Diseases of the pleura.Vet Clin North Am (Equine Pract) 1:197-204,1979.

[8] Mair:Pleural effusions in the horse.Vet Annual 27:139-146,1987.

[9] Raphel and Beech: Pleuritis secondary to pneumonia or lung absces-sation in 90 horses.

JAVMA 181:808-810,1982.

[10] Raphel and Beech:Pleuritis and pleural effusion in the horse.Proceedings of the 27th Annual Convention AAEP,1981,pp 17-25.

[11] Wagner and Bennett:Analysis of equine thoracic fluid.Vet Clin Pathol11(1):13-17, 1982.

[12] Parry:in Cowell and Tyler:Cytology and Hematology of the Horse.Goleta,CA,1992, American Veterinary Publishers,pp 107-120.

[13] Beech:in Beech:Equine Respiratory Disorders.Philadelphia,1991,Lea &Febiger,pp 27-40,63-68,215-222.

[14] Derksen:in Robinson:Current Therapy in Equine Medicine.Philadelphia,1987,Saunders, pp 579-581.

[15] Chaffin:Thoracentesis and pleural drainage in horses. Equine Vet Ed10(2):106-108,1998.

[16] Roudebush and Sweeney:Thoracic percussion.JAVMA 197:714-718,1990.

[17] Reimer:Diagnostic ultrasonography of the equine thorax.Comp ContEd Pract Vet 12:1321-1327,1990.

[18] Knoll and MacWilliams: EDTA-induced artifact in abdominal fluid analysis associated with insufficient sample volume.Proceedings of the 24th Annual Meeting, American Society of Veterinary Clinical Pathology, p 13,1989.

[19] Perkins et al: Hemothorax in 2 horses. J Vet Intern Med 13:375-378,1999.

[20] Bach: Exfoliative cytology of peritoneal fluid in the horse. Vet Annual 13:102-109,1973.

[21] Bach and Ricketts:Paracentesis as an aid to the diagnosis of abdominal disease in the horse. Equine Vet J 6:116-121,1974.

[22] Brownlow et al: Reference values for equine peritoneal fluid. Equine Vet J 13:127-130,1981

[23] Toribio et al: Thoracic and abdominal blastomycosis in the horse.JAVMA 214(9):1357-1360,1999.

[24] Barrelet: Peritoneal fluid: part 2—cytologic exam. Equine Vet Ed5(3):126-128,1993.

[25] Mair and Brown: Clinical and pathological features of thoracic neo-plasia in the horse. Equine Vet J 25(3):220-223,1993.

[26] Garber et al: Sonographic findings in horses with mediastinal lym-phosarcoma—13 cases (1985-1992). JAVMA 205(10):1432-1436,1994.

[27] Mair et al:Clinicopathological features of lymphosarcoma involving thethoracic cavity in the horse.Equine Vet J 17(6):428-433,1985.

[28] Brumbaugh and Benson:Partial pressures of oxygen and carbon diox-ide,pH,and concentrations of bicarbonate,lactate,and glucose in pleu-ral fluid from horses.Am J Vet Res 51(7):1032-1037,1990.

[29] Schott and Mansmann:Glucose concentration in equine pleural effu-sion. Proceedings of the 7th Veterinary Respiratory Symposium, CompRespiratory Society,p 32,1988.

[30] Meadows and MacWilliams:Chylous effusions revisited.Vet Clin Pathol 23(2):54-62,1994.

[31] Mansmann:The stages of equine pleuropneumonia. Proceedings of the 29th Annual Convention AAEP,1983,pp 61-63.

[32] Sweeney et al: Diseases of the lung: diagnostic approach and manage-ment of horses with anaerobic pleuropneumonia. Proceedings of the 30thAnnual Convention AAEP,1984,pp 263-

273.

[33] Collins et al: Pleural effusion associated with acute and chronic pleu-ropneumonia and pleuritis secondary to thoracic wounds in horses:43cases (1982-1992).JAVMA 205(12):1753-1758,1994.

[34] Hultgren et al:Pleuritis and pneumonia attributed to a conifer twig in a bronchus of a horse. JAVMA 189:797-798,1986.

[35] O'Brien: Septic pleuritis associated with an inhaled foreign body in a pony.Vet Record 119:274-275,1986.

[36] Hoffman et al:Mycoplasma felis pleuritis in two show-jumper horses.Cornell Vet 82(2):155-162,1992.

[37] Rosendal et al: Detection of antibodies to Mycoplasma felis in horses.JAVMA 188:292-294,1986.

[38] Rebar:Handbook of Veterinary Cytology.St Louis,1980,Ralston Purina,pp 29-36.

[39] Sweeney et al:Aerobic and anaerobic bacterial isolates from horses with pneumonia or pleuropneumonia and antimicrobial susceptibility patterns of the aerobes. JAVMA 198(5):839-842,1991.

[40] Arthur: Subacute and acute pleuritis. Proceedings of the 29th Annual Convention AAEP,1983, 65-69.

[41] Mansmann: Chronic pleuropneumonia. Proceedings of the 29th Annual Convention AAEP,1983, 71-73.

[42] Bennett:Evaluation of pleural fluid in the diagnosis of thoracic disease in the horse.JAVMA 188:814-815,1986.

[43] Brownlow:Abdominal paracentesis in the horse.A clinical evaluation.MVSc thesis. Sydney,1979,University of Sydney.

[44] Mair et al: Chylothorax associated with a congenital diaphragmatic defect in a foal.Equine Vet J 20:304-306,1988.

[45] Scarratt et al:Chylothorax and meconium impaction in a neonatal colt.Equine Vet J 29:77-79,1997.

[46] Schumacher et al: Chylothorax in an Arabian filly. Equine Vet J 21(2):132-134,1989.

[47] Scarratt and Crisman:Neoplasia of the respiratory tract.Vet Clin North Am (Equine Pract) 14(3):451-471,1998.

[48] Mackey and Wheat: Endoscopic examination of the equine thorax.Equine Vet J 17:140-142,1985.

[49] van den Hoven and Franken:Clinical aspects of lymphosarcoma in the horse:a clinical report of 16 cases.Equine Vet J 15:49-53,1983.

[50] Theilen and Madewell:Veterinary Cancer Medicine.2nded.Philadelphia,1987,Lea & Febiger, 431-437.

[51] Schalm:Lymphosarcoma in the horse.Equine Pract 3(2):23-27,1981.

[52] Mair et al:Clinicopathological features of lymphosarcoma involving the thoracic cavity in the horse.Equine Vet J 17:428-433,1985.

[53] Duckett and Matthews: Hypereosinophilia in a horse with intestinal lymphosarcoma.Can Vet J 38:719-720,1997.

[54] Kelley and Mahaffey:Equine malignant lymphomas:morphologic and immunohistochemical classification.Vet Pathol 35(4):241-252,1998.

[55] Meuten et al:Gastric carcinoma with pseudohyperparathyroidism in a horse.Cornell Vet 68:179-195,1978.

[56] Wrigley et al: Pleural effusion associated with squamous cell carcinoma of the stomach of a horse.Equine Vet J 13:99-102,1981.

[57] Vaala:Pleuritis and pleural effusion in a mare secondary to disseminated squamous cell carcinoma.Comp Cont Ed Pract Vet 9:674-677,1987.

[58] East and Savage:Abdominal neoplasia (excluding urogenital tract).Vet Clin North Am (Equine Pract) 14(3):475-492,1998.

[59] Jorgensen et al:Lameness and pleural effusion associated with an aggressive fibrosarcoma in a horse.JAVMA 210(9):1328-1331,1997.

[60] Prater et al: Pleural effusion resulting from malignant hepatoblastoma in a horse.JAVMA 194:383-385,1989.

第 9 章　腹腔液检查

在成年马匹和马驹腹部疾病的诊断中，腹腔液检查，结合临床病史，体格检查，血常规及血液生物化学分析，是具有诊断意义的。腹腔液的异常通常与马多种疾病相关，其中包括急腹症、腹膜炎、外伤与肿瘤。腹腔液的系统性检查可有助于判断手术干预的必要性、监测的疾病进程、监测治疗的效果及评估疾病的预后。

正常腹腔液是血浆的过滤液，具有低容量、低细胞性和低总蛋白浓度等特性。它的功能是润滑器官表面和减少摩擦。腹腔液的容量、细胞含量及生物化学成分由以下因素决定：①体腔和内脏间皮表面的病理生理状态；②毛细血管静水压力；③血浆胶体渗透压；④影响血管通透性和淋巴回流的疾病。当液体的生成速率超过移除速率时，腹腔液的容积则增多。一个空腔脏器或血管破裂也可能促进外源性腹腔液增加。正常情况下，腹腔液由横膈内专门的淋巴腔隙从腹腔排出，该腔隙与右淋巴管相连。这种引流对于进入腹腔的蛋白质循环至关重要。

兽医可以让马保持站立姿势，限制其活动，通过腹腔穿刺的方法获得腹腔液，也可以让马侧卧来进行此项操作。这项操作也经常应用在马驹腹腔液检查中。多种收集腹腔液的方法在文献中有详细记录[1~3]。采集需要的设备包括剃毛器、术前擦洗、局部麻醉剂、无菌手套、手术刀、穿刺针、棉球和采集管。确保无菌操作十分关键。如果马极度不配合，应镇静后进行穿刺采样。如果马有腹痛症状，可先给予止疼剂，从而保证操作人员可以安全地进行采样。除非医嘱排出多余的腹腔液，一般3～5mL的样本量即可满足完整的腹腔液分析。样本可能需要分别保存在下列采集管中，包括含有转运媒介的收集管进行微生物培养，无菌凝集管或含有肝素的抗凝管进行生物化学分析，EDTA抗凝管进行细胞计数、细胞形态学分析和细胞学检查。

一、腹腔穿刺的并发症

1. 血液污染　腹腔穿刺样本中的血液可能来自外周血液，如皮肤切开时表面的出血、套管针偏离腹白线（穿透肌肉）或刺穿血管或刺穿腹腔内器官（尤其是脾脏）。

相反，腹腔中的损伤或腹腔积血是血性渗出物的真正原因。辨别污染或出血对于腹腔液检查结果的准确性至关重要。通过各种大体和微观分析有助于区分二者。在采集样本时，如果从套管或针流出的腹水最初不含血液，然后变为血性，则明显为血液污染。同理，如果腹水最初是血性的，然后在收集过程中血液成分消失，则样本可能受到血液污染。这样的现象应该被记录在动物的病例记录和/或临床病理送检表格中。当样本采集全过程中腹腔液为均一的血样液体或颜色改变，在不同穿刺点都呈现同一表现，则可能是出血性渗出或腹腔积血。估测腹腔液容积，比较积液与全血的血细胞比容有助于区分污染和出血。大容量的血性腹腔液更可能是真性腹腔内出血；高血细胞比容数值有助于印证这个推断。更进一步的显微镜鉴别方法将在后文中介绍（见出血性积液相关内容）。

在样本采集过程中，可使用以下这些预防措施减少外周血污染。在选择穿刺部位时，应避开浅表静脉。尽管如此，皮肤切口仍会导致少量出血。因此，应在进针前用无菌纱布吸净流出的血液。如果有可能，使用无菌、钝头的套管针收集样本，它能最大限度地降低割破血管或器官的风险。通过牵遛或者使动物摇摆来增加腹腔腹侧腹腔液的采集量是不可取的，尤其当使用穿刺针来采集样本时，因为有可能增加肠破裂风险[4]。

2. 肠穿刺术　在腹腔穿刺时，套管或细针偶尔会刺破肠管，被肠内容物污染的腹腔液在外观上非常容易辨认。尤其是在马不表现出胃肠破裂的临床体征时，腹腔液呈现绿色到棕色，有发酵味、絮状外观，则表示胃肠道被刺破。肠穿孔后的腹腔液整体外观有可能是正常的，所以必须在显微镜检查下排除潜在的并发症[5]。

据报道肠穿孔的发生概率一般为2%～5%，几乎没有任何明显的临床后遗症。一位学者将3例严重的并发症归因于意外导致的肠穿刺（占2年内腹腔穿刺术病例的0.4%）。该并发症最常见于已经有胃肠道疾病的马，尤其是伴有内脏膨胀的疾病。

尽管肠穿刺后出现严重临床并发症的概率较低，但一项研究（通过连续的腹部穿刺手术）表明，腹膜炎会在4h内出现[5]。腹腔液中的有核细胞总数在肠穿刺后2d达到峰值，平均有核细胞数为113 333个/μL，最大值为540 000个/μL。中性粒细胞占这些细胞的绝大多数，并且通常表现出中毒性改变；但是没有观察到细菌。到第4天（研究结束时），有核细胞总数明显减少，平均有核细胞计数为8 650个/μL，最大值为25 400个/μL。然而，在整个研究期间，除一只动物在第一天有发热症状外，所有9匹马的临床表现均正常。外周血白细胞总数和白细胞分类计数在任何阶段都没有显著变化。

3. 重复进行腹腔穿刺或开腹手术的影响　在某些情况下，需要进行多次腹腔穿刺术以监测腹腔液的变化，这些变化往往对决定是否需要手术介入治疗至关重要。对健康马进行多次单纯的腹腔穿刺基本不会引起腹腔液成分的改变[8,9]。马腹腔液中总细胞计数和总蛋白质含量可能会轻微增高，但不会超过正常参考值[5]。细胞分类计数结果也不会改变。细胞形态往往保持正常，中性粒细胞可能会表现出核右移，出现白细胞吞噬现象。在轻度血液污染的情况下，红细胞数量可能略有增加，并有红细胞吞噬现象。

腹腔液的分析可能在剖腹术后并发症的早期诊断中很有用，如出血或败血症，也可帮助监测潜在疾病的治疗效果。手术后腹腔液的改变已有充分的文献记录[10~12]，当参照常规正常值参考范围时，很难从病理变化中辨别出这些改变。在这种情况下，使用专门的参考范围[10,11]对于分析腹腔液的结果是有意义的。

二、样本处理注意事项

进行细胞计数、细胞学检查和总蛋白浓度测定（折光度）的样本应使用EDTA抗凝管采集。如果样本量很少（少于EDTA管容积的1/4），可能会得到错误的蛋白质计数和细胞计数结果（见本章生物化学分析相关内容）[13]。

如果样本收集和实验室处理之间的延迟是无法避免的,在此期间最好冷藏样本。在这种情况下,样本收集后立刻制作涂片，作为细胞形态检查的参照。混浊样本进行 (高细胞浓度)直接涂片，稀薄样本（低细胞浓度）进行浓缩涂片。腹腔液采集之后的几个小时,腹水中的巨噬细胞可能出现细胞空泡或者噬红细胞现象,因而使真正的出血性积液和外周血液污染的区别更困难。有核细胞可能开始表现出衰老，比如核分叶过多和核固缩，与慢性疾病相似。同时，致病性或样本污染而来的细菌可能过度生长，使样本解读更加困难。

在需要送检到其他实验室时，在收集样本前，应与该实验室按分析内容，确定样本保存、运输及送样方式。在大多数情况下，风干的直接或浓缩样本的线性涂片，加上分装的EDTA抗凝样本和促凝样本，以及用于分离培养的样本就足以满足需求。

三、腹腔液外观检查

腹腔液的外观大体检查包括腹腔液的体积、颜色、浊度和气味。正常腹腔液体积很小，透明至微浊或乳白色的、淡黄色至稻草色（取决于饮食）[14]，并且无味。通过评估获得腹腔液的难易程度和腹腔液的浊度和颜色，可获得很多有用的信息。所有样本都应该进行有核细胞计数、细胞学检查和总蛋白测定。必须注意避免将腹腔液检查等同于对其进行简单视觉评估的错误观念，因为在有些情况下，肠破裂的腹腔液眼观是正常的[5]，这种情况也会出现在膀胱破裂时[15]。

1. 体积　健康马腹腔中基本没有多余的游离腹腔液，仅有的腹腔液也只能保证腹腔壁和浆膜间皮表面的润滑[16,17]。尽管如此，根据20匹健康马的尸检结果来看，能获取100～300mL的游离腹腔液[18]。这个数值可能比腹腔中实际腹腔液体积低，但却是腹腔穿刺术采集的腹腔液最接近数值。在一个未发表的对6匹临床上正常马的研究中，腹腔液细胞计数、细胞学结果和总蛋白含量均在已发表的正常范围内，应用染料稀释技术估测腹腔液体积为580～2 050mL[19]。

兽医人员使用标准技术来进行腹腔穿刺术是至关重要的，在这一前提下，通过评估采集腹腔液的难易程度和腹腔液的流速可以帮助客观评价腹腔中的液体容积。健康马在5～10min内可采集到10～100mL腹腔液，一般10min内可采集量为50～60mL[6,14]。但是常规腹腔液检查不需要采集如此大量的腹腔液。通常情况下采集3～5mL腹腔液是很容易的，并且可以满足实验室检查需求[7]。如果腹腔穿刺没有腹腔液流出或腹腔液呈血性，可以更换进针部位再次进行腹腔穿刺。已经尝试多次不同部位腹腔穿刺，但仍然没有腹腔液流出，可考虑如下情况：

（1）**穿刺针或者穿刺导管没有进入腹腔**。这种情况常发生在肥胖矮马使用5cm穿刺针做腹腔穿刺时。针头因刺入镰状韧带而阻碍了液体的流动[20]。

（2）**腹腔液体积没有增加**。这一发现并不能排除涉及腹部内脏的病理过程的可能性。在肠梗阻、变位或嵌顿的早期，腹腔液的变化可能很小。因此，反复进行腹腔穿刺来监测其变化是非常有用的。腹膜后病变不一定引起腹腔积液。此外，肠套叠或腹外嵌顿，如膈疝和腹股沟疝，不一定引起腹腔积液。

（3）**腹侧结肠扩张，从而将腹腔液从腹部排出**。类似的，网膜对液体的分隔或由粘连造成的液体流动中断都会阻碍液体向腹中线的流动[20]。

（4）**马因牧草病而引起的脱水**。即使收集的腹水体积没有出现增加，但仍然需要重点观察样本的颜色、浊度和气味。

（5）尽管多次尝试，健康马无法采集到腹腔液也是有可能的[7,14,18]。

当认为收集的腹腔液体积增加时，可能是存在渗出液和/或由于肠管扩张，腹腔液压力增加。当腹腔液产生的速率超过消除的速率时即引起腹腔积液。增加的腹腔积液可能是漏出液和/或渗出液。漏出液引起的腹水一般细胞成分较少、蛋白浓度偏低，而渗出液引起的腹水中细胞成分较多，且蛋白浓度较高。

2. 颜色和透明度　腹腔液的视觉评估结合上述的容积评估，通常可以提供一个初步的诊断。这有助于获得实验室诊断结果前指导初期治疗。腹腔液颜色多变，从无色到黄色、橙色、红色、棕色、绿色、灰色或白色。腹腔积液颜色随红细胞和有核细胞的数量和两者相对比例，以及血红蛋白、胆红素或脂质等生化成分而变化。上清液的颜色改变，通常反映红细胞损伤，有时也反映采集前出现的白细胞损伤。混浊度从透明到不透明，与腹腔液中的细胞数量、蛋白质含量和/或脂质含量有关。样本中可见的絮状物质可引起混浊度增加，絮状物代表纤维蛋白凝块，纤维蛋白凝块与炎症、出血或食物/植物成分有关，食物/植物成分可能来自腹腔穿刺造成的肠穿孔或胃肠道破裂。

正常的腹腔液和漏出性腹腔积液外观呈清晰的、无色至橘黄，因里面的细胞成分较少。渗出性积液更容易变色、混浊，因里面的细胞成分和蛋白质含量增加。在这种情况下，检查样本的沉淀物和上层清液是有诊断意义的。在牧场时，可以利用重力沉淀样本。在实验室里可以使用微量血细胞比容离心机或普通离心机。沉淀占离心管的高度通常和腹腔液中的细胞成分的数量成正比,而它的颜色随着红细胞和有核细胞的相对数量而变化。

腹腔液变成粉色或红色，往往代表红细胞或游离血红蛋白的出现。样本采集过程中腹腔液变成红色，提示兽医腹腔液可能有血液污染。均一的红色样本通常提示真性出血性积液，可能与出血性素质，肿瘤破裂，创伤或肠坏死有关。

当样本外观和全血非常相似时，应该衡量样本的体积，测定样本的血细胞比容、凝结时间，进行细胞学涂片，这有助于鉴别血液污染和脾刺穿引起的腹腔积血。样本体积较少，其血细胞比容与外周血相似或大于外周血，细胞学检查没有噬红细胞现象，是脾穿刺的特征[1,2]。血液污染样本通常血细胞比容明显低于外周血,并且可在显微镜下见到血小板聚集。腹腔液体积增加，样本不易凝集，显微镜检查见到噬红细胞现象，提示真行腹腔积血。样本颜色可能有助于区分陈旧性和最近/持续性出血：鲜亮的红色表示最近的或持续性出血，而红棕色到棕色则可能为陈旧性出血。

红棕色、葡萄酒色或污浊的积液也经常和缺血性组织损伤或坏死有关，并且提示预后不良[1,2]。白细胞退化 (核分叶的消失、核边缘模糊)并发细菌感染，往往与肠坏死相关。此外,棕色或金黄色腹腔液在腹腔积液中少见，与转移性黑色素瘤有关。

深绿色的腹腔液是含有游离胆汁造成的，可能是由于胆管损伤或十二指肠破裂引起[1]。此外，腹腔液中观察到亮橙色的胆红素结晶体或腹腔液胆红素试验阳性均提示胆汁性腹膜炎。明亮的绿色腹腔液往往与大结肠和盲肠的肠穿孔相关。检查腹腔液中是否存在细菌和/或植物的混合物有助于区别肠穿孔与胆汁性腹膜炎。

腹腔液呈乳白色可能是白细胞含量增加或脂质成分的增加（胆固醇和/或甘油三酯）。真性乳糜或假性乳糜是用来描述乳白色腹腔液常用术语。真性乳糜液透明度和颜色都发生改变，其中甘油三酯含量增加，白细胞数量增加或正常。假性乳糜液因细胞成分增加以及胆固醇含量增加通常有相似的外观，二者可通过显微镜评估来区分，方法将在后文中介绍。

四、细胞学检查

细胞计数、总蛋白测定、细胞学评价可以在实验室进行。这样的检查所需设备少，并能得到大量有用的信息。制备用于细胞学评价的涂片方法因样本的细胞数量和可用的设备而异。样本中细胞总数＜5 000个/μL最方便检查，如果细胞数量较少，也通过多种方法离心浓缩获得。在诊断实验室，通常使用特殊的细胞离心涂片机。大多数腹腔液只需100μL样本量，即可制备细胞涂片，获得理想的细胞形态学结果（图9-1和图9-2）。漏出性腹腔液因细胞数量少，需200μL样本以提高镜检细胞数量。渗出性积液可能需要缩小体积（25～50μL）或将样本稀释之后再进行细胞离心涂片以获取理想的细胞形态和数量。

在没有细胞离心涂片机的实验室中，可将标本浓缩以进行细胞学检查，取10mL腹腔

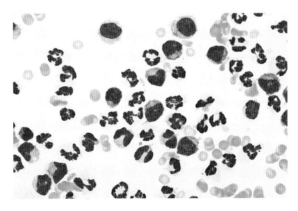

图9-1　健康马腹腔液离心后细胞学检查结果

以这种方式浓缩细胞可获得理想的细胞密度和形态，可用于大多数腹腔液的显微镜检查。对于大多数样本来说，取100μL即可。在此腹腔液中，非退化性中性粒细胞是主要的细胞类型。（Wright-Giemsa染色）

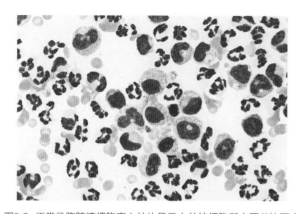

图9-2 正常马腹腔液细胞离心抹片显示大单核细胞所占百分比更大
细胞核形态不同是这类细胞的特征,细胞核有圆形、椭圆形、豆形,分叶状。(100/μL,Wright-Giemsa染色)

液在试管中以1 000~1 500 r/min的速度离心约5min。离心后,保存上清液以便进行总蛋白含量测量。将沉淀的细胞轻轻地重悬在0.25~0.5 mL的腹腔液中并制备涂片,通常沿直线方向将细胞集中在涂片的前缘(第1章)。通常使用罗曼诺夫斯基染液,如瑞氏染液、May-Grünwald染液、姬姆萨染液、Diff-Quik染液。可根据操作人员的喜好选择是否离心样本,细胞抹片上细胞数量要求在5 000~1 0000个/μL(离心沉淀物的线涂片获得更多的细胞,在这些情况下更容易观察)。当有核细胞总数大于10 000个/μL,并且液体的混浊度大于正常值时,非离心样本的直接涂片通常是令人满意的。

1. 细胞计数 腹腔液的有核细胞计数与血细胞计数方法相同。可以使用显微镜人工计数,也可以使用细胞自动计数仪。成年马和马驹腹腔液的正常参考值见表9-1。样本体积较少时可能被显著稀释(不足EDTA管体积的1/4),可使细胞计数轻微降低[13]。

整体来说,有核细胞总数通常低于10 000个/μL(10.0×10⁹个/ L),成年马和老龄马通常低于5 000个/μL(5.0×10⁹个/ L)[9,21,22]。马驹数值通常更低[20,23]。当使用微量血细胞比容离心机离心腹腔液后,总蛋白含量可在上清液中测定,压缩之后有核细胞体积小于1%[6]。

同理RBC压积也极低。正常的腹腔液中含有极少量的红细胞(表9-1)和易被忽略的噬红细胞现象。除非常规自动程序中包含红细胞计数,否则一般不会对腹腔液中的红细胞进行计数。

有核细胞一般分为中性粒细胞、淋巴细胞、大单核细胞(包括单核细胞、巨噬细胞和间皮细胞)、嗜酸性粒细胞、嗜碱性粒细胞或肥大细胞。细胞分类计数通常在100~200个细胞中进行,并以百分比表示。腹腔液细胞分类计数结果不能单独进行分析。为了准确评估,这些百分比必须与有核细胞总数、总蛋白浓度和腹腔液体积等数值一起解读。

腹腔积液的细胞学成分参考值见表9-1。主要细胞通常为中性粒细胞,其次是大单核细胞和淋巴细胞。嗜酸性粒细胞少见,嗜碱性粒细胞和肥大细胞罕见。

2. 细胞形态学 细胞形态的评价是腹水细胞学检查的非常重要的部分。除了总细胞数和分类计数外，形态学的特征还可表明细胞的状态、活性和腹腔内环境，可以帮助疾病的鉴别诊断，治疗效果评价，并确定预后。

（1）**中性粒细胞** 中性粒细胞渗入腹膜腔后（与中性粒细胞进入其他体腔或组织相似）不会再返回到血液中。因此，中性粒细胞的衰老和死亡是正常的。衰老的中性粒细胞通常由细胞核过度分叶至细胞核固缩[14,16,18](图9-3)。衰老的中性粒细胞被巨噬细胞所吞噬（图9-3），该现象可能在健康的动物腹腔液中可观察到[6,14,16,18]。在正常的腹腔液中，中性粒细胞不表现出吞噬活性[6,14,16,18]。

中性粒细胞或未成熟粒细胞的存在，表明中性粒细胞存在和成熟的区域出现急性炎症和趋化反应。通常未成熟粒细胞出现与不良预后有关[24]。出现退行性改变（如细胞肿胀、核分裂丧失、核边界不清）提示腹膜病变。

在腹水样本中出现相对分叶过少的中性粒细胞可能提示外周血污染，因为循环血中中性粒细胞衰老程度低于组织中的中性粒细胞。在未及时处理的EDTA抗凝样本中也可能观察到中性粒细胞核分叶过少的现象。

（2）**大单核细胞** 大单核细胞的类别包括未激活的血液单核细胞来源的巨噬细胞(组织)，活化(组织)巨噬细胞和间皮细胞。因为这些细胞通常同时出现，很难从形态学上区分[7,16,18,26]。因为它们都具有吞噬功能（通常也被统称为单核吞噬细胞）。所有这些细胞体积较大，通常具有中、高度核质比，含大量嗜碱性细胞质（图9-4）。单核细胞是容易分辨的，细胞核是它们最显著的特性，但即便如此，也不是特异性的特点，单核细胞的分类也是很主观的[26]。

间皮细胞通常有一个卵圆形的核，核内有细小的网状染色质。它们以最高比例出现在低

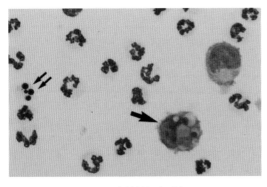

图9-3 中性粒细胞形态

中性粒细胞进入腹腔后不再回到循环血液内，并在腹腔中老化和凋亡，在正常的情况下，老化的表现为细胞核的过度分叶，继而发生固缩（细胞核浓缩和碎裂）（双箭头）。这些细胞被巨噬细胞清除（吞噬和消化）（箭头）。(原始放大950倍；May-Gvunwald-Giemsa染色)

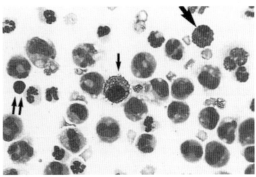

图9-4 腹腔液中含有的许多大单核细胞（可能为巨噬细胞），几个中性粒细胞，一个小的成熟淋巴细胞（双箭头），一个嗜酸性粒细胞（大箭头）和一个肥大细胞（小箭头）

注意，一些巨噬细胞似乎是活化的，嗜碱性细胞质内含有空泡。（原始放大倍数950倍；瑞姬氏染色法）

表9-1 马腹腔液中细胞计数、总蛋白含量和比重参考值

动物数量	25匹马[a]	20匹马	20匹马	20匹马和矮种马	13匹马	17匹马驹	32匹马驹[h]	15匹马[h]	10匹马[h]	8匹马[h]
临床表现	正常	正常	正常	正常	正常	正常	正常	正常	正常	正常
腹腔尸检结果	正常	—	—	正常	—	—	正常	正常	—	正常
红细胞总数（个/μL）	—	200~5400	—	—	—	—	0~42500	—	—	0~43200
有核细胞总数（个/μL）	200~9000	50~4600	1900~4700	500~10100	1890~4610	60~1420	0~3572	1400~3000	1100~2560	486~2114
细胞分类计数										
中性粒细胞（%）	36~78	80~98	48~80	22~82	24~62	2~94	0~56	14~100[i]	58.4~72.8	—
淋巴细胞（%）	0~29	1~11	9~34	1~19	5~36	0~7	0~71.3	b	2.0~6.0	—
大单核细胞（%）	3~50	1~17	0~4	19~68	17~50	5~98	0~92	0~86	22.8~36.0	—
间皮细胞（%）	b	偶见	5~22	b	b	b	b	b	b	—
嗜酸性粒细胞（%）	0~3	0~7	0	0~5[d]	1~6	0~4[f]	b	b	0.1~0.9	—
其他细胞（%）	—	偶见肥大细胞	0	罕见嗜碱粒细胞[e]	b	g	b	—	b	—
折射计										
总蛋白（g/dL）	0.1~3.4	0.1~2.5	0.1~2.5	0.2~1.5	0.7~1.1	1.4~1.9	0.4~3.2	3.8~13.8	—	<2.5
比重	1.000~1.093	1.006~1.030	—	1.008~1.012	1.000~1.015	1.012~1.015	—	1.006~1.104	1.010~1.014	—

数据来源：Bach and Ricketts: Paracentesis as an aid to the diagnosis of abdominal disease in the horse. Equine Vet J6:116-121, 1974; Behrens et al: Reference values of peritoneal fluid from healthy foals.J Equine Vet Sci 10(5):348-352, 1990; Malark et al: Effect of blood contamination on equine peritoneal fluid analysis. J Am Vet Med Assoc201(10):1545-1548, 1992; Milne et al: Analysis of peritoneal fluid as a diagnostic aid in grass sickness (equine dysautonomia). Vet Record127:162-165, 1990; Morley and Desnoyers: Diagnosis of ruptured urinary bladder in a foal by identification of calcium carbonate crystals in the peritoneal fluid. J Am Vet Med Assoc 200(8):1515-1517, 1992; Nelson: Analysis of equine peritoneal fluid. Vet Clin North Am(Large Anim Pract) 1:267-274, 1979; Olson: Squamous cell carcinoma of the equine stomach: a report of five cases. Vet Record131(8):170-173, 1992; Parry et al: Unpublished data, 1985; Schneider et al: Response of pony peritoneum to four peritoneal lavage solutions. Am J Vet Res49:889-894, 1988; Schumacher et al: Effects of enterocentesis on peritoneal fluid constituents in the horse. J Am Vet Med Assoc 186:1301-1303, 1985.

a 除了有核细胞总数为200~11 000/μL，中性粒细胞百分比为36%~91%，其他结果和Bach报道的结果几乎相同；
b 包括大单核细胞组；
c 假定使用折射仪法；
d 19匹马（95%）中性粒细胞计数为1 500~7 600/μL，嗜酸性粒细胞百分比为0~3%；
e 只有一匹马（1%）观察到嗜碱性粒细胞，百分比为5%；
f 16匹马驹（94%）没有观察到嗜酸性粒细胞；
g 没有观察到细胞的退化性变化，基本没有细胞吞噬现象；
h 数值为平均值±标准差；
i 总粒细胞（包括中性粒细胞和嗜酸性粒细胞）。

细胞多量的渗出液中。一个典型的完整的嗜酸性粒细胞，可见到沿着细胞边缘明显的（细胞外被的）多糖-蛋白质复合物"花冠"形态。在正常的腹腔液中，经常呈片状或大量堆积，外观均匀，形状呈多边形至菱形。漏出液可能与失去接触抑制导致的间皮增生有关，间皮表面流出的液体可以观察到间皮细胞簇。渗出液中，间皮细胞活化或转化并表现出增殖增加的特征，包括细胞质嗜碱性增加、多核、核仁明显和有丝分裂活性（图9-5）[25]。增生/发育异常特征可能逐渐与严重炎症条件下的肿瘤相似[1]，在罕见的情况下，还有出现细小的嗜青细胞质颗粒的记录[24]。这种细胞在正常的腹腔液中很少见[6,14,16,18]。动物死亡数小时后收集的腹腔液中通常含有大量脱落的成片的间皮细胞，与在一些积液中观察到的相似（图9-6）。这样的发现可能是尸检中的人为假象。

非活化的巨噬细胞（或单核细胞）通常有一个有凹陷的椭圆形核，染色质更均匀。后一类细胞可能是多形的，形状各异。从细长的，到圆形，到回旋或分叶。根据文献记录，这些细胞占正常腹腔液有核细胞分类计数的5%～80%[1]。在急性炎症性渗出液中，单核细胞/巨噬细胞的相对百分比随着中性粒细胞数量的增加而减少。在更慢性的积液中，单核/巨噬细胞百分比通常增加，并且经常表现出反应性变化。反应性细胞细胞质更丰富，嗜碱性更强。反应性巨噬细胞通常有皱褶的胞质边缘，突出的细胞质液泡和/或包涵体（吞噬小体）。后者可能是无法辨认的碎片，退化的炎性细胞或红细胞（图9-3和图9-4）。这种细胞在正常的腹腔液中可能少量存在[6,16,18]。在马驹的腹腔液中吞噬细胞现象罕见。

（3）**淋巴细胞** 正常腹腔液中的淋巴细胞通常为小型至中型（图9-4），与外周血液中相似[14,16,18]。正常腹腔液中这些细胞只占有核细胞的一小部分，通过膈淋巴陷窝进入血液循环。在发生慢性炎症、寄生虫感染、乳糜性腹水（尤其急性）或肿瘤时淋巴细胞百分比可能增加。

正常腹腔液中未发现淋巴母细胞。这些细胞有密集的染色质，染色精细，常有明显的核仁，强嗜碱性染色的细胞质中可能含有小到大的液泡。淋巴瘤的细胞学诊断通常是基于这种细胞的大量存在。其他可能的因素还包括严重的炎症和采样时意外吸入淋巴组织。在炎症疾病和大颗粒淋巴瘤病例的腹腔积液中，均可见大颗粒淋巴细胞。在炎性液体样本中也可能观察到数量较少的浆细胞，反映了慢性抗原刺激。这些细胞的细胞质内偶尔可见充满免疫球蛋白的扩张的液泡（拉塞尔小体）。

（4）**其他细胞** 嗜酸性粒细胞（图9-4、图9-7和图9-8）和嗜碱性粒细胞与在外周血涂片中具有相同的形态。即使在炎症病例中，肥大细胞的形态也与其他组织样本中相似，并不常见（图9-4和图9-7）。嗜酸性粒细胞百分比增加（图9-8和图9-9），可能伴有嗜碱性粒细胞和单核细胞同时增加，不一定与肠道寄生虫或寄生虫幼虫迁移[6,16,24,25]相关，也可能由其他败血性或非感染性炎症以及肿瘤引起[25,28]。常伴有中性粒细胞性渗出物。

肿瘤细胞有时会在腹水中出现。肿瘤性圆形细胞（最常见为淋巴母细胞）和上皮细

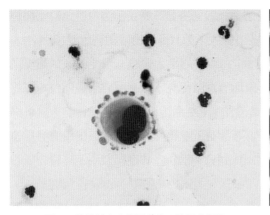

图9-5 腹腔液中大的活化的双核间皮细胞

注意明显的伪足，这是一种染色导致的人为假象。（原始放大950倍；瑞姬氏染色法）

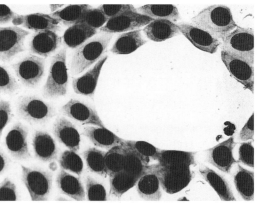

图9-6 马腹腔漏出液中成片的间皮细胞

在死亡数小时后收集的液体中，成片的细胞也被认为是一种人为假象。（原始放大倍数950倍；瑞姬氏染色法）

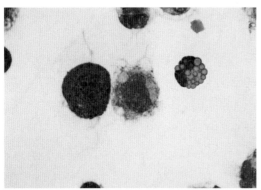

图9-7 高倍镜下马腹腔液中的嗜酸性粒细胞（左），单核细胞（中心）和肥大细胞（右）。注意单核细胞吞噬红细胞（姬姆萨染色）

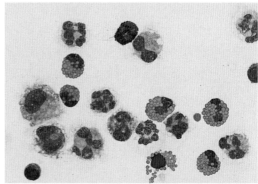

图9-8 腹水嗜酸性粒细胞增多

嗜酸性粒细胞增多可能伴有嗜碱性粒细胞（中心底部）。（姬姆萨染色）

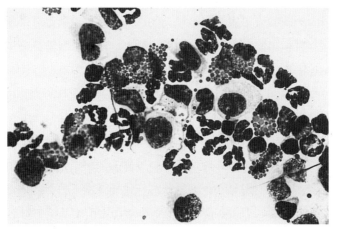

图 9-9 马寄生虫性肝炎时腹腔液中大量嗜酸性粒细胞

（950倍原始放大图片；瑞姬氏染色法）

胞（间皮瘤和癌）是最常见的。恶性肿瘤的判定指征包括红细胞大小不等和细胞核大小不均、核质比改变、细胞体积增加、巨核症、多核化、核仁明显/增大/多角化/增多，有丝分裂活动增强或异常。在一些病例中，并发炎症的存在可能会导致反应性增生和反应性发育不良，可能与肿瘤性病变难以区分而需要进行进一步的确诊。未在腹水的细胞学检查中发现瘤细胞不能排除肿瘤的可能性，因为哪怕是在侵袭性的病例中，肿瘤细胞也不一定会剥落进入腹水中。

五、生化检查

腹水的常规生化分析包括蛋白质浓度、比重、纤维蛋白原浓度的测定。在特定的诊断条件和研究应用中还可能测定其他各种生化参数。用EDTA管收集腹水（用于细胞学检查），然后进行总蛋白浓度、比重、纤维蛋白原浓度的测定。当样本量较少（小于EDTA管容量的1/4）时，使用曲光度检测蛋白含量的结果可能人为升高（EDTA钠或EDTA钾溶解效应），双缩脲蛋白浓度结果可能会降低（稀释效应）[13]。尽管这种影响是轻微的，但对炎症早期的渗出液、轻度渗出液与单纯性渗出液的鉴别有诊断意义。

对大多数其他的生化检测，标本收集于肝素钠管或促凝管中。葡萄糖检测（样本采集和处理之间有时间间隔）和乳酸盐检测是例外，其需要使用含有氟化物-草酸盐的采集管。氟化物可抑制细胞代谢，从而防止收集后细胞和细菌在体外消耗葡萄糖以及产生乳酸。通常取离心后的腹腔液上清液进行生化检测，但葡萄糖和乳酸盐检测也可以使用未离心的腹腔液。

1. 总蛋白量 总蛋白浓度测定通常使用折射计或生物化学方法如双缩脲反应（与血液样本检测相同）。折射指数法成本低、快捷、简单。然而，蛋白质浓度低时，这种方法灵敏度低于生化方法。参考值见表9-1和表9-2。一般来说，正常腹腔液的总蛋白浓度小于2.5g/dL（25g/L），这通常是大多数折射计的最低蛋白质读数范围。部分研究者认为，通过双缩脲反应测量的数值> 1.5g/ dL时，则提示病理变化[24]。

2. 比重 由于腹腔液的总蛋白浓度低，通常测量其比重。比重是指与蒸馏水相比的流体密度（其值为1.000），它反映了液体中溶解溶质的量，比如总蛋白、葡萄糖、尿素、胆红素，参考值见表9-1。

3. 纤维蛋白原含量 正常的腹腔液中包含极少量的纤维蛋白原，因此不会凝结。通过热沉淀法，纤维蛋白原含量小于50mg/dL（0.5g/L）和小于100mg/dL（0.5g/L）已经有报道[18,31]，这些数据可能由于热沉淀法对低浓度纤维蛋白原灵敏度低而被过高估计。

在渗出物标本采集或病理学过程中，医源性血液污染可能会导致纤维蛋白原浓度升高。腹腔积血可能导致暂时性的液体纤维蛋白原升高；纤维蛋白原能够被腹腔中去纤维蛋白作用迅速地消耗，所以这些样本通常不能凝集。

4. 其他生化检测　配对血和腹腔液中的下列分析物的参考值见表9-2。已公布其他生化试验的参考值，包括钙、丙氨酸转氨酶（ALT）、α-2抗纤维蛋白溶酶、抗凝血酶Ⅲ、肌酸激酶（CPK）、氯离子、纤维蛋白降解产物（FDP）、pH、纤维蛋白溶酶原，蛋白质C、钾和钠[1,18,20,32,33]，这些测定的诊断价值尚未得到证实。

- 白蛋白
- 碱性磷酸酶（ALP）
- 淀粉酶
- 天冬氨酸氨基转移酶（AST，SGOT）
- 胆红素
- 肌酐
- 纤维蛋白原
- γ-谷氨酰转移酶（GGT）
- 球蛋白
- 葡萄糖
- 无机磷
- 乳酸盐
- 乳酸脱氢酶（LDH）
- 脂肪酶
- 尿素

低分子量的水溶性物质，如电解质（Na、K、Cl）、葡萄糖、磷酸盐和尿素，易于在血液和腹膜腔之间扩散。因此，它们在血液和腹腔液中的浓度非常相似且相关性较好[16,18]。相反，高分子量物质，如酶、大多数蛋白质以及部分或主要附着于载体蛋白质的物质（如钙和结合胆红素），在腹腔液中的浓度低于血液。若血清和腹腔液中的高分子质量物质浓度发生改变需要很长时间来达到平衡。因此，高分子质量在血清和腹腔液中的相关性较低。

（1）**肌酐和尿素**　对腹腔液和血清中的肌酐和尿素浓度进行比较有助于尿因性腹膜炎的诊断。在健康动物中，肌酐和尿素在腹腔液和血清中浓度相近。发生急性尿因性腹膜炎时，在腹腔液中的尿素和肌酐浓度超过血清，通常大于2∶1[1,2,15,20,23]。

表9-2 马血和腹腔液生化参考值

	13匹马 [a]		20匹马 [b]		17匹马 [c]		32匹马驹 [b,h]		9匹马 [b]		15匹马 [b]	
	血细胞	腹腔液	血细胞	腹腔液	血细胞	腹腔液	血细胞	腹腔液	血细胞	腹腔液	血细胞	腹腔液
白蛋白 (g/dL)	3.9~4.6	0.7~1.4	1.7~3.9	0.3~1.0								
球蛋白 (g/dL)												
总蛋白 (g/dL) [d]	6.0~7.2	1.0~2.4	4.7~8.9	0.1~2.8								
淀粉酶 (U/L)(37°C)					14~35	0~14						
碱性磷酸酶 (U/L) [e]	28~137	4~27	59~543	0~161			13.3~73.9	130.7~538.7			—	0~126.3
天冬氨酸转氨酶 (U/L) [e]	133~225	4~27	59~543	0~161			12.2~87.8	94.2~277.4				
总胆红素 (mg/dL)	0.8~1.5	0.3~0.8	0~5.3	0~1.2								
肌酐 (mg/dL)	1.5-1.8	0.3~0.8					0.95~1.83	0.91~1.87				
γ-谷氨酰基转移酶 (U/L)(37°C)					9~29	0~6						
葡萄糖 (mg/dL)	92~103	91~106	45~167	74~203	72~101	88~115	94.9~178.9	53.8~125				
无机磷 (mg/dL) [f]	4.2~5.2	4.2~5.1	0.6~6.8	1.2~7.4					2.3~3.2	2.4~3.2		
乳酸 (mg/dL)					6.3~15.3	3.6~10.8						
乳酸脱氢酶 (U/L) [e]	151~214	62~108	182~590	0~355			2.5~90.5	174.9~478.1				
脂肪酶 (U/L)(37°C)					23~87	0~36						
尿素 (BUN)(mg/dL) [g]	11.0~15.5	12.7~21.8	8.1~24.9	10.9~23.2								
纤维蛋白原 (mg/dL)							<200~400	200~800				

数据来源: Behrens et al: Reference values of peritoneal fluid from healthy foals. J Equine Vet Sci 10(5):348-352, 1990; Broome et al: Evaluation of peritoneal fluid and serum creatine kinase isoenzyme concentrations as indicators of small intestinal surgical disease in horses (abstract). Vet Surg 23(5):397, 1994; Brownlow et al: Abdominal paracentesis in the horse—basic concepts. Aust Vet Pract 11:60-68, 1981; May et al: Chyloperitoneum and abdominal adhesions in a miniature horse. J Am Vet Med Assoc 215(5):676-678, 1999; Nelson: Analysis of equine peritoneal fluid. Vet Clin North Am (Large Anim Pract) 1:267-274, 1979; Parry et al: Unpublished data, 1985.

a 数据是范围。
b 数据的平均值为±2SD。
c 数据是范围。
d 另见参考表9-1。
e 温度未注明。
f 9匹马参考值(范围):39 Blood-1.8~3.7 mg/dL(0.58~1.19mmol/L); PF-1.6~3.7 mg/dL(0.52-1.19mmol/L)。
g 10匹小马驹参考值(范围):22 Blood-2.3~7.0 mg/dL(0.8~2.5mmol/L); PF-2.3~7.8 mg/dL(0.8~2.8mmol/L)。
h 腹腔液的钠、钾和氯值被确定为同时与血清的值相同。

随着时间的推移，尿素和肌酐从腹腔液扩散进入血液，继发化学性腹膜炎渗出物增多，腹腔液和血清中尿素和肌酐的浓度达到平衡，前者影响腹腔液中尿素的浓度比肌酐的浓度快，因为尿素的分子量小有利于扩散。

（2）**葡萄糖、乳酸盐、乳酸脱氢酶和pH** 低分子量的水溶性物质（如葡萄糖和乳酸盐）在血液和腹膜腔之间容易扩散。据报道，健康的马体内腹腔液中的葡萄糖浓度与血清相似或略高于血清[1,34,35]。代谢活跃的细胞（白细胞或肿瘤细胞）或细菌生物增加的无氧糖酵解可降低腹腔液中葡萄糖浓度。腹腔液葡萄糖浓度小于40mg/dL或腹腔液与血清中的葡萄糖浓度差异大于50mg/dL可推测为败血症，特别是在细菌培养结果阴性或未进行培养的病例中[35]。

此外，无氧酵解增加会提高乳酸浓度，降低腹腔液pH。腹腔液中乳酸盐浓度大于血液样本或腹腔液pH<7.3，进一步怀疑败血症[1,35]。

除非立即处理样本，否则需要使用含有氟化物-草酸盐的采样管才能获得准确的结果。氟化物可阻止细胞代谢，从而防止采样后细胞和细菌消耗葡萄糖和产生乳酸。

LDH在无氧糖酵解期间催化丙酮酸盐氧化成乳酸盐，腹腔液中LDH的活性增加会伴随着腹腔液中葡萄糖浓度的降低、乳酸盐水平的增高和pH降低。在一项研究中，比较马的化脓性腹膜炎和非化脓性腹膜炎腹腔液LDH的活性，未发现显著差异[35]。研究者推测，在非化脓性腹膜炎组剖腹手术引起的组织损伤可以导致腹腔液LDH活性的提高。LDH活性可能在术前评估败血症的可能性中具有诊断意义。

（3）**胆固醇和甘油三酯** 乳糜积液与假性乳糜积液在外观上非常相似，生化测试经常用于区分这些液体[36~39]。乳糜积液的特征是甘油三酯含量高，且在腹腔液中远高于血清。相反的，腹腔液中胆固醇水平较低，低于配对血清值。假乳糜性积液中胆固醇浓度大于而甘油三酯浓度小于相应的血液中的值。

（4）**淀粉酶和脂肪酶** 健康马的腹腔液中淀粉酶和脂肪酶的活性低于配对血清值[34]。这种关系的倒置可能发生在胰腺炎、胆石症、小肠黏膜损伤或小肠破裂的病例中。

（5）**磷酸盐** 腹腔液磷酸盐浓度可用于检测严重的肠道损伤[40, 41]。需要手术切除肠道坏死并伴有严重腹绞痛的马腹腔液磷酸盐浓度显著高于正常马，也是引起马腹绞痛的病因。当腹腔液磷酸盐的浓度大于 3.6mg/dL时，需要外科手术的比例为77%，特异性为76%[40]。这一报告表明，无法获得腹腔液样本时，血清磷酸盐水平可能是有诊断价值的。采用年龄适当的参考范围十分重要，因为马驹骨代谢强，血清和腹腔液磷酸盐值可能更高。

（6）**ALP、AST** 健康马的腹腔液中ALP、AST活性显著低于血清。由于这些酶在肝脏和肠黏膜中的组织活性高，升高的腹腔液值可能反映这些器官的损害。然而缺乏组织特异性限制了诊断的可靠性，并且研究表明成年马腹腔液中的大部分ALP活性源于粒细胞[20]。

腹腔液的ALP活性的另一个潜在的应用是马的自主神经功能障碍的诊断(疯草病)[2,21]。这种情况可能与手术引起的急腹症有相似的临床表现和腹腔液异常。在一项研究中，比较正常马的腹腔液ALP活性与患有疯草病和药物或手术引起急腹症的马的ALP活性，手术引发的急腹症病例的腹腔液中表现出更高的ALP活性[21]。患疯草病马的腹腔液ALP活性大于正常马，但远小于外科急腹症病例，有助于鉴别这些疾病。临床上正常马驹和成年马腹腔液ALP、AST的腹腔液值见表9-2。

六、腹腔液的病理变化

腹腔液的成分反映了腹膜间皮和脏器的病理生理状态。这种状态可能在对动物的（临床）观察期间发生变化，因此重复的腹腔穿刺术可以比独立的液体样本更好地了解疾病的进展或对治疗的反应。

例如，马的肠套叠或绞窄性肠梗阻的早期，腹腔液的数值在参考性数值的极限范围内或者表现为渗出性积液，这些数值与具有肠道异物的马的腹腔液数值相近。然而，肠道因血管灌注不良和静脉回流不良而受到更多的损害，腹腔液异常会变得更加严重，并伴随有出血性渗出和进行性中性粒细胞性腹膜炎，后者会随着肠道大分子和微生物的黏膜屏障恶化而变得越来越严重。最终，发展为败血性腹膜炎，马会发生内毒素性休克，相反，肠道异物的马的腹腔液将倾向于保持不变。

在显著的临床改善之前，可以通过炎症反应的减轻来反映原发性腹膜炎药物治疗的效果，多次腹腔穿刺术有益于记录腹膜疾病的变化。下面讨论对于各种一般疾病过程中腹腔液的体积、颜色、浊度的常见变化和腹腔积液的分类。

1. 腹腔液结果的分析　经典的积液分类包括漏出液、变性漏出液、渗出液或出血性积液（表9-3）。尽管这些类别有明显的区别，每个分类中也有将各种疾病联系起来的共同病理生理机制，但该分类系统仍具有一定的局限性。例如，腹部肿瘤、乳糜腹和尿因性腹膜炎产生的积液不完全属于上述类别中的任何一种。此外这些病变具有其自身的重要性，并不需要按上述模式进行分类。

该分类系统的另一个缺点是它的分类间是相互排斥的，这样的假设是不正确的。例如，漏出液和变性漏出液的特征十分相似，通常具有共同的原因。类似的，一些变性漏出

表 9-3　腹腔积液分类

积液	总核细胞计数 （个 /μL）	总蛋白浓度[c]	原因
参考范围（成年马）	＜10 000	＜2.5 g/dL	N/A
漏出液[a]	＜5 000 （通常＜1 500）	＜2.5 g/dL （通常＜1.5 g/dL）[b]	↓胶体渗透压 低蛋白血症 ↑毛细血管静脉压 充血性心力衰竭 门脉高压 淋巴管阻塞
变性漏出液	1 500～10 000	2.5～3.5 g/dL	↑毛细血管静脉压 充血性心力衰竭 门脉高压 淋巴管阻塞 肿瘤 尿因性腹膜炎 乳糜腹 急性内脏破裂
渗出液	＞10 000 （可能有细胞团）	＞3.0～3.5 g/dL	↑毛细血管通透性 炎症 / 血管炎 缺血 / 梗塞 / 血栓栓塞 组织坏死 淋巴管阻塞 炎症 肿瘤 亚急性内脏破裂

a 渗出液与正常腹腔液的不同可能仅表现在体积增加上。
b 生物化学法。
c 折射率法。

液和轻度炎性渗出物之间的区别也是相当主观的。最后，因为腹腔液是一种动态介质，反映了腹腔及其内容物的状态，它会随着病程的进展而改变。例如，肠绞窄/梗阻的早期，腹腔液可能为变性漏出液（在脱位的早期阶段甚至可能为漏出液）。当肠缺血加重时，腹腔液成为渗出性或出血性积液。

尽管有这些限制，在大多数情况下，这四个主要类别仍有临床相关性。临床医师需要注意的是，即使积液不完全属于某一个分类，检测结果仍可能是具有诊断意义的。综上所述，因为腹腔液成分可能在几小时内发生变化，在某些情况下连续多次的腹腔穿刺具有重要的诊断意义。

2. 漏出液　腹水或漏出液体积增加，由于其细胞浓度和总蛋白浓度较低，外观呈浅色至无色。由于正常腹腔液的细胞含量和总蛋白质含量没有下限，评估腹膜腔中液体的体积对于确定积液是否为病理性渗出是非常重要的。

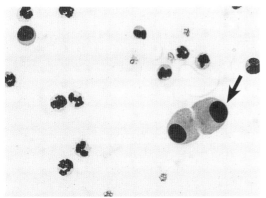
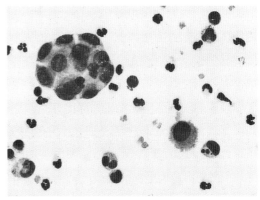

图 9-10 长期漏出液中的间皮细胞（箭头）
马腹膜炎过程1周后积液出现。（最初放大 950倍）

图 9-11 腹腔液中的间皮细胞团块
与图 9-10 为同一匹马。（最初放大 950倍）

这些积液的细胞学发现通常不引人注目，中性粒细胞、淋巴细胞和大单核细胞以正常比例存在。细胞形态通常也是正常的，但可以观察到反应性间皮细胞的数量显著增加（图9-5、图9-6、图9-10和图9-11）。这些间皮细胞不是漏出液的特征。它们可以存在于任何长期积液中，并且被认为是由于积液量上升后，腹腔壁层和脏层分离，而使间皮细胞接触抑制减弱的结果。

漏出性积液常与慢性腹泻、蛋白丢失性胃肠病和体重减轻或增重失败有关[42]。在与其他明显的低蛋白血症（导致血浆胶体渗透压降低）和/或肠血管或淋巴管淤滞/阻塞相关的病症中也存在有此种类似的腹腔积液。可能的原因包括蛋白丢失性肾小球疾病、慢性肝病、早期肠梗阻，特别是诱因为腔内异物、嵌塞或肠套叠时。显然，必须将其他临床和实验室检查结果纳入考虑，以区分哪些病因最有可能。

3. 变性漏出液　就病理特征和临床结果分析而言，变性漏出液这一分类十分尴尬，因此已提出将其从积液类型中去掉[24]。

变性漏出液的一个主要特征是其体积增加，因此细胞含量和蛋白质浓度与马的正常参考范围有很大的重叠，尽管有时总蛋白浓度有所增加。变性漏出液与漏出液的不同在于，变性漏出液含有更多细胞和更高的蛋白浓度。即使它们的总有核细胞计数和蛋白质可能高于参考值上限，但升高程度不及渗出液。

变性漏出液通常有非常正常的外观，除乳糜液呈不透明的淡粉色外，至多有轻度混浊和轻微的变色。具有正常形态的中性粒细胞是在变性漏出液中最常见的细胞[42]。

变性漏出液有多种成因[42]。它们通常由肠静脉或淋巴系统内的静压力增加所致。这样的病变在马充血性心脏衰竭、肿瘤、腹泻、慢性体重减轻病例中均有报道。变性漏出液的其他病因包括腔脏器的最急性或急性破裂、早期化学性腹膜炎（尿因性腹膜炎、胰腺炎）或乳糜腹。

变性漏出液经常出现在急腹症病例中。在这些病例中，这样的漏出液可以说明此时肠道的病变不太可能是严重的肠缺血、梗塞或坏死引起的[42]。这样的现象通常存在于累及大肠的病例中[43,44]。然而，在严重的最急性炎症，如坏死性小肠结肠炎，50%的病例腹腔液数值在死亡之前保持在正常范围内[45]。随着肠缺血严重程度的增加，如果受影响的肠断位于腹膜腔内，则会出现出血性渗出且腹腔液逐渐变为血红色[44]。

变性漏出液总蛋白浓度偶尔有中度或显著的增加，有核细胞计数低于正常值。常见于近端肠炎、体重减轻、心内膜炎（无充血性心脏衰竭）、脾肿大、慢性肝纤维化等病例中[31,42,46]。最后，腹腔液中胆红素浓度也显著增加。

4. 渗出液 渗出物的体积、细胞和总蛋白质浓度增加。因此渗出性积液具有异常的外观，如前所述，外观会随着红细胞和炎性细胞的数量和相对比例而变化。

由纤维蛋白引起的细胞聚集或显著的核溶解，可能导致渗出液样本中的有核细胞计数结果偏低。因此自动化细胞计数结果可能是非常不准确的。当显微镜检查涂片时这些现象是显而易见的。有核细胞总数也可受腹腔液体量的影响。例如，在马腹膜炎病例中，腹腔液的体积比总有核细胞数和总蛋白浓度下降得快。在这种情况下，渗出率可能会降低，尽管腹膜腔内的细胞总数也在下降，最初阶段有核细胞总数和总蛋白质浓度实际上可能会增加。因此尤其是在连续腹腔穿刺监测马的病情时，建议根据腹腔中的液体体积对总有核细胞数和总蛋白浓度结果进行调整。另外，中性粒细胞形态的改善有助于在这种情况下证实腹膜疾病的消退。

经典的分类方法将渗出液分为无菌性和化脓性，当观察到细菌时两者很容易区别。然而涂片上无细菌或无法从腹腔液中培养获得微生物并不一定意味着是非化脓性病因[47]。中性粒细胞形态在渗出液的评估中是非常重要的指标[31,42,48,49]。细菌毒素可能迅速损伤体内的炎性细胞，特别是中性粒细胞。这种急性细胞损伤会导致细胞破坏和核变性。核溶解表明（肿大、核淡染）败血症，并应仔细核查涂片。核溶解越明显，败血症的可能性就越大。即使在这些液体中没有发现（或培养）细菌，它们仍然是引起渗出最可能的原因。

中性粒细胞形态正常（可能观察到部分核固缩）不能排除病原菌感染。如果微生物产生大量毒素，则可能引起显著的炎症反应同时细胞形态保持正常。一个典型的例子是由马驹放线杆菌引起的腹膜炎[16,50,51]。这些病例中的总有核细胞计数可能是非常高的（可能＞150 000个/uL；150×10^9个/L），由70%～90%具有良好形态的中性粒细胞和10%～30%的具有吞噬功能的大单核细胞构成。在这些涂片中很少观察到微生物，但实际上分离培养结果通常为阳性。

根据中性粒细胞和大单核细胞的比例，炎症反应大致分为以下几个类型[52]。

化脓性（又称为中性粒细胞性），中性粒细胞≥70%，大单核细胞≤30%；慢性化脓性（又称为化脓性肉芽肿性），50%～70%的中性粒细胞和30%～50%大单核细胞；慢性

（又称为慢性肉芽肿性），中性粒细胞＜50%和单核细胞＞50%（包括大单核细胞和小单核细胞）。

　　这些类型更能反映炎症过程持续的时间而不是潜在的诱因。化脓性炎症反应可能是近期的，或者可能已存在数天至数周。相反，慢性化脓性和慢性炎症反应倾向于存在一段时间（数天或更长）。一段时间的渗出物经常显示巨噬细胞的吞噬活性增加，摄入有核细胞、红细胞和无法识别的碎片[26]。细胞质空泡化在这种情况下也相对常见，在慢性炎症反应和败血性腹膜炎的消退阶段，淋巴细胞的数量也会增加[16]。大多数细胞有正常外观（图9-12），但偶尔可观察到大的淋巴母细胞样细胞。

　　由炎性蛋白渗出导致腹腔液中纤维蛋白原增多时，可能在涂片上观察到蛋白样物质。然而，当置于凝集管中时液体通常不会凝结[42,49]。凝集功能的缺乏表明白细胞或细菌酶对纤维的机械破坏或纤溶作用。

　　将腹膜炎的渗出液分类。下一个诊断步骤是确定腹膜炎的病因，然后进行适当的治疗。大体上说，腹膜炎可以分为非化脓性和化脓性。

　　（1）非化脓性腹膜炎　非化脓性腹膜炎的病因包括腹膜肿瘤（特别是当肿瘤有缺血性或坏死性病灶）、胆汁性腹膜炎、乳糜腹（特别是长期的病例）[36,37]，精浆性腹膜炎和尿因性腹膜炎。腹腔镜检查、意外肠穿孔、无并发症的腹部手术和常规开放性去势术可在术后24h内导致非化脓性腹膜炎。反应的程度往往与手术的侵袭性和持续时间直接相关。中性粒细胞增多和纤维蛋白原血症也可发生在手术之后的最初几天，但这类腹膜炎通常是亚临床性的。细胞形态通常是正常的，偶尔会出现细胞变性，无细菌存在。总有核细胞计数通常约1周内恢复至参考范围内，但仍可在手术14d后增加。术后腹腔液体参数参考范围见表9-4。

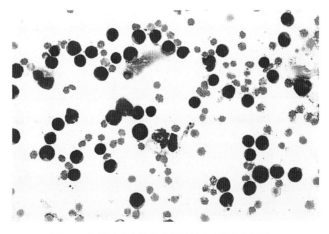

图9-12　腹膜液中有许多小至中等大小的淋巴细胞

这些细胞通常反应性的（嗜碱性细胞质）。尸检发现严重的马蝇幼虫的感染和胆管炎（原始放大950倍；May-Gvunwald-Giemsa染色）

表 9-4　马腹部手术后腹水细胞计数和蛋白质浓度的参考值

马匹数	10 匹马驹 [11a]	10 匹马 [10a]	5 匹马 [10a]
术式	剖腹探查术	小结肠切除术和引流管放置吻合术	剖腹探查术和引流放置
白细胞数 # (10^3 个 /μL)			
手术后天数——1	110 ～ 165	84 ～ 177	98 ～ 235
3	35 ～ 330	43 ～ 86	21 ～ 83
5	62 ～ 101	37 ～ 58	28 ～ 60
7	—	28 ～ 63	28 ～ 59
中性粒细胞 %			
手术后天数——1	79 ～ 100	69 ～ 86	86 ～ 92
3	80 ～ 96	82 ～ 92	78 ～ 88
5	64 ～ 100	73 ～ 88	72 ～ 86
7	—	75 ～ 85	60 ～ 88
淋巴细胞 %			
手术后天数——1		0 ～ 1	1 ～ 3
3	NA	0 ～ 2	2 ～ 7
5		0 ～ 4	0 ～ 5
7		1 ～ 4	1 ～ 7
红细胞数 # (10^3 个 /μL)			
手术后天数——1		0 ～ 19900	122 ～ 467
3	NA	125 ～ 298	0 ～ 90
5		38 ～ 117	0 ～ 25
7		0 ～ 202	0 ～ 36
血清总蛋白 （g/dL）			
手术后天数——1	2.7 ～ 6.7	3.3 ～ 4.0	3.3 ～ 5.5
3	3.6 ～ 6.2	4.0 ～ 4.5	3.7 ～ 4.4
5	3.8 ～ 4.8	4.0 ～ 5.0	3.6 ～ 4.4
7	—	3.9 ～ 4.9	0 ～ 8.3
尿比重			
手术后天数——1	1.021 ～ 1.037		
3	1.025 ～ 1.037	NA	NA
5	1.020 ～ 1.036		
7	—		
血浆纤维蛋白原 [b]			
手术后天数——1	<100 ～ 570	140 ～ 250	110 ～ 250
3	<100 ～ 280	210 ～ 230	100 ～ 250
5	120 ～ 280	170 ～ 260	140 ～ 260
7	—	<100 ～ 240	<100 ～ 170

数据来源：Hanson et al: Evaluation of peritoneal fluid following intestinal resection and anastomosis in horses. Am J Vet Res 53(2):216-221,1992; Malark et al: Equine peritoneal fluid analysis in special situations (abstract). Proceedings of the 36th Annual Convention of the AAEP,1990, p 645.

a是平均值±2标准差；b是100 mg/dL的检测下限；NA表示未分析。

（2）**化脓性腹膜炎**　化脓性腹膜炎的病因包括原发性腹膜炎（未发现潜在病因的自发性腹膜炎）、封闭和破裂的腹部脓肿、意外的肠穿孔、复杂的腹部外科手术及创伤后坏死引起的胃肠道或泌尿生殖道破裂[16,47,50,55~63]。腹腔液改变通常伴有外周血液中中性粒细胞增多、高球蛋白血症和高纤维蛋白原血症。封闭性脓肿通常仅产生轻微的腹膜炎，而破裂的脓肿可引起明显的炎性渗出。在这两种情况下都可以在腹腔液中观察到细菌。

腹腔液样本中的细菌可能会有不同的数量、类型和位置。一般来说，当细菌较少并且被中性粒细胞或较不常见的巨噬细胞吞噬时，预后会更好[42,48,49]。当微生物较多且多为游离性（非吞噬的）时，预后更加谨慎。一个极端的例子是胃肠道或脓肿破裂相关的败血性腹膜炎。在这种情况下，可能很少有完整的炎性细胞和明显的核溶解变性表现为细胞核染色很淡（图9-13至图9-15）。如果通过自动化方式进行细胞计数，这类病例的腹腔液样本的结果错误率会升高，因为自动化细胞计数中包含有植物碎片和细菌团块。结果应通过显微镜检查进行验证。可能存在大量的混合性的细菌。应注意的是，所有革兰氏阳性和革兰氏阴性细菌用罗曼诺夫斯基氏染剂进行染色时均呈嗜碱性染色。

胃肠道破裂部位常影响腹腔穿刺液的类型[16,42]。胃和盲肠（大肠）破裂通常导致腹膜腔的广泛感染和显著的细胞破裂。在有些病例，尤其是胃破裂时，涂片检查几乎是无细胞

图9-13　化脓性腹膜炎的马的腹腔液样本中显示轻度至中度的中性粒细胞核溶解和大量混合性的细菌菌体，有些是游离的，有些是被吞噬的
（原始放大950倍；May-Gvunwald-Giemsa染色）

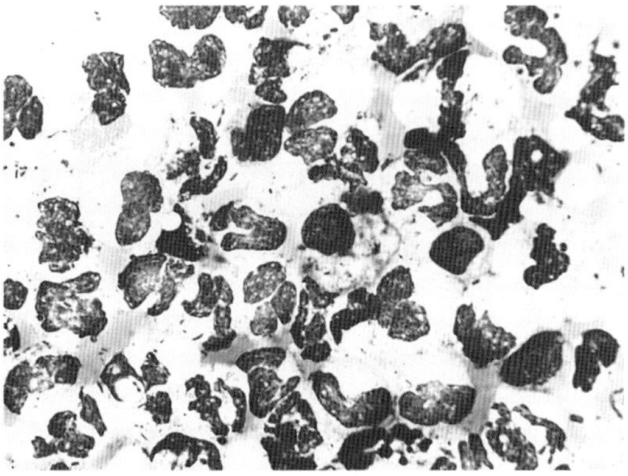

图9-14　来自化脓性腹膜炎的马的腹腔液样本显示明显的中性粒细胞核溶解和细菌
（原始放大950倍；May -Gvunwald-Giemsa染色）

的（图9-15）。这些液体通常具有混浊的棕色颗粒状外观，上清液呈褐色。然而，在一项对50例胃破裂患马的回顾性研究中，用于分析的33匹马中，6匹马的样本中没有植物成分或细菌[64]。其中只有1匹细胞计数升高。胃肠破裂和意外肠穿孔的区别在后面讨论（见意外穿孔部分）。

相反，小肠和直肠的破裂很少引起肠内容物对腹膜的污染，因为大网膜可以有效地将

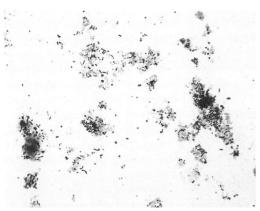 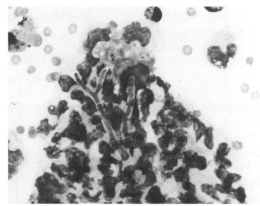

图9-15 化脓性腹膜炎的马的腹腔液样品具有混合的细菌
群和显著变性的细胞（影细胞）。

马胃破裂（原始放大950倍；May -Gvunwald-Giemsa染色）

图9-16 马腹腔液

在化脓性炎症的背景下存在的嗜碱性染色的真菌菌丝，呈
二分支状（瑞氏-姬姆萨染色）（罗利州北卡罗来纳州立大学Mary
Jo Burkhard博士提供）

受影响的肠与腹膜腔分隔开来。然而，化脓性腹膜炎仍然有明显的中性粒细胞渗出发生。

　　直肠触诊、经皮和经直肠超声检查和剖腹探查有助于腹腔内脓肿的诊断[16,55~61]。建议
进行需氧和厌氧微生物培养。为提高获得阳性结果的机会，可以使用各种运输培养基和系
统。临床医生应该先与实验室明确送样方式。通常分离培养获得的微生物包括假结核棒状
杆菌、马红球菌、兽疫链球菌和马链球菌[56,57]。据报道马驹放线杆菌、大肠埃希氏菌、化
脓棒状杆菌、拟杆菌属和其他链球菌属也可引起腹膜炎[16,47,50,55,65]。微生物培养在腹部脓肿
病例有不同的成功率[55,56,66]。因此，阴性的培养结果并不排除败血症引起腹膜炎的可能，
特别是如果在涂片上发现细胞核溶解变性[16,47]。化脓性腹膜炎很少与真菌感染有关（图
9-16）。

七、与结果相关的各种情况

　　表9-5总结了影响马腹腔液结果的各种情况。这些情况将在后面进行详细的讨论。

　　1. 意外肠穿孔　　如前所述，腹腔穿刺术偶尔可能导致肠穿孔，这会引起腹腔炎症反
应，但通常无明显临床症状或后遗症。在这种情况下，样本内包含肠内容物。样本通常呈
茶绿色的混浊和颗粒状外观，且具有特征性的发酵气味。分析结果表现为低蛋白质浓度、

表 9-5 不同条件下典型马腹水液分析结果

条件	颜色/浊度	有核细胞总数	细胞分类计数	蛋白质 [a]
健康 嵌闭 腹泻 经急性肠扭转	淡黄色/透明	<10 000/μL [b]	单核细胞与中性粒细胞比例约 50:50	<2.5 g/dL
淋巴瘤 乳糜液/假性乳糜液	黄－白色/混浊 白－粉红色/混浊	升高 正常－高	成淋巴细胞 小淋巴细胞	升高
过量 EDTA 急性肠扭转 亚急性肠扭转 肠穿刺后	淡黄色/透明 黄红色/透明 黄红色/混浊 黄色/混浊	低－正常 正常－升高 升高 升高	正常 正常－↑中性粒细胞 ↑中性粒细胞 ↑中性粒细胞	升高
腹膜炎 术后	黄白色至 红褐色/混浊	显著升高	↑中性粒细胞	升高
绞窄性肠扭转 [c]	葡萄酒色/混浊	升高	↑中性粒细胞 红细胞、巨噬细胞	升高
肠穿刺 直肠破裂 [d]	棕绿色/混浊	低－正常 升高	↑中性粒细胞、胞外细菌、植物碎片、原生动物 ↑中性粒细胞、胞内和胞外细菌	低－正常 升高
血液污染	红色/混浊	正常	↑中性粒细胞、淋巴细胞、血小板、红细胞	升高
腹腔积血			↑中性粒细胞、红细胞、含色素巨噬细胞、吞噬红细胞	升高

a 折射率;
b 马驹<1 500~3 600/μL;
c 出现组织坏死;
d 腹腔液可能是正常的到出血的，进展为炎性。

图9-17 意外肠穿孔的样本中具有混合细菌群且没有可识别的细胞

（原始放大950倍；May -Gvunwald-Giemsa染色）

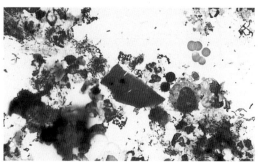

图9-18 肠破裂的样本含有混合细菌、植物碎片、少量红细胞和变性白细胞，有时含有被吞噬的细菌生物

（瑞氏-姬姆萨染色）

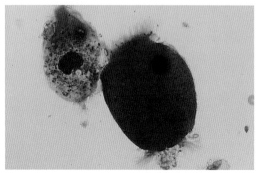

图9-19 意外胃肠穿孔样本中可见纤毛原生动物

（瑞氏- 姬姆萨染色）

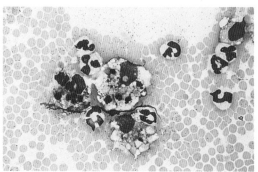

图9-20 充血性心力衰竭引起出血性腹水的马腹腔液中的吞噬性巨噬细胞。注意吞噬红细胞作用和吞噬白细胞作用。前者表明腹腔穿刺之前即存在出血现象

（原始放大950倍；May -Gvunwald-Giemsa染色）

低比重和低细胞计数，显微镜下较少见可识别的细胞和混合的菌群（图9-17和图9-18）。纤毛原生动物和植物纤维较多（图9-19）。

在样本采集过程中，兽医可能会感觉针或插管穿透内脏。如果在采集过程中没有这种感觉，则必须将采集的样本与胃肠破裂区分开来。如果马的心血管状态良好，则不太可能存在肠道穿孔的情况。在发生胃肠穿孔时，患马会迅速发生心血管衰竭。

2. 血性渗漏液 腹腔液样本的出血（红细胞）可能是样本采集过程中医源性污染的结果，出血性渗出（通常来自胃肠道受损部位）、腹腔内出血或脾穿刺（图9-20）。

（1）**医源性污染** 当从浅表血管观察到出血或当腹腔液最初是非血性但在采集期间变为血性（反之亦然）时，可能是医源性污染。这些样本涂片镜检时可以看见血小板，通常是淡染并且聚集在一起。除非样本采集和处理之间发生延迟，否则不会出现大量的噬红细胞现象。在整个采集过程中样本均含血时也应考虑医源性污染。离心后上清液应是清亮的、类似血浆的，红细胞在沉淀中，而不是均匀的溶血性外观。

在一项外周血液污染对红细胞计数、白细胞计数和总蛋白影响的研究中，对8匹临床健康的马腹腔液样本进行了分析。尽管红细胞计数随着血液污染的增加而显著增加，但白细胞、白细胞分类以及总蛋白值未观察到显著变化。

（2）**漏出性出血**　漏出性出血经常发生在肠的血液供应和静脉回流受损的部分。这导致腹腔液呈血液状，（血清）血红色、混浊的琥珀色、混浊的红褐色、混浊的砖红色至混浊的棕色，或各种不同程度的红色或棕色[7,42,46,67]。这些液体的上清液通常也是异常的，可以描述为溶血性的或红色至葡萄酒色。这种异常通常在严重肠缺血或梗塞的马中可见，只有进行外科手术才有存活的可能[7,67]。一些肿瘤和一些原发性腹膜炎病例也可出现漏出性出血。

在漏出性出血的马中经常见到吞噬红细胞作用（图9-20），其他细胞学结果因潜在病因而异。

（3）**腹腔内出血**　与漏出性出血相反，真正的腹腔内出血并不常见[42]。腹腔内出血可能发生在严重钝性创伤、穿透性伤口、产驹时子宫动脉或子宫体破裂、肿瘤侵蚀血管或凝血不良。在这些情况下，腹腔液血细胞比容和总蛋白浓度通常小于但接近外周血，细胞学检查通常可见白细胞的比例与外周血中相近。腹腔液中通常不含血小板，并且由于腹膜腔中的去纤维化速度快，腹腔液中纤维蛋白原浓度低，这种液体往往不凝结。样本在体外不凝集不一定表明腹腔积液的病因就是凝血障碍。如果样本离心后，上清液呈清亮的血浆样，并且细胞学检查无吞噬红细胞作用，则可能最近发生了出血。溶血性的上清液和/或吞噬红细胞作用表明长期存在的疾病。红褐色至棕色的上清液与肠道的广泛失活有关并且预后不良。

（4）**脾穿刺**　在进行腹腔穿刺时，尤其是在马脾肿大的情况下容易穿刺到脾脏，但往往未见有不良后遗症的报道[6]。当针或插管穿透器官时，通常会有呈混浊、深红色外观的液体流出[6,42]。在无腹腔液稀释的情况下，该液体的血细胞比容可能比外周血高，其中含有大量小的成熟淋巴细胞和血小板，同时也存在非反应性单核巨噬细胞和中性粒细胞，且该液体更容易发生凝固。

3. 精原性外伤腹膜炎　在交配或人工授精时母马阴道穿孔是非常罕见的。这可能会导致感染性和非感染性腹膜炎或精原性外伤腹膜炎[16,67,68]。在精原性外伤腹膜炎中，中性粒细胞和巨噬细胞内含有被吞噬的精子头（图9-21和图9-22）。据推测，轻度的中性粒细胞渗出可能是由腹膜暴露于精液中所致。

4. 尿原性腹膜炎　新生马驹膀胱破裂是非常常见的，通常认为是由生产过程中的创伤引起[15,69]。该病对雄性马驹的影响比雌性更常见。此外，膀胱破裂也可发生在成年雄性，通常继发于尿石症，在成年雌性通常发生于分娩时的创伤。

马驹尿原性腹膜炎常表现为外周血中性粒细胞增多症和显著的低钠血症、低氯血症和高钾血症[15,69,70]。然而，另一份调查报告显示只有约40%受影响的马驹会出现电解质异常

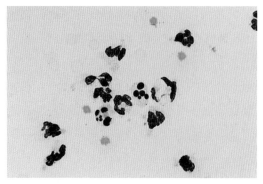
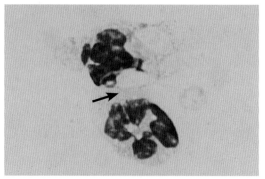

图9-21　低倍镜下的精原性外伤腹膜炎

在中性粒细胞中可见淡嗜碱性的精子头。（由威斯康星大学的Peter S. MacWilliams博士馈赠）

图9-22　患有精原性外伤腹膜炎的母马腹腔液样本中，吞噬了精子头的中性粒细胞（箭头）

（瑞氏-姬姆萨染色，放大1 500倍）（由威斯康星大学的Peter S. MacWilliams博士馈赠）

的情况，并认为电解质异常不应该被视为诊断尿原性腹膜炎的要素[71]。

对这些动物的腹腔液分析显示，这些液体体积增大，呈透明的淡黄色，细胞数量较少，比重降低[15,69]。可见轻度中性粒细胞渗出，尤其是在并发消化道疾病时[71]。正常马驹和成年马的腹腔液中，尿素和肌酐的浓度与血液中是相似的，但通常略低于相应的血液值。当非膀胱穿刺术样本，两者在腹腔液中与血清中浓度比率＞1∶1时可怀疑是尿原性腹膜炎，比率＞2∶1时可确诊为尿原性腹膜炎。尤其是在马驹中，氮质血症并不是指示血清液体中肌酐和尿素比例的指标。

在膀胱破裂时，尿肌酐比值的增加比尿素氮更加可靠。尿素分子比肌酐小得多，更容易扩散。因此，目前已证实，在牛发生尿原性腹膜炎时，膀胱破裂后腹腔液内的尿素和肌酐浓度立即比相应的血液高得多[72]。然而，尿素能够更快地通过腹膜达到平衡，所以血液和腹膜中尿素的浓度差比肌酐下降更快。最终，两种物质在血液和腹腔液中的浓度相似，但是均有所增加。在马患有慢性肾功能衰竭时，肌酐和尿素两者在腹腔液和血液中的浓度比例也接近1∶1；然而，腹腔液值通常将低于血清值。

在极少数病例中，腹腔液细胞学检查可见碳酸钙结晶[15]，且被认为是膀胱破裂的诊断指标（图9-23）。

5. 乳糜性腹膜炎　乳糜性腹腔积液在马中非常罕见。有报道指出，在马驹中，这种积液与腹腔囊肿[61]和肠系膜淋巴管的先天畸形有关[37]。在成年马中，有报道指出乳糜性积液继发于严重的回肠结虫感染和慢性腹膜炎[36]，以及大结肠扭转[38]和腹部粘连[39]。

乳糜性积液通常呈不透明的粉红色和乳白色。慢性炎症过程中出现的假乳糜性积液在外观上与乳糜性积液相似。在静置或离心后，假乳糜性积液中的大量白细胞倾向于形成沉淀，上清液清亮，与此相反，乳糜性积液不能通过离心澄清。在静置或冷冻条件下，乳糜性积液中的脂质往往会在样本表面形成奶油层，碱化样本或加入乙醚可导致乳糜微粒的溶

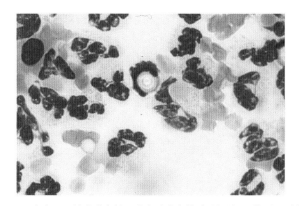

图9-23 患有尿原性腹膜炎的马驹腹腔液中的碳酸钙结晶（细胞质内）

在轻度退化的中性粒细胞中可以发现单个具有折光性的晶体。化学性（尿性）腹膜炎中可见轻度的化脓性炎症——中毒性变化。

（瑞氏-姬姆萨染色）（由北卡罗来纳州立大学的Mary Jo Burkhard 博士馈赠）

解并使乳糜性样本清除。

液体甘油三酯和胆固醇浓度对区分乳糜性积液和假乳糜性积液很有帮助。乳糜性积液的特征是甘油三酯浓度大于相应的血清值而胆固醇浓度小于相应的血清值。相反，假乳糜性积液中胆固醇浓度升高，甘油三酯值降低。

镜下可见乳糜性积液中含有大量的急性期小淋巴细胞，可能存在循环性淋巴细胞减少。然而，在较长时间的积液中，可能发生混合性炎症反应。苏丹Ⅲ、苏丹Ⅳ或油红O染色可用于风干的液体涂片，以检测乳糜积液特征性的乳糜微粒的存在[73]。

6. 孕期和产后期 对15匹健康母马妊娠晚期（分娩前10d）的腹水进行体液分析,显示结果都在成年马的参考范围内。妊娠晚期应在靠近头部的腹部进行腹腔穿刺术，以避免意外的羊膜穿刺。显微镜下，样本中含有少量的散在的成熟鳞状上皮细胞和数量不等的金黄色、绿色、棕色胎粪碎片（图9-24）。

正常产驹后，成年马的腹腔液中有核细胞数和蛋白浓度可能略有增加，但仍在参考范

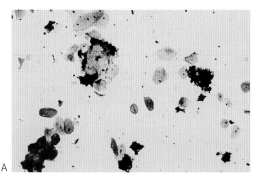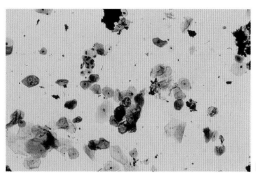

图9-24 牛羊膜穿刺液

A. 分化良好的鳞状上皮细胞与金绿色的胎粪聚集物混杂 B. 较多的鳞状上皮细胞
马羊膜穿刺液具有与之相似的细胞学外观。(瑞氏-姬姆萨染色)

围内[41, 74]。在常规分娩、简单性和复杂性的难产病例中，中性粒细胞百分率升高。在复杂性难产后，可观察到液体蛋白浓度升高[41]。

据报道，有2匹母马在产后并发了子宫破裂和腹腔积液[75]，两病例均有化脓性渗出，其中1匹有近期出血。

7. 肿瘤　马腹部肿瘤是罕见的，细胞学结果报告也较少。腹腔液细胞学的建立对腹腔内瘤变的诊断是有帮助的[76]。在25例马的腹腔内肿瘤报告中，诊断出马淋巴瘤12例，胃鳞状细胞癌9例和4例其他腺癌[55]。在半数淋巴瘤和鳞状细胞癌病例的腹腔液细胞学检查中均发现了肿瘤细胞。即使在无法从细胞学上确定"瘤变"以外具体诊断意义的信息时，只要知道肿瘤已在腹腔内播散，就能获得有价值的诊断和预后信息。预后通常较差。

在评估疑似腹腔内肿瘤的马的腹腔积液时，应记住以下几点：

• 腹腔肿瘤病例中腹腔液中可能没有脱落的肿瘤细胞，这会阻碍腹腔穿刺术的诊断。

• 浆膜表面的肿瘤，特别是那些侵蚀浆膜血管的肿瘤，可引起出漏出性出血或腹腔积血。

• 肿瘤的坏死或感染可能导致腹膜炎，这时的炎性渗出物可能会掩盖肿瘤细胞的存在。

• 尤其是对细胞学新手来说，反应性间皮细胞可能被误认为肿瘤细胞。

（1）淋巴瘤　淋巴瘤可分为消化道型、纵隔型(胸腺型)、多中心型和皮肤型[22]。在消化道型和多中心型的淋巴瘤中，可能会出现从渗出性至出血性不等的腹腔积液[42,77]。在腹腔液样本中并不总是能发现肿瘤性的淋巴细胞[77~80]；但一旦发现即可确诊。

肿瘤细胞通常是淋巴母细胞。这些细胞的体积较大，通常有高核质比和嗜碱性细胞质（图9-25和图9-29）。它们表现出的异常往往包括核分裂异常和异核细胞数增多。它们通常有一个不规则的细胞核，染色质细腻。细胞内和细胞间的核仁数量、大小和形状可能有所不同。因此，可以看到每个细胞核有1～5个大小不等，圆形、椭圆形或多角形的核仁。

在淋巴瘤的一些病例中，可见有丝分裂象，有时也可见到异常纺锤体形成。有丝分裂

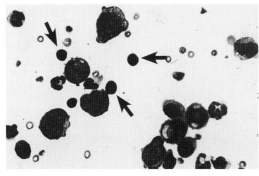

图9-25　马腹腔液样本，淋巴细胞性淋巴肉瘤，含有大量淋巴母细胞和成熟的小淋巴细胞（箭头）

（原始放大950倍；May-Gvunwald-Giemsa染色）

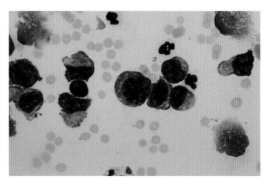

图9-26　马腹腔液的组织细胞性淋巴肉瘤样本

注意大的肿瘤淋巴细胞。（原始放大950倍；瑞氏-姬姆萨染色）

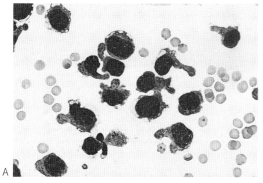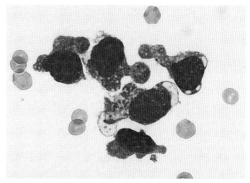

图9-27 马大颗粒淋巴瘤

A. 低倍镜下可见离散的多形性肿瘤细胞。特征包括核偏移、核染色质不规则，细胞质呈颗粒状，含有大量分散的染色颗粒，伪足突出 B. 高倍镜视野（瑞氏-姬姆萨染色）

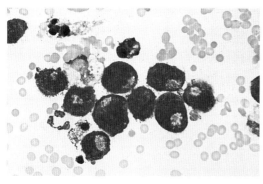

图9-28 马淋巴瘤

淋巴瘤的另一种形态学表现。这些细胞核深染，细胞核偏离中心，染色质变粗成团块状。细胞质更丰富，核周可见明显的高尔基体，细胞边缘，同时存在一个大单核细胞和中性粒细胞。（瑞氏-姬姆萨染色）

图9-29 马淋巴瘤

另一种恶性淋巴瘤的形态学表现。这些细胞染色较浅，细胞核呈圆形或微凹形，核染色质纤细，并有多个明显的核仁。细胞质呈轻度嗜碱性。（瑞氏-姬姆萨染色）

活动也可见于其他肿瘤，及正常条件下（如间皮增生），因此并不是淋巴瘤的确诊征象。在某些情况下，组织细胞和淋巴细胞可能是主要的细胞类型(图9-26和图9-28)。顾名思义，这些细胞的形态类似于异常的单核吞噬细胞，其特征包括细胞体积较大，但核形态和核质比变化较大。与正常淋巴细胞相比，它们的细胞质更丰富，嗜碱性更弱。除了少量至大量细胞的染色质粗细不均、染色颗粒分散或聚集在细胞质内外，大颗粒淋巴瘤(LGL)的肿瘤淋巴细胞在形态上都相似（图9-27）。

高分化型（小细胞）淋巴瘤更难通过细胞学检查进行诊断，因为这些细胞具有正常的形态。这些病例的鉴别诊断包括与抗原刺激相关的乳糜性腹膜炎和淋巴细胞性炎症反应(图9-12)。流式细胞术分析细胞表面标记物的鉴定方法可能有助于确定高分化淋巴瘤的淋巴细胞群[81,82]。当腹腔液细胞数高且肿瘤细胞占有核细胞总数的很大比例时，最常获得有意义的结果。

（2）**胃鳞状细胞癌** 马胃鳞状细胞癌是最常见的肿瘤，起源于食管区域[29, 30]。有关报告显示，与腹膜腔相比，胃鳞状细胞癌更容易向胸膜腔转移[83]。但是在最近的报告中，8匹马中有3匹马发生胸部转移，而8匹马尸检均发现广泛的腹部转移[29,30]。

在任何情况下，胃鳞状细胞癌都可能侵蚀胃壁并导致穿孔，或种植转移至腹膜腔。马的胃鳞状细胞癌呈典型的渗出性，腹膜液内不一定含有脱落的肿瘤细胞[76]。这些细胞可能是集群或单个细胞形式出现。它们的形态可以有相当大的差异（图9-30和图9-31）。分化较好的肿瘤病例中可见大鳞状细胞，细胞核中等至较大，细胞质丰富。因此，其核质比为中等至较低。用罗曼诺夫斯基法染色时，细胞质呈淡蓝色，可能有轻微的空泡化(特别是细胞核周围)，可能部分发生角质化。角化部分与其他胞质相比，呈光滑、玻璃状，外观均匀。分化程度较低的肿瘤可能表现出核及细胞大小不均，核质比不一（通常为高）。细胞核呈不规则的圆形，核仁大小、形状和数量在细胞内和细胞间具有差异。染色质可为网状至粗块状；不容易观察到核仁。在细胞学检查中，有鳞状细胞出现的其他因素，可能来自马样本的处理中，皮肤表面的污染。在妊娠晚期，意外的羊膜穿刺可能导致在细胞学检查中观察到鳞状细胞。鳞状细胞在这些情况下是成熟的和分化良好的。

（3）**血管肉瘤** 马血管肉瘤是罕见的[16,84]，可能会导致腹腔积血[76]。在腹腔液中肿瘤细胞可能很少出现（图9-32）。这些肿瘤细胞为呈单个或集群出现的梭形细胞，细胞核大而呈椭圆形，染色质呈网状或粗糙的团块状，核仁明显，常有多个，在细胞间和细胞内的大小和形状可能会有所不同。恶性程度的标准包括肿瘤细胞轻微到明显的核或体积不均一，肿瘤细胞可能具有中等到高度的核质比和嗜碱性，空泡化的细胞质。

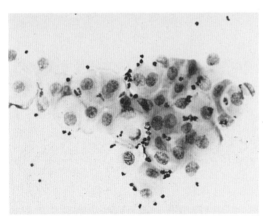 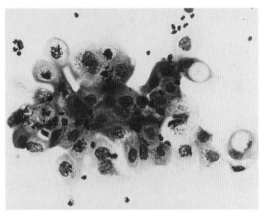

图9-30 高度分化的马鳞状细胞癌 ｜ 图9-31 未高度分化的马鳞状细胞癌

鳞状上皮细胞群相对均匀，大的、未角质化的鳞状上皮细胞有丰富的淡蓝色细胞质，卵圆形核，核仁不明显。较小的嗜碱性细胞表现出更多的恶性指标。中性粒细胞浸润到细胞群。（由北卡罗来纳州立大学的Mary Jo Burkhard博士馈赠）

肿瘤细胞在大小、核质比、染色质量和胞质空泡化等方面存在差异。核周空泡化是鳞状细胞恶性肿瘤的特征之一。空泡在细胞核周围形成一个清晰的环，"蝌蚪细胞"的形成和伸入运动是支持鳞状细胞癌诊断的细胞学特征。（瑞氏-姬姆萨染色）（由北卡罗来纳州立大学的Mary Jo Burkhard博士馈赠）

（4）**腺癌**　发生于胃肠道、乳腺、胰腺、泌尿生殖道或未知部位的腺癌常伴有异常的腹腔积液，有时伴有胸腔积液[55,76,85]。积液成分从渗出液到漏出液不等。只有在很少的情况下，这种渗出液中含有可识别的肿瘤细胞。腺癌细胞学诊断特征包括肿瘤上皮细胞簇的存在、细胞形成导管或腺泡样结构。此外，细胞质内可能含有透明的空泡或空泡内含有分泌物（图9-33）。

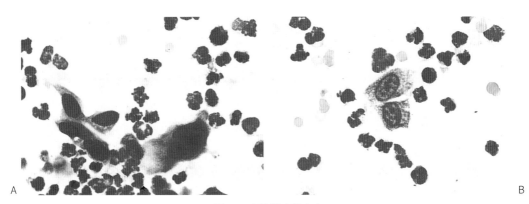

图9-32　马腹腔血管肉瘤

　　A. 成簇的大纺锤状单个核细胞　B. 中央有两个体积较大的纺锤状细胞，细胞核呈椭圆形，核仁突出，形态各异，大小不一（原始放大950 倍；May-Gvunwald-Giemsa染色）

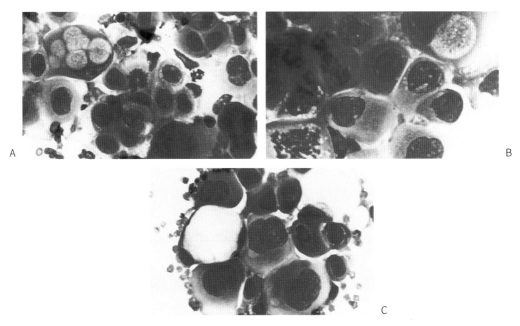

图9-33　马转移性卵巢囊腺癌

　　A. 肿瘤上皮细胞集群，并表现出几个恶性肿瘤的指征，包括细胞大小、核大小和核质比的显著变化。视野中央可见有丝分裂象，几个细胞包含一个或多个含有轻微点状嗜酸性物质的细胞质空泡　B. 高倍镜下，注意上皮性肿瘤突出的细胞结构特征。左下角可见一个异常有丝分裂，右上角可见一个含有嗜酸性物质的单个大细胞质液泡　C. 细胞和细胞核大小有显著变化。可见大量的双核细胞，核周空泡存在于某些细胞中。在中央偏左的位置可以明显地观察到印戒细胞（腹腔液涂片；瑞氏-姬姆萨染色）　（由北卡罗来纳州立大学的Anne M. Barger博士馈赠）

（5）**间皮瘤**　马间皮瘤非常罕见[76,86]。有报道称通常产生约30L的腹腔液[76]；细胞学检查发现多形性间皮细胞和白细胞增多，可见许多单个和聚集的间皮细胞（图9-34和图9-35）。在伴发炎症反应时，反应性间皮细胞和肿瘤性间皮细胞不容易区分。

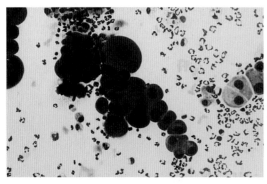

图9-34　马腹腔恶性间皮瘤

在炎症背景下，腹腔液中大小不等的细胞聚集，可见细胞间桥和不均匀洋红染色，和细胞间基质。（瑞氏-姬姆萨染色）

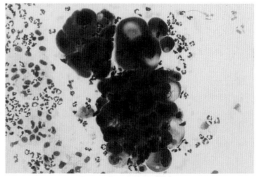

图9-35　高倍镜下的马恶性间皮瘤

肿瘤细胞细胞质空泡化，有时形成印戒细胞。可见中性粒细胞在肿瘤细胞内迁移，即伸入运动。（瑞氏-姬姆萨染色）

恶性间皮细胞的特点具有细胞多样性，细胞及细胞核表现出轻度至明显的大小不一。细胞核质比变化无常。细胞可少量聚集形成50个细胞以上的大团块。较大的细胞团类似于息肉、假膜、实心球体或形成细胞链。细胞的边界清晰。细胞核呈圆形或椭圆形，常见多核（3～4个/细胞），可以很容易地观察到有丝分裂象。细胞质体积在细胞之间可能有很大的差异，并且可能含有透明的液泡。从多个小到中等大小的液泡至单个的、非常大的不等，大液泡会导致细胞核轻微移位，并使细胞明显膨胀（印戒细胞形成）。腺癌病例中也可见这种空泡化，但细胞的腺泡样排列更利于腺癌的诊断。

电子显微镜和/或免疫组化可能对确诊间皮瘤细胞是必需的[76]。

（6）**恶性黑色素瘤**　在两例恶性黑色素瘤患马的腹腔液中发现黑色素吞噬体[6,16]。转移性黑色素瘤患马腹腔液的细胞学上也可能观察到不同数量的黑色素细胞（图9-36）。

（7）**其他病变**　弥漫性平滑肌瘤病是一种罕见的、良性的、多中心的平滑肌组织增生[76,87]。有假说指出其与激素调节有关。在马上仅有一孤例，其腹腔液指标除蛋白浓度升高外没有其他显著变化[87]。

胃平滑肌肉瘤病例报告记录仅一例，并发胸腔和腹腔渗出[76]。在一例马网膜纤维肉瘤中，并发有胸腹腔积液；然而，在细胞学检查中并未检测到肿瘤细胞[76]。

肝肿瘤通常不转移到腹腔，可能伴发非感染性腹腔渗出[76]。嗜铬细胞瘤已被证实与腹腔积血有关[76]。

绞窄性有蒂脂肪瘤常与腹膜液成分异常有关，其程度取决于肠缺血的持续时间和程度[88]。

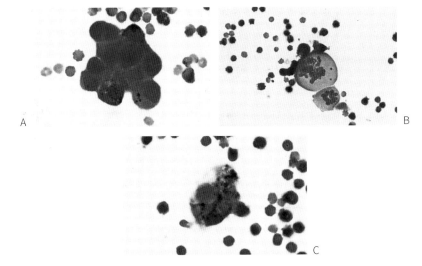

图9-36 马转移性黑色素瘤

A. 一个黑色染色的恶性黑色素细胞团，表现三倍体异形细胞增生、双倍体异形细胞增生，以及可变化的核质比。细胞中偶尔含有与黑色素一致的分散的、粗糙的金黄色的胞质内色素颗粒　B. 低倍镜下两个有丝分裂中的巨细胞　C. 含有较多黑色素的较小的肿瘤细胞群。（腹腔液直接涂片；瑞氏-姬姆萨染色）（由北卡罗来纳州立大学的 Anne M. Barger博士馈赠）

8. 偶然发现　手套粉（玉米淀粉）有时会污染腹腔液样本，显微镜下可见大小不一，呈圆形至六边形颗粒（图9-37），在偏振光下观察时，这一点更明显(图9-38)。在用罗曼诺夫斯基染色时，它们通常不染色，但是颜色会偏蓝。

腹腔液样本中偶尔能够观察到微丝蚴（腹腔丝虫属）（图9-37），它们在诊断上并不重要。在偶发性肠穿孔或胃肠道破裂时可观察到有纤毛的原生动物(图9-19)。

偶尔可见来自皮肤的角化的鳞状上皮细胞[14]。罕见其表面附着有球菌。

羧甲基纤维素是一种高分子量多糖，腹腔注射可减少术后粘连的发生率。已被证明可在外周血涂片上产生颗粒状、洋红色沉淀，并具有剂量依赖性。腹腔液中也能够观察到类似的沉淀物[90]。

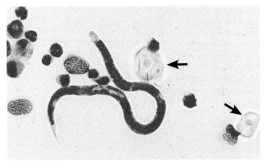

图9-37 腹腔液涂片中偶尔可见手套粉颗粒（箭头）和微丝蚴
　　（原始放大500倍；瑞氏染色）（由斯蒂尔沃特市的美国俄克拉何马州立大学的Rick L. Cowell博士馈赠）

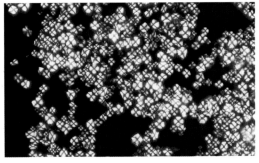

图9-38　在偏振光下，手套粉（玉米淀粉）有一个明显的中心裂隙或十字

9. 急腹症　使用各种临床病理试验的测试，包括腹腔液分析，进行诊断，确定手术干预的必要性，以及评估急腹症患马的预后(包括感染性和非感染性腹膜炎、肠胃炎、腹泻、肠阻塞、绞窄和非绞窄性器官移位)[55,67,91~95]。人们建立了各种数学模型，试图客观地预测这种病例的短期预后和手术的必要性[96~101]。这些研究虽然很明确显示在治疗前不需要确诊急腹症的原因，但临床医生可收集的与该病例相关的信息，他们及动物主人就越能了解该病例长期的预后，在需要手术时可能存在的腹腔内病变类型，以及一个全面的临床检查，包括腹腔穿刺，可以为马急腹症的评估提供一个完整的评估数据库。

（1）**体积、颜色和混浊度**　如前所述，对腹腔液体的体积、混浊度和颜色进行评估，可能有助于在获得实验室检测结果前对急腹症患马进行初步治疗(图9-39和图9-40)。当获得浆液时，支持手术干预[7,42,67,101]。当这种腹腔液与腹胀或直肠触及扩张的腹壁有关时，尤其适用[101]。

（2）**红细胞计数**　红细胞计数在急腹症患马的腹腔液评估中是不可靠的。不同的马急腹症病例中红细胞计数的结果是相互冲突的[93,94,102,103]。腹腔液中红细胞计数高可能提示需

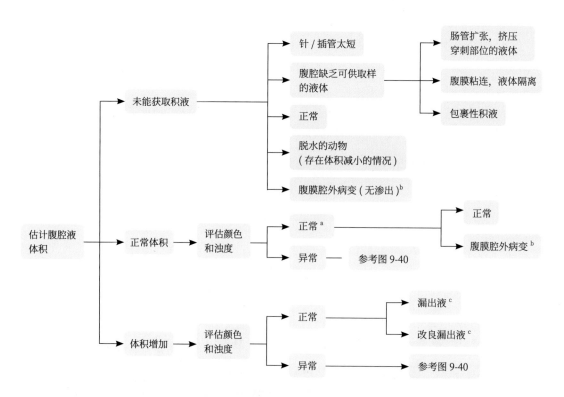

图9-39　用于评估腹腔液样本的方法

a 正常腹腔液为透明到略混浊，无色到淡黄色。

b 例如，横膈疝、阴囊疝、肠道沙门氏菌病，以及涉及肾、膀胱、子宫等的病变。这些问题中的几个实际上可能会在漏出液/改良漏出液类别中产生更多的腹腔液。建议进行细胞学检查，包括有核细胞总数和总蛋白测定。

c 建议进行细胞学检查，包括有核细胞总数和总蛋白测定。

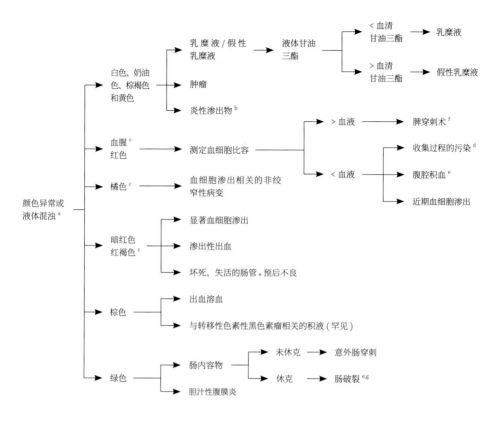

图9-40 腹腔液标本肉眼形态异常的评估方法

a 建议进行细胞学检查，包括有核细胞总数和总蛋白测定。

b 渗出物增加了细胞密度和总蛋白浓度。它们可细分为化脓性、慢性化脓性和慢性炎症反应。还应评估中性粒细胞形态和巨噬细胞的吞噬活性(见正文)。细菌的存在表明脓毒症。

c 当腹腔液有微红色变色时，应评估上清液是否溶血。溶血或紫红色上清液提示肠梗死(但也可见于严重腹膜炎的某些病例)。也可能在细胞学涂片上看到噬红细胞作用。

d 在收集过程中可能很明显。可能会在细胞学涂片上出现血小板。上清液通常不溶血。没有噬红细胞作用。

e 标本在整个采集过程中都是均匀的血迹。红细胞吞噬功能可能很明显。上清液可以是非溶血的，也可以是溶血的。有核细胞总数未见明显增加。

f 存在大量的血小板和淋巴细胞。很容易凝块。

g 也可能是肠梗死马的小肠穿刺术。

要手术干预或预后不良。

（3）**有核细胞计数**　在不同的临床表现中，腹腔液中有核细胞计数结果有相当人的重合。虽然这些发现可能在诊断腹膜炎、败血症和肿瘤中是非常有用的，但仅细胞学变化在判断预后或是否需要手术方面并不总是有价值的[91~94,96,100~105]。在几项回顾性研究中，腹腔液中的有核细胞数显著升高通常与败血症有关或最终死亡[35,106]。

（4）**总蛋白浓度**　腹腔液总蛋白浓度的变化往往反映有核细胞总数的变化。研究表明腹腔液体蛋白浓度在预测急腹症病因、是否需要手术治疗、败血症的可能性或预后方面的作用是相互矛盾的。在一项对36匹患有感染性或非感染性腹膜炎的马的研究中，在患有败血症的马中检测到腹水蛋白浓度显著升高[35]。另一项研究评估了75匹患有十二指肠近端空肠炎的马，其中腹水蛋白浓度>3.5 mg/dL的马死亡率是正常马的4倍[94]。在对147例大结肠嵌闭病例进行回顾性研究时，发现死亡病例的腹水蛋白浓度显著高于存活病例[107]。然而，在另一项对122匹马急性腹泻的研究中，死亡病例和存活病例的腹腔液蛋白浓度无显著差异[92]。在对218例急腹症患马的回顾性研究中，腹水蛋白浓度与预测急腹症的病因、是否需要手术或疾病的结局无关[93]。

（5）**其他生化检测**　一些生化试验已被认为是急腹症病例腹腔液评估的辅助手段。一般来说，它们并没有被作为判断预后或确定是否需要手术干预的手段进行客观比较。除总蛋白测定外，以下检测方法没有得到广泛应用。

酶测定： 试验性结肠梗死患马腹腔液中碱性磷酸酶、天冬氨酸转氨酶、乳酸脱氢酶活性升高[108]。然而，临床应用这些变化检测早期肠缺血被认为是有局限的。在后来的一项研究中，比较了正常马、内科原因引起急腹症的马、外科原因引起急腹症的马、急性牧草病和亚急性牧草病的马的腹腔液分析结果，外科原因引起急腹症的马的碱性磷酸酶总酶和肠道同工酶水平明显高于其他组。在患牧草病的马中，可见其水平稍低，但仍显著高于正常值[21]。内科原因引起急腹症的马的腹腔液酶活性与正常马无差异。酶活性的升高程度与这些疾病的缺血性坏死程度有很好的相关性。在解读有核细胞数计数结果高和明显中性粒细胞变性的样本中腹水碱性磷酸酶活性升高时应谨慎，因为粒细胞的破坏也可能提高液体碱性磷酸酶活性。

另一项研究报道，腹水乳酸脱氢酶活性在区分感染性腹膜炎和非感染性腹膜炎方面没有作用[35]。

与非外科疾病或正常马相比，外科小肠疾病患马血清和腹腔液肌酸激酶同工酶水平显著升高[33]。

纤维连接蛋白含量： 腹腔液纤维连接蛋白浓度有助于提示肠系膜血栓形成。在57匹患有渗出性胸腔积液与肠系膜血栓形成马的纤连蛋白的平均值±标准偏差[(321±82)μg/mL]比16匹患有渗出性胸腔积液和血栓形成马的平均值±标准偏差[(138±57)μg/mL]显著升高[109]。两组患马的总有核细胞数、总蛋白浓度、腹腔液纤维蛋白原浓度基本相同。

乳酸和葡萄糖含量： 急腹症患马的血和腹腔液样本很少测定乳酸和葡萄糖浓度。然而，结合腹腔液总有核细胞计数和总蛋白测量，可以为关于肠缺血程度、心血管状况和败血症的可能性的评估提供有价值的信息(图9-41)。肠缺血后无氧糖酵解增加，静脉瘀滞，导致乳酸增加扩散到腹腔液中，乳酸浓度增加。

乳酸被肝脏从血液中除去。如果肝灌注充足，血乳酸浓度不会增加。然而，如果是由脱水、低血容量和/或内毒素血症引起的急性循环衰竭(休克)，血乳酸浓度也会增加。外周组织缺氧，尤其是骨骼肌缺氧，会加剧这种增长。

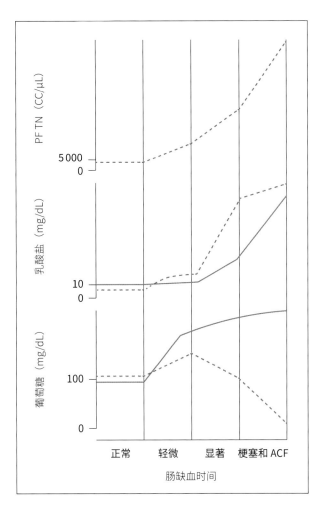

图9-41　马肠缺血后腹腔液有核细胞总数（peritoneal fluid total nucleated cell count，PF TNCC）与血液(实线)和腹腔液(虚线)中乳酸和葡萄糖浓度的关系

　　细菌在梗死期穿过肠道侵入腹膜腔，加剧炎症反应和葡萄糖耗竭。急性循环衰竭(ACF、休克)可能由低血容量、脱水或内毒素血症引起。随着血乳酸和葡萄糖浓度的逐渐升高，预后降低。

　　不幸的是，临床病例的情况并不总是像上面概述的那样简单。在外科和非外科急腹症病例中，乳酸水平可能同样升高。尽管有这样的限制，对于乳酸水平升高的马，兽医会预先警告可能的肠缺血的严重程度和需要切除的可能性。

　　由腹腔液白细胞增多或败血症引起的糖酵解增加，可能预示着腹腔液葡萄糖浓度下降。随着上述血液和腹腔液乳酸浓度的变化，血糖值最初随着肾上腺素的释放而升高，起初与腹痛具有相关性，后来与心血管损害具有相关性。血清和腹水葡萄糖水平的差异可能是由于血液和腹腔液之间平衡时间不足(如果高血糖迅速发生)和/或炎症细胞利用腹水内葡萄糖造成的。随着肠道功能受损程度的加重，细菌毒素和微生物进入腹腔，引起更严重的腹膜炎，进一步降低腹腔液葡萄糖浓度。因此，升高的血糖和乳酸浓度通常与更好的预后具有相关性。

磷酸盐测定： 血液和腹腔液(无机)磷酸盐浓度的测定已被推荐用于指示肠道缺血的严重程度[40,41]。在一项研究中，腹腔液磷酸盐水平＞3.6 mg/dL提示肠道病变需要手术干预或安乐死，敏感性为77%，特异性为76%[40]。同一份报告表明，当无法获得腹腔液样本时，仅血清磷酸盐水平可能就有价值。关键是要使用适合年龄的参考范围，因为小马驹可能由于骨代谢增加，血清和腹腔液磷酸盐值更高[40]。在所有病例中，6匹有腹痛迹象的小马驹（2～11月龄）的腹腔液磷酸盐浓度都超过了成年马的临界值（范围3.9～7.2 mg/dL），其中包括2匹没有肠道疾病的小马驹[40]。

参考文献

[1] Nelson:Analysis of equine peritoneal fluid.Vet Clin North Am (Large Anim Pract) 1:267-274,1979.

[2] Barrelet:Peritoneal fluid:part 1—lab analyses.Equine Vet Educ 5(2):81-83,1993.

[3] Parry and Brownlow: In Cowell and Tyler: Cytology and Hematology of the Horse. Goleta,1992,American Veterinary Publishers,pp 121-151.

[4] Tulleners: Complications of abdominocentesis in the horse. JAVMA 182:232-234,1983.

[5] Schumacher et al: Effects of enterocentesis on peritoneal fluid constituents in the horse.J Am Vet Med Assoc 186:1301-1303,1985.

[6] Bach and Ricketts:Paracentesis as an aid to the diagnosis of abdominal disease in the horse. Equine Vet J 6:116-121,1974.

[7] Swanwick and Wilkinson:A clinical evaluation of abdominal paracentesis in the horse.Aust Vet J 52:109-117,1976.

[8] Schneider et al:Response of pony peritoneum to four peritoneal lavage solutions.Am J Vet Res 49:889-894,1988.

[9] Juzwiak et al:Effect of repeated abdominocentesis on peritoneal fluid constituents in the horse.Vet Res Commun 15(3):177-180,1991.

[10] Malark et al: Equine peritoneal fluid analysis in special situations (abstract).Proceedings of the 36th Annual Convention of the AAEP,1990,p 645.

[11] Hanson et al:Evaluation of peritoneal fluid following intestinal resection and anastomosis in horses.Am J Vet Res 53(2):216-221,1992.

[12] Santschi et al: Peritoneal fluid analysis in ponies after abdominal surgery.Vet Surg 17(1):6-9,1988.

[13] Knoll and MacWilliams: EDTA-induced artifact in abdominal fluid analysis associated with insufficient sample volume.Proc 24th Ann Mtg Am Soc Vet Clin Pathol,p 13,1989.

[14] Bach: Exfoliative cytology of peritoneal fluid in the horse. Vet Annual 13:102-109,1973.

[15] Morley and Desnoyers:Diagnosis of ruptured urinary bladder in a foal by identification of calcium carbonate crystals in the peritoneal fluid.JAm Vet Med Assoc 200(8):1515-1517,1992.

[16] Brownlow:Abdominal paracentesis in the horse.A clinical evaluation.MVSc thesis.University of Sydney,1979.

[17] Brownlow et al:Abdominal paracentesis in the horse—basic concepts. Aust Vet Pract 11:60-68,1981.

[18] Brownlow et al:Reference values for equine peritoneal fluid.Equine Vet J 13:127-130, 1981.

[19] Parry et al: Unpublished data, 1985.

[20] Behrens et al:Reference values of peritoneal fluid from healthy foals. J Equine Vet Sci 10(5):348-352, 1990.

[21] Milne et al:Analysis of peritoneal fluid as a diagnostic aid in grasssickness (equine dysautonomia). Vet Record 127:162-165, 1990.

[22] Malark et al: Effect of blood contamination on equine peritoneal fluid analysis. J Am Vet Med Assoc 201(10):1545-1548, 1992.

[23] Grindem et al: Peritoneal fluid values from healthy foals. Equine Vet J 22(5):359-361, 1990.

[24] Garma-Avina:Cytology of 100 samples of abdominal fluid from 100 horses with abdominal disease. Equine Vet J 30(5):435-444, 1998.

[25] Barrelet: Peritoneal fluid: part 2—cytologic exam. Equine Vet Educ 5(3):126-128, 1993.

[26] Brownlow: Mononuclear phagocytes of peritoneal fluid. Equine Vet J 14:325-328, 1982.

[27] Grindem et al:Large granular lymphoma tumor in a horse.Vet Pathol 26:86-88, 1989.

[28] Duckett and Matthews: Hypereosinophilia in a horse with intestinal lymphosarcoma. Can Vet J 38:719-720, 1997.

[29] McKenzie et al: Gastric squamous cell carcinoma in 3 horses. Aust Vet J 75(7):480-483, 1997.

[30] Olson: Squamous cell carcinoma of the equine stomach: a report of five cases. Vet Record 131(8):170-173, 1992.

[31] McGrath:Exfoliative cytology of equine peritoneal fluid-an adjunct to hematologic examination.Proc 1st Intl Symp Equine Hematol,1975,pp 408-416.

[32] Baxter et al: Effects of exploratory laparotomy on plasma and peritoneal fluid coagulation/ fibrinolysis in horses. Am J Vet Res 52(7):1121-1127, 1991.

[33] Broome et al: Evaluation of peritoneal fluid and serum Creatine Kinase isoenzyme concentrations as indicators of small intestinal surgical disease in horses (abstract). Vet Surg 23(5):397, 1994.

[34] Parry and Crisman: Serum and peritoneal fluid amylase and lipase reference values in the horse. Equine Vet J 23(5):390-391, 1991.

[35] Van Hoogmoed et al:Evaluation of peritoneal fluid pH,glucose concentration,and lactate dehydrogenase activity for detection of septic peritonitis in horses. J Am Vet Med Assoc 214(7):1032-1036, 1999.

[36] Traub-Dargatz et al: Challenging cases in internal medicine:What's your diagnosis? (chylous abdomen).Vet Med 89(2):100-104, 1994.

[37] Campbell-Beggs et al: Chyloabdomen in a neonatal foal.Vet Record 137:96-98, 1995.

[38] Mair and Lucke: Chyloperitoneum associated with torsion of the large colon in a horse. Vet Record 131:421, 1992.

[39] May et al: Chyloperitoneum and abdominal adhesions in a miniature horse. J Am Vet Med Assoc 215(5):676-678, 1999.

[40] Arden and Stick: Serum and peritoneal fluid phosphate concentrations as predictors of major intestinal injury associated with equinecolic. J Am Vet Med Assoc 193:927-931, 1988.

[41] Fischer:Advances in diagnostic techniques for horses with colic.VetClin North Am (Equine Pract) 13(2):203-219, 1997.

[42] Brownlow:Abdominal paracentesis as an aid in the diagnosis of abdominal disorders in the horse.Proc 74 Equine Gastroenterol,Postgrad Comm in Vet Sci,University of Sydney,1985,pp 21-44.

[43] Hackett: Nonstrangulated colonic displacement in horses. JAVMA182:235-240, 1983.

[44] Fischer and Meagher: Strangulating torsions of the equine large colon. Comp Cont Ed Pract Vet 8:S25-S30, 1986.

[45] Saville WJ et al: Necrotizing enterocolitis in horses: a retrospective study. J Vet Intern Med 10(4):265-270, 1996.

[46] Adams and Sojka: In Colahan et al: Equine Medicine and Surgery, ed.5. St Louis, 1999, Mosby, pp 580-590.

[47] Dyson: Review of 30 cases of peritonitis in the horse. Equine Vet J15:25-30, 1983.

[48] Adams et al:Cytologic interpretation of peritoneal fluid in the evaluation of equine abdominal crises. Cornell Vet 70:232-246, 1980.

[49] Brownlow: Polymorphonuclear neutrophil leucocytes of peritoneal fluid. Equine Vet J 15:22-24, 1983.

[50] Gay and Lording: Peritonitis in horses associated with Actinobacillus equuli. Aust Vet J 56:296-300, 1980.

[51] Golland et al:Peritonitis associated with Actinobacillus equuli in horses:15 cases (1982-1992). J Am Vet Med Assoc 205(2):340-343,1994.

[52] Rebar: Handbook of Veterinary Cytology. St Louis, 1980, Ralston Purina, pp 29-36.

[53] Fisher et al: Diagnostic laparoscopy in the horse. JAVMA 189:289-292, 1986.

[54] Blackford et al:Equine peritoneal fluid analysis following celiotomy.Proc 2nd Equine Colic Res Symp, 1985, pp 130-133.

[55] Zicker et al:Differentiation between intra-abdominal neoplasms and abscesses in horses,using clinical and laboratory data:40 cases (1973-1988). J Am Vet Med Assoc 196(7):1130-1134, 1990.

[56] Rumbaugh et al: Internal abdominal abscesses in the horse: a study of 25 cases. JAVMA 172:304-309, 1978.

[57] Hutchins et al: Intraabdominal abscessation in the horse. Proc 74Equine Gastroenterol, Postgrad Comm in Vet Sci,University of Sydney,1985, pp 97-102.

[58] Clabough and Scrutchfield: Ruptured abdominal abscess in the horse. Southwest Vet 37:145-148, 1986.

[59] Sanders-Shamis:Perirectal abscesses in six horses. JAVMA 187:499-500, 1985.

[60] Prades et al:Surgical treatment of an abdominal abscess by marsupialisation in the horse:a report of two cases.Equine Vet J 21:459-461,1989.

[61] Hanselaer and Nyland:Chyloabdomen and ultrasonographic detection of an intra-abdominal abscess in a foal. JAVMA 183:1465-1467,1983.

[62] Hawkins et al: Peritonitis in horses: 67 cases (1985-1990). J Am Vet Med Assoc 203:284-288, 1993.

[63] Clabough and Duckett: Septic cholangitis and peritonitis in a gelding. J Am Vet Med Assoc 200(10):1521-1524, 1992.

[64] Kiper et al:Gastric rupture in horses:50 cases (1979-1987).J Am Vet Med Assoc 196(2):333-336, 1990.

[65] Lavoie et al:Aerobic bacterial isolates in horses in a university hospital. Can Vet J 32(5):292-294, 1991.

[66] Schumacher et al: Effects of castration on peritoneal fluid in the horse. J Vet Intern Med 2:22-25, 1988.

[67] Parry: Prognosis and the necessity for surgery in equine colic. Vet Bulletin 52:249-260, 1982.

[68] Blue:Genital injuries from mating in the mare.Equine Vet J 17:297-299, 1985.

[69] Richardson and Kohn:Uroperitoneum in the foal. JAVMA 182:267-271, 1983.

[70] Behr et al: Metabolic abnormalities associated with rupture of the urinary bladder in neonatal foals. JAVMA 178:263-266, 1981.

[71] Adams and Koterba: Exploratory celiotomy for suspected urinary tract disruption in neonatal foals: a review of 18 cases. Equine Vet J20:13-17, 1988.

[72] Sockett et al:Metabolic changes due to experimentally induced rupture of the bovine urinary bladder. Cornell Vet 76:198-212, 1986.

[73] Meadows and MacWilliams: Chylous effusions revisited. Vet Clin Pathol 23(2):54-62, 1994.

[74] Van Hoogmoed et al: Peritoneal fluid analysis in peripartum mares.J Am Vet Med Assoc 209(7):1280-1282, 1996.

[75] Brooks et al: Uterine rupture as a postpartum complication in two mares. J Am Vet Med Assoc 187(12):1377-1379, 1985.

[76] East and Savage:Abdominal neoplasia (excluding urogenital tract).Vet Clin North Am (Equine Pract) 14(3):475-492, 1998.

[77] Mackey and Wheat:Reflections on the diagnostic approach to multicentric lymphosarcoma in an aged Arabian mare. Equine Vet J17:467-469, 1985.

[78] van den Hoven and Franken: Clinical aspects of lymphosarcoma in the horse. Equine Vet J 15:49-53, 1983.

[79] Rebhun and Bertone: Lymphosarcoma in the horse. JAVMA184:720-721, 1984.

[80] Mair and Hillyer:Chronic colic in the mature horse:a retrospective review of 106 cases. Equine Vet J 29(6):415-420, 1997.

[81] Kelley and Mahaffey:Equine malignant lymphomas:morphologic and immunohistochemical classification.Vet Pathol 35:241-252,1998.

[82] Savage: Lymphoproliferative and myeloproliferative disorders. Vet Clin North Am (Equine Pract) 16(3):563-579, 1998.

[83] Wrigley et al: Pleural effusion associated with squamous cell carci-noma of the stomach of

the horse.Equine Vet J 13:99-102,1981.

[84] Frye et al:Hemangiosarcoma in a horse.JAVMA 182:287-289,1983.

[85] Foreman et al:Pleural effusion secondary to thoracic metastatic mammary adenocarcinoma in a mare.JAVMA 197:1193-1195,1990.

[86] Ricketts and Peace: A case of peritoneal mesothelioma in a Thoroughbred mare.Equine Vet J 8:78-80,1976.

[87] Johnson et al:Disseminated peritoneal leiomyomatosis in a horse. J AmVet Med Assoc 205(5):725-728,1994.

[88] Bilkslager et al:Pediculated lipomas as a cause of intestinal obstruction in horses:17 cases (1983-1990).J Am Vet Med Assoc 201(8):1249-1252,1992.

[89] Cowell et al:Collection and evaluation of peritoneal and pleural effusions.Vet Clin North Am (Equine Pract) 3:543-561,1987.

[90] Burkhard et al:Blood precipitate associated with intra-abdominal carboxymethylcellular administration.Vet Clin Pathol25(4):114-117,1996.

[91] Parry:Use of clinical pathology in evaluation of horses with colic.Vet Clin North Am (Equine Pract) 3:529-542,1987.

[92] Cohen and Woods:Characteristics and risk factors for failure of horses with acute diarrhea to survive:122 cases (1990-1996).J Am Vet MedAssoc 214(3):382-390,1999.

[93] Freden et al:Reliability of using results of abdominal fluid analysis to determine treatment and predict lesion type and outcome for horses with colic:218 cases (1991-1994).J Am Vet Med Assoc 213(7):1012-1015,1998.

[94] Seahorn et al:Prognostic indicators for horses with duodenitis-proximal jejunitis.75 horses (1985-1989). J Vet Intern Med 6(6):307-311,1992.

[95] Cohen and Divers:Acute colitis in horses.Part 1. Assessment.Compend Contin Educ Pract Vet 20:92-98,1998.

[96] Parry et al:Prognosis in equine colic:a comparative study of variables used to access individual cases.Equine Vet J 15:211-215,1983.

[97] Puotenen-Reinhart:Study of variables commonly used in examination of equine colic cases to assess prognostic value. Equine Vet J18:275-277, 1986.

[98] Orsini et al: Prognostic index for acute abdominal crisis (colic) in horses. Am J Vet Res 49:1969-1971, 1988.

[99] Reeves et al: Prognosis in equine colic patients using multivariable analysis.Can J Vet Res 53:87-94,1989.

[100] Reeves et al:A multivariable prognostic model for equine colic patients.Prev Vet Med 9:241-257,1990.

[101] Ducharme et al:A computer-derived protocol to aid in selecting medical versus surgical treatment of horses with abdominal pain.Equine VetJ 21:447-450,1989.

[102] Hunt et al: Interpretation of peritoneal fluid erythrocyte counts in horses with abdominal disease.Proc 2nd Equine Colic Res Symp,1986,pp 168-174.

[103] Parry et al:Assessment of the necessity for surgical intervention in cases of equine colic:a retrospective survey.Equine Vet J 15:216-221,1983.

[104] Mair et al:Peritonitis in adult horses:a review of 21 cases.Vet Record 126:567-570, 1990.

[105] Morris and Johnston: Peritoneal fluid constituents in horses with colic due to small intestinal disease. Proc 2nd Equine Colic Res Symp,1986, pp 134-142.

[106] Cable et al:Abdominal surgery in foals: a review of 119 cases (1977-1994).Equine Vet J 29(4):257-261,1997.

[107] Dabareiner and White: Large colon impaction in horses: 147 cases(1985-1991).J Am Vet Med Assoc 206(5):679-685,1995.

[108] Turner et al: Biochemical analysis of serum and peritoneal fluid in experimental colonic infarction in horses.Proc 1st Equine Colic Res Symp,1982,pp 79-87.

[109] Feldman et al: Effusion fibronectin concentrations detect presence of mesenteric thrombosis:a preliminary prospective report.Proc 2nd Equine Colic Res Symp,1986,pp 57-59.

第 10 章　滑膜液

肢蹄病是马临床的常见病。多种引起跛行的疾病会累及关节，关节液分析通常可作为该类型病例诊断过程中的一个重要部分。

正常关节的滑膜液是血浆的一种渗出液，其性状可因分泌的透明质酸、糖蛋白和其他一些大分子改变。尽管在血浆中发现的一些较小的分子，如葡萄糖和电解质也出现在滑膜液中且与在血浆中的浓度相似，但是来源于血浆的蛋白通常只能在一定程度上通过"血液–滑膜屏障"。

滑膜液有两个功能。关节软骨从滑膜液中获得营养。滑膜液润滑关节面，减少摩擦以及相对的关节软骨表面的磨损，此种润滑作用应归功于滑膜液中的糖蛋白。虽然透明质酸具有一定的润滑特性，但它在减少关节软骨表面摩擦时所起到的作用可能不如糖蛋白重要。

正常的滑膜内层由纤维和脂肪结缔组织组成，并被内膜细胞不完全地覆盖。结缔组织内部是血管网络高度集中的有孔毛细血管。这些内膜细胞并不长在基底膜上。相反，它们直接生长在下层结缔组织的纤维状网络结构上。在滑膜衬里层有两种类型的细胞：分别为 A 型和 B 型细胞，A 型细胞具有吞噬能力且数量更多，B 型细胞分泌透明质酸[1]。

Diagnostic Cytology
and Hematology of the Horse
Second Edition

一、正常滑膜液特征

1. 物理特性 正常马滑膜液呈淡黄色、清澈、无悬浮颗粒物，可收集的滑膜液体积取决于取样的关节和关节的健康状况。通常，在马的关节处收集适量体积的滑膜液进行检测不会造成太大的问题，然而在犬和猫身上却不可以。对于健康的马匹来说，从其肢体主要关节处可以抽取至少1mL的滑膜液。

（1）**黏度** 尽管已有了滑膜液黏度的量化技术，然而黏度仍然可以通过以下方法进行快捷的评价，将滑膜液滴置于拇指和食指之间，缓慢地将手指分开，观察指间形成的丝状滑膜液。正常黏度的滑膜液丝在其断开前至少可以被拉至2.5cm长。另一个简便的方法是用针蘸取滑膜液，并观察液滴从针的末端滴下之前形成滑膜液丝的长度。同样，正常的滑膜液可形成一条至少2.5cm长的液丝。

（2）**触变性** 正常滑膜液不呈凝块状，而是以胶状的形式存在，这种现象称为触变性；样本可以通过搅拌重新成为液体状态。

2. 细胞组成

（1）**有核细胞数量** 据报道，正常马关节内滑膜液的有核细胞数在不同关节间具有较大差异。有报道称从临床上表现正常的动物颞下颌关节取得的滑膜液内细胞数超过2 000个/μL，而以常规的方式从健康马四肢关节取得的滑膜液中细胞数量通常不超过500个/μL[2,3]。

（2）**红细胞** 在正常的滑膜液中几乎完全没有红细胞，因此很少在滑膜液样本中对红细胞进行计数。然而，由于在采样过程中血液污染难以避免，因此几乎所有的样本中都会含有一些红细胞。在一些关节类疾病的发病过程中，红细胞也可进入滑膜液中。滑膜液的物理和细胞学特征可以帮助人们区分其中的红细胞是来自采样过程中污染还是由于关节疾病的发生。这些特征将在本章进行讨论。

（3）**细胞分类计数** 从已公布的数据来看，在正常滑膜液中各种类型细胞出现的相对比例差异很大。一个比较有用的一般性原则是，中性粒细胞在正常滑膜液中的比例不应该超过10%，当然一些总细胞数非常低或混有血液的样本很可能例外。

在已报告的数值中最明显的差异在于单核细胞的比例。在正常滑膜液中的大多数单核细胞是淋巴细胞和大单核细胞。后者包括单核细胞/巨噬细胞，可能也包括一些滑膜衬里细胞。可以以细胞学方法区分滑膜衬里细胞和巨噬细胞。

一些被列为"巨噬细胞"的细胞可能是滑膜衬里细胞。抽吸样本中偶见完整的滑膜衬里细胞团（图10-1）。滑膜液中的单核细胞通常被划分为淋巴细胞或巨噬细胞。虽然巨噬细胞和淋巴细胞的比例在不同关节的滑膜液中差异较大，但巨噬细胞通常占主导地位[4]。

淋巴细胞和巨噬细胞的相对比例通常很少提供有用的诊断信息。一些实验室通常会在"单核细胞"一栏中报告所有淋巴细胞、巨噬细胞和滑膜衬里细胞。嗜酸性粒细胞很少出现在健康马的关节液中（少于总细胞数的1%）。

　　滑膜液中巨噬细胞之间的大小和胞质空泡化程度有时差异很大。一些巨噬细胞的胞质呈现相对深的蓝色，很少或没有空泡。而其他的巨噬细胞往往较大，细胞质内有许多透明的空泡。这种空泡化中的一部分是由于样本采集后处理不及时而人为造成的。另一项滑膜液巨噬细胞的形态特征为胞质内少量至大量不等的异染颗粒（图10-2）。

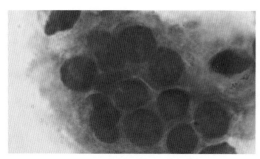

图10-1　马滑膜液中的滑膜碎片
（瑞氏染色）

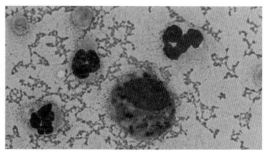

图10-2　退行性关节炎患马关节液中的3个中性粒细胞和1个含有异染颗粒的巨噬细胞

　　在大多数的滑膜液涂片的背景是黏蛋白，为一种细颗粒状的粉红色物质。这种黏蛋白不应与细菌相混淆，细菌以瑞氏染色时呈现深蓝色。

二、滑膜液检测技术

　　1. 滑膜液的收集　　滑膜液可以从大多数关节中用2.5cm、18～20号针吸出。先在进针处进行剃毛，并用消毒液擦拭，以避免将细菌引入关节内部。如果需要的话，可以用氯乙基氯离子喷雾预处理皮肤表面，以减轻穿刺带来的疼痛。将需要进行细胞学检测的滑膜液置于含有EDTA的管中。值得注意的是，EDTA会干扰黏蛋白凝块形成试验。如果立即进行黏蛋白凝块形成试验，应另取一份滑膜液置于无抗凝剂（如红顶管）或含有肝素的试管中。

　　2. 黏蛋白凝结试验　　黏蛋白凝结试验可为测定滑膜液中透明质酸聚合程度提供半定量指标。所用的样本中不应含有EDTA，可含有肝素或不含抗凝剂。具体做法是将1份离心后的滑膜液上清液与4份2.5%的冰醋酸混合。酸的加入会产生沉淀或使滑膜液中黏蛋白凝集成块。轻轻搅拌后，可以观察到析出的黏蛋白。

可以用四级主观评分法对黏蛋白凝块测试的结果进行打分，如果在清澈的溶液中形成单一、紧密的凝块，则为优；如果在略微混浊的溶液中形成单一、质软的凝块，则为良；如果轻轻振动试管后凝块质脆且易碎，且样本中凝块周围的液体呈云雾状混浊，则为差；如果管中仅仅在云雾状混浊的液体中形成点状的黏蛋白凝集，则为非常差。

可以直接检测滑膜液中透明质酸的含量，但在大多数临床实验室中，并不进行该测试[5]。

3. 总蛋白浓度　大部分血浆蛋白，尤其是分子量较高的蛋白，并不存在于滑膜液中，这是由滑膜及滑膜旁结缔组织中的透明质酸的透析特性导致的。然而，一些糖蛋白可以在滑膜衬里细胞内合成，并被分泌到滑膜液中。兽医相关文献中报道的正常滑膜液中蛋白浓度值之间的差异很大。在一项研究中，用双缩脲法测定的蛋白浓度参考范围为0.92～3.11g/dL[6]。另一项研究用考马斯亮蓝法进行测定，报道的参考值范围为0.5～1g/dL。研究人员认为，不同的检测结果反映了方法上的差异[7]。通过在有限的条件下进行比较，我们发现双缩脲法和考马斯亮蓝法测定的值非常相似，并且这些值都在双缩脲法所提供的参考范围内。

折射率测量法也被用来定量马关节滑膜液中的蛋白[8]。虽然有人建议至少将折射法作为滑膜液蛋白浓度的指标之一，但仍然有人持不同意见[3,9]。

4. 其他测试　除了直接进行透明质酸含量的测定，其他针对马滑膜液进行的化学测试包括肌酸激酶和乳酸脱氢酶的总活性和同工酶活性测定、碱性磷酸酶活性测定以及葡萄糖含量测定[6,10]。然而，这些方法在动物关节性疾病的诊断中并没有得到广泛的应用。

5. 有核细胞计数　滑膜液中有核细胞的计数既可以用血细胞计数板进行人工测定也可以用电子细胞计数器自动测定。这两种方法在犬滑膜液的测定中具有相似的结果[11]。但由于在正常情况下马关节滑膜液中的有核细胞数通常少于猫和犬中关节滑膜液中的细胞数目，因此用电子细胞计数器对马滑膜液样本进行计数的有效性值得商榷。正常马关节滑膜液中的细胞数目较低，且低于电子细胞计数器的背景阈值水平。手动电子计数器能对细胞浓度大于500个/μL的样本进行准确计数。如果样本细胞浓度接近电子计数仪器的阈值水平，则应进行手动电子计数。

如果总细胞数较低，则应在血细胞计数板上滴加未经稀释过的滑膜液进行人工计数。首先对血细胞计数板四角方框内的细胞进行计数；加和后的总数乘以2.5，得出每微升滑膜液中的细胞数。如果样本内细胞数目较多，则需先对其进行稀释，再进行细胞计数。稀释细胞应该用生理盐水，而非是用作血液稀释剂的醋酸。醋酸会使滑膜液中黏蛋白发生沉淀。将滑膜液样本吸入至一个标准的白细胞吸管的0.5刻度，然后用生理盐水填充到刻度11。将稀释后的滑膜液混合并弃去前几滴，在血细胞计数板上滴加液体。四角方框内的有核细胞数以上述方式计数。将总数乘以50后，得到每微升未稀释滑膜液的细胞数。

由于细胞团块、纤维及坏死性细胞碎片的存在，很难在有明显渗出的样本中进行细胞计数。另一个潜在的技术难题是，常规稀释的滑膜液的细胞计数可能偏低，原因是黏性滑膜液内的细胞混合不均匀。据报道，用透明质酸酶对滑膜液进行预处理可以使测量得到的细胞数量增加两倍以上。然而，在大多数临床实验室中这种技术并不常使用。

6. 细胞学检查　对样本离心涂片进行细胞学观察是较为成熟的方式。通常是500～1500g离心5～10min；大多数用于分离血浆与血细胞的离心方法可用于浓缩滑膜液细胞。如果细胞数显著增加（>20 000个/µL），直接涂片检查可能是最好的方式。

离心后的滑膜液可用于制备楔形或盖玻片涂片（见第1章），要点是涂片应尽可能地薄。由于滑膜液较为黏稠，在载玻片上不易将细胞平铺。因此通常很难鉴定单个有核细胞。不仅如此，也很难将中性粒细胞和单核细胞区分开。

滑膜液常用瑞氏染色液等罗曼诺夫斯基氏染料进行染色。新亚甲基蓝适用于经空气干燥后的涂片的染色。革兰染色可检测革兰氏阳性细菌。

另外一种被提倡用于滑膜液细胞学评价的技术手段，为将滑膜液中软骨碎片染色后的密度梯度离心，随后对软骨碎片的数量和形态进行显微观察。

三、关节性疾病的细胞学分类

滑膜对于损伤的应答方式是有限的，并且只呈现出有限的几种异常的滑膜液细胞学模式。尽管人们多次试图仅通过滑膜液的异常对关节疾病进行分类，但这种方式的合理性仍是不确定的。滑膜液检查结果需要结合所有其他可用的信息一起进行解读。病史、生理学检测及X光片是对关节性疾病进行诊断的重点。关节镜检查、组织培养及滑膜活检可以在某些案例中提供更多的信息。

大多数异常的马滑膜液可分为2类：有核细胞计数结果正常或有轻微增加（通常＜5 000个/µL）并且单核细胞数目占优势，或者细胞数显著增加（通常>5 000个/µL）且中性粒细胞为主。第一种模式与退行性和创伤性病变有关，第二种模式与脓毒性关节炎相关[12]。后文也列举了各种例外和不常见的模式。

1. 退行性和创伤性关节病　马可能患多种退行性和创伤性关节病，在这些病变中滑膜液的特点是比较一致的。一些学者将这类疾病归结为"非化脓性炎症"[10]。在这些疾病中炎症的严重程度差别很大，而且通常很轻微。对关节内滑膜液进行分析的一个限制性因素是，马患有退行性或创伤性关节疾病时流出的液体与正常滑膜液无法区分。

（1）**理化特性**　在退行性和慢性创伤性关节疾病中，滑膜液的量往往是正常的，然而也可能会下降。当然滑膜液的量也可以因跗关节和膝关节积液而相应地增加[7]。此时滑膜液的颜色一般是正常的（淡黄色），如果患有关节病并伴有明显的出血症状时滑膜液的颜色是血色的。区分急性关节出血的样本和在采集过程中被血液污染的样本较为困难，最好在吸取滑膜液时仔细观察。在急性关节积血症中，样本中的红色是较为均匀的[13]。如果在收集滑膜液样本时液体带有血丝，则我们可以认为在此过程中发生血液污染。如果滑膜液呈暗黄色（黄色的）则表明滑膜或关节腔有过陈旧性出血。

在这些疾病中的滑膜液黏度或正常或略有下降，关节积液的体积和黏度之间呈反相关系。黏蛋白凝结试验结果可从好到差分为几等。在一些退行性关节病中，当滑膜液被稀释后，由于滑膜液中大分子成分被稀释，则不易形成黏蛋白凝块[10]。

大多数退行性和创伤性关节病中关节液的蛋白浓度保持不变或略有升高。

（2）**细胞特征**　在患有退行性和创伤性关节病的马滑膜液中，有核细胞数基本正常或略有增加。在大多数情况下，细胞数小于5 000个/μL[10]。细胞数在1 000～3 000个/μL的范围内的情况比较常见。

细胞学检查显示以单核细胞，尤其是巨噬细胞为主。虽然一些研究人员强调区分有空泡的、吞噬能力强的巨噬细胞和吞噬能力弱、胞质内无空泡的单核细胞的必要性，实际上这些细胞都有不同程度的空泡化现象。细胞的空泡化程度在临床诊断上的意义并不大。一些较小的带有空泡的细胞可能是滑膜衬里细胞。在滑膜液中偶尔可见大的、含有粉色颗粒的单核细胞。

在患有创伤性和退行性关节疾病马的滑膜液中，中性粒细胞的数量通常占总细胞数的

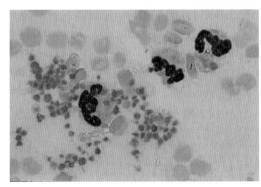

图10-3　马关节滑膜液出血采集的样本中，可见红细胞、中性粒细胞、血小板，并且血小板凝集成团

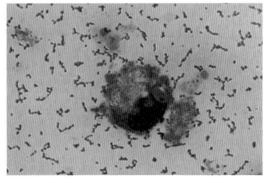

图10-4　患有急性创伤性关节病的马滑膜液中巨噬细胞吞噬红细胞

10%左右，这与其在正常关节滑膜液中的含量相差无几。当然，也有例外情况，即当总细胞数较少时或在有出血的滑膜液样本中。

带有出血性质的急性、创伤性关节病的细胞学诊断较为复杂，在此种情况下，血液通常会在样本采集的过程中混入滑膜液样本中。虽然理论上在正常滑膜液中不存在红细胞，但在采集过程中不可避免地会将红细胞引入滑膜液样本中。样本被污染后的一个特征是在滑膜液样本中发现血小板或血小板团块（图10-3）。如果在样本中发现巨噬细胞吞噬红细胞的现象（噬红细胞现象），则表明在采集样本时红细胞已经存在于滑膜液中（图10-4）。值得注意的是，噬红细胞现象也可以在体外发生，如在样本运输中。如果在任何滑膜液样本中发现含胆红素结晶和含铁血黄素的巨噬细胞，则表明以前该部位曾经有过出血症状（图10-5）。

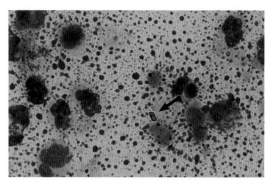

图10-5 患有感染性关节炎的马关节滑膜液中出现中性粒细胞和胆红素结晶（箭头）
胆红素是血红蛋白的分解产物。

与健康马相比，患有退行性或外伤性关节疾病的马滑膜液的细胞样本制备过程中更有可能出现软骨碎片。人们尝试将关节病的严重程度与软骨碎片的数量和类型相关联[14]。然而，这种技术尚未在临床病理学家中获得广泛的认可。

2. 炎性关节病　在本节中炎性关节疾病可以被定义为在滑膜液中有明显中性粒细胞增加的疾病。在炎性关节性疾病中有两类主要疾病，分别是化脓性关节炎，以及如类风湿关节炎、系统性红斑狼疮等免疫性关节疾病。在犬中区分这两类疾病是一个常见的诊断难题。虽然个案报告中描述了马的具有临床和实验室特征的系统性红斑狼疮病例，但由免疫介导的类风湿关节炎却无据可查[15,16]。即使人们接受马免疫性关节病存在的事实，那也是十分罕见的。据此，当滑膜液中有脓液出现时，一般会诊断为化脓性关节炎。在一些非感染性病例中，中性粒细胞可渗入马滑膜液中，这一般是急性创伤性关节病和慢性关节积血所导致的。

（1）物化特性　滑膜液的体积既可能是正常的也可能显著增加。滑膜液可能会呈现从黄色到奶油色的不同颜色，可能是混浊的。如果与血液混合，就会变成棕色。液体中常含有悬浮的絮状物。

化脓性关节滑膜液的黏度通常明显降低，黏蛋白凝结试验结果通常差或非常差。这是由化脓性关节炎中细菌透明质酸酶的作用导致的。非化脓性滑膜液黏蛋白凝结试验结果也可能差（poor），但其原因尚不明确。

患有炎性关节病的马滑膜液中的蛋白质含量会持续增加。这可能是由于滑膜血管通透性的增加以及渗出物内细胞成分的降解造成的。

在化脓性关节病的诊断中，可对血浆或血清葡萄糖水平和滑膜液葡萄糖含量同时进行测量[7]。滑膜液中的葡萄糖含量明显低于血清葡萄糖水平，可能预示着化脓性关节炎。由于中性粒细胞具有消耗葡萄糖的能力，任何含有一定数量中性粒细胞的滑膜液样本都可能含有较低的葡萄糖水平。同时，这些样本中的葡萄糖含量会在样本收集后迅速下降。在大多数实验室中，滑膜液中的葡萄糖含量测量并不是常规项目。

（2）**细胞学特征**　在炎性关节病中有核细胞的数目明显增加（几乎总是>5000个/μL），甚至可能超过100000个/μL[17]。然而，样本中可能会因包含较多的细胞团块、很多的细胞碎片以及纤维蛋白而使得做出准确的细胞计数几乎是不可能实现的。在化脓性关节炎中细胞数量迅速增加。在马的一个实验模型中，感染后的24h内，平均有核细胞的计数甚至增加到了约40000个/μL[9]。

在患有炎性关节病的马滑膜液中，中性粒细胞通常是主要的细胞。与腹膜液或是胸膜液相比出现在滑膜液中的这些中性粒细胞更容易发生核变性（溶解）（图10-6），当滑膜液在载玻片上平铺时，黏液蛋白能阻碍中性粒细胞展平，进而干扰对核变性程度的评估。

许多不同的细菌均可在马中引起脓毒性关节炎。马驹放线杆菌、链球菌和大肠杆菌是引起幼马脓毒性关节炎的主要细菌。在患有脓毒性关节炎的动物滑膜液中检测致病细菌较为困难。在滑膜液中一般只含有少量的细菌，它们在中性粒细胞中被发现或是在滑膜液中呈游离状态存在（图10-7）。滑膜衬里层内细菌的数量要比滑膜液中多。革兰氏染色可用于检测滑膜液中革兰氏阳性菌，姬姆萨染色可用于检测滑膜液中的革兰氏阴性菌。

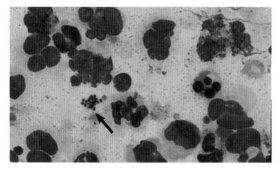

图10-6　患有化脓性关节炎的马滑膜液中出现大量中性粒细胞，可见核碎裂和核溶解

箭头所指为散在的球形菌落。

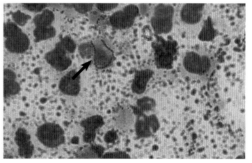

图10-7　患有化脓性关节炎的马滑膜液中存在大量核溶解的中性粒细胞和链球菌（箭头所指为链球菌）

视野中散在的颗粒为细胞坏死后的核碎片。

3. 其他疾病

（1）**急性创伤性关节病** 普通的创伤性关节病的滑膜液特征是总细胞计数<5 000个/μL，并以单核细胞为主，偶尔也可能因创伤导致滑膜液中中性粒细胞数量轻微上升。在急性创伤性关节病中罕见伴有明显中性粒细胞渗出进入到滑膜液中，而使得滑膜液中的总细胞计数>10 000个/μL，中性粒细胞>75%（图10-8）。但此类病例在诊断时容易出现误判，因为凭借细胞学特征很难将该病与化脓性关节炎区分开。滑膜液中极高的总细胞数（>40 000个/μL）不太可能由急性创伤性损伤引起；此外，由创伤引起的细胞总数升高通常在几天内会减少到<5 000个/μL。

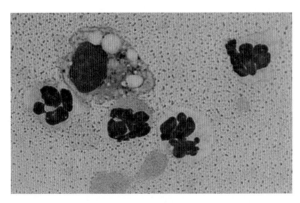

图10-8 患有急性创伤性关节炎的马滑膜液中存在中性粒细胞和巨噬细胞

（2）**慢性关节炎** 关节慢性出血本身可以引发炎症。在人和犬的血友病中，这种炎症类型是具有严重破坏性的。在慢性关节炎中细胞反应会存在很大的变化，尽管占主导的细胞通常为中性粒细胞。慢性关节炎所引起的关节积血已经在马中有过报道[18]，虽然在滑液中发现含有含铁血黄素的巨噬细胞，但却没有详细描述滑膜液的特征。关节内出血的其他细胞学指标包括噬红细胞现象，其与近期出血、胆红素结晶有关。胆红素结晶可以呈游离状态，也可能会出现在白细胞内部。

（3）**淋巴细胞性滑膜炎** 马的滑膜液样本中总细胞数>5 000个/μL，其中淋巴细胞占大部分（图10-9），而在这些样本中也会发现罕见的浆细胞（图10-10）。一匹患病马活检显示为增生性滑膜炎，滑膜有淋巴细胞浸润，类似于类风湿性关节炎或其他物种的慢性支原体关节炎。有报道称感染伯氏疏螺旋体的小马的滑膜中也有类似的反应，但却没有描述该马的滑膜液特征[19]。淋巴细胞性滑膜炎应该被视为滑膜炎病变的一个类型，而不能仅被视为一个现象。

（4）**嗜酸性粒细胞性滑膜炎** 一例马的嗜酸性粒细胞性滑膜炎，其特征为滑膜明显增生，滑膜内嗜酸性粒细胞浸润[20]。受影响关节中的总细胞数分别为8 300个/μL和9 200个/μL，嗜酸性粒细胞所占比例分别为20%和11%。引起该滑膜炎的原因尚不明确。

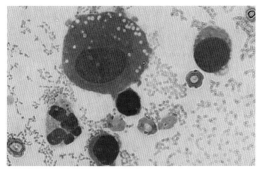
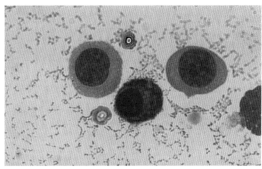

图10-9　患有淋巴细胞性滑膜炎的马滑膜液中出现的3个　图10-10　患有淋巴细胞性滑膜膜炎的马滑膜液中出现的2
　　　　淋巴细胞、巨噬细胞以及中性粒细胞　　　　　　　　　　个淋巴细胞和浆细胞

参考文献

[1] Jubb et al: Pathology of Domestic Animals, 4th ed. New York, 1993,Academic Press,pp 139-141.

[2] Duncan et al: Veterinary Laboratory Medicine. 3rd ed.Ames, 1994, IowaState University Press,pp 214-216.

[3] Davies:The cell content of synovial fluid.J Anat 79:66-73,1945.

[4] Van Pelt:Properties of equine synovial fluid.JAVMA 141:1051-1061,1962.

[5] Hilbert et al:Hyaluronic acid concentration in synovial fluid from nor-mal and arthritic joints of horses.Aust Vet J 61:22-24,1984.

[6] Van Pelt:Interpretation of synovial fluid findings in the horse.JAVMA165:91-95,1974.

[7] Tew:Synovial fluid analysis:applications in equine joint injury and dis-ease.Proc Ann Mtg AAEP,1983.pp 121-127.

[8] Bartone:Comparison of various treatments for experimentally inducedequine infectious arthritis.Am J Vet Res 48:519-529,1987.

[9] Tew: Discussion on synovial fluid analysis. Proc Ann Mtg AAEP, 1983,pp 141-144.

[10] Yancik:Evaluation of creatine kinase and lactate dehydrogenase activ-ities in clinically normal and abnormal equine joints. Am Vet J Res48:463-466,1987.

[11] Atiola:A comparison of manual and electronic counting for total nucle-ated cell counts on synovial fluid from canine stifle joints.Can J Vet Res50:282-284,1986.

[12] Palmer:Total leukocyte enumeration in pathologic synovial fluid. AmJ Clin Path 49:812-814,1968.

[13] Perman: in Kaneko: Clinical Biochemistry of Domestic Animals. 3rd ed.New York,1980,Academic Press,pp 749-783.

[14] Tew and Hackett:Identification of cartilage wear fragments in synovialfluid from equine joints.Arthritis Rheum 24:1419-1424,1981.

[15] Vrins and Feldman: Lupus erythematosus-like syndrome in a horse.Equine Pract 5(6):18-25,1983.

[16] Byars et al: Non-erosive polysynovitis in a horse. Equine Vet J 16:141-143,1984.

[17] Dyson: Synovial fluid and equine joint disease. Equine Vet J 16:79-80,1984.

[18] Dyson: Lameness associated with recurrent hemarthrosis in a horse.Equine Vet J 18:224-226,1986.

[19] Burgess:Arthritis and panuveitis as manifestations of Borrelia burgdorferi infection in a Wisconsin pony.JAVMA 189:1340-1344,1986.

[20] Turner et al: Acute eosinophilic synovitis in a horse. Equine Vet J22:215-217,1990.

第 11 章　脑脊液

　　神经系统疾病的诊断和临床管理包括仔细评估病史和环境，完整的体格检查和神经系统检查。辅助诊断程序可以包括血液学检测、血清生化检测、血清学试验、毒性试验、影像学检查和脑脊液（CSF）分析。这些测试结果与临床相结合对疾病进行鉴别诊断，从而确诊，决定治疗方案以及预后。

　　脑脊液是由大脑脉络丛超滤和主动运输产生。液体在蛛网膜下腔循环并通过中枢神经系统（CNS）静脉窦旁边的蛛网膜绒毛被吸收[1,2]。脑脊液直接与大脑和脊髓接触，其功能是缓冲、保护和滋养这些脆弱的组织。

　　当怀疑大脑或脊髓有损伤时，需要对脑脊液进行采集。根据以前的经验，脑脊液的采集程序是相对安全的，并且只需要很少的设备。但以下几种情况例外：急性颅脑损伤的马匹禁止从寰枕间隙采集脑脊液；对于需要镇静或麻醉的马匹，应仔细考虑相对风险；当马匹出现颅内压升高的情况时也不允许采集脑脊液，因为在采集的过程中大脑和小脑可能在"周围疝出"。

脑脊液常规实验室分析包括肉眼检查、细胞计数、蛋白含量测定、细胞学检查。在这些初步结果和鉴别诊断的基础上，可能需要进行额外的检测，如细菌和真菌的培养。其他检测还包括酶活性、电解质浓度、葡萄糖含量、抗体的效价和用于特异性抗原检测的聚合酶链式反应[3]。临床医生可以利用在脑脊液中检测到的相关指标的改变来做出明确的诊断。当脑脊液中有丰富的中性粒细胞，蛋白质含量增加并且伴有大量的细菌，可诊断为化脓性脑膜炎。也有一些其他情况，脑脊液的检查结果不能够明确给出诊断，但可以有效地对疾病进行分类，将疾病分为感染性、炎性、代谢性、中毒性、创伤性、退行性或肿瘤性。

一、样本采集

脑脊液可从寰枕部或脊柱腰骶部采集[1,4]。马的神经系统检查结果和临床状况决定了采集部位[5]。大脑和颈椎的病变最有可能使寰枕部位脑脊液发生异常，而脊髓尾段病变则需要采集脊柱腰骶部的脑脊液。对于一些马来说，同时收集这两个部位的脑脊液进行比较更有助于病变部位的确定。无论是从寰枕部还是脊柱腰骶部采集脑脊液，采样过程都需要准确的定位，适当的约束，合适的采样针，备皮，以及有效的样品管。寰枕部脑脊液的采集只适用于昏迷的或全身麻醉下的马匹，因为收集时必须将马匹固定并使其侧卧。脊柱腰骶部脑脊液的采集可以在成年马匹站立的情况下完成。对于小马驹，使其侧躺，既可以从寰枕部采集，也可以从脊柱腰骶部采集[6]。如果在鉴别诊断中包括狂犬病，参与收集和实验室分析的人员应特别小心。

脑脊液应收集到无菌透明的玻璃或塑料小瓶中。在无菌条件下从试管中吸取一部分，用于细胞计数、蛋白含量测定以及细胞鉴定。如果需要，样本的其余部分可用于微生物培养或化学分析。尽管大多数脑脊液样本不凝块，如果液体是带血或脓性的，应立即使用含有EDTA的采集管。如果液体在初次流出时是带血的，应该多准备几个管子，这样可以收集多个基准点，看看液体是否能够变干净。最近的一项研究表明，当从马的腰骶部位连续取出3个或4个2 mL的脑脊液时，血液污染显著减少[7]。

1. 寰枕部采集技术　在寰枕部采集脑脊液时，将马置于侧卧位，颈部弯曲，使头部和颈椎的纵轴成直角[4,8]。鼻子与颈椎纵轴平行。成年马匹蛛网膜下腔深度为5～8 cm，小马驹为2～4 cm。成年马匹应准备一根长9 cm，18～20号的穿刺针。小马驹适用长4 cm，20号的穿刺针。穿刺针从寰椎两翼的颅骨边缘和背中线的交叉点处的皮肤插入，可通过触诊枕外隆突来识别这一位置（图11-1）。针垂直于颈椎指向下颌骨的吻端，当针穿过项韧带

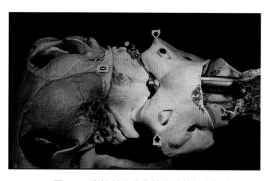

图11-1　寰枕部位收集脑脊液的解剖标志

穿刺针被放在寰椎两翼的颅骨边缘（箭头）和背中线的交叉假想线上，这一位点通过触诊枕外隆突来识别（O）。

的索状部分时，会遇到一些阻力，此时针应该继续插入，直到穿透寰枕关节膜和硬脑膜，阻力会突然消失，此时应将针芯移除让脑脊液流出。当针芯移除时不可调整针的位置。当针头靠近蛛网膜下腔时，不要移动颈部或头部。

2. 腰荐部采集技术　大多数成年马在站姿下经皮肤浸润麻醉和局部麻醉后，可以用15～20cm、18号的脊柱穿刺针插入腰荐部位。对于体型较大的马（48～68 in），建议使用长20cm的脊柱穿刺针。对于超过68 in的马匹需要使用20～23 cm的穿刺针[4,8]。解剖标志为髂骨荐结节和背中线。穿刺针从髂骨荐结节的颅缘和背中线的交界处穿入，这个部位可通过触诊第六腰椎和第二荐椎的棘突来确定（图11-2），同时眼观这个部位也会发现皮肤有凹陷。穿刺针垂直于脊柱的长轴刺入，直到穿透弓间韧带、硬脑膜和蛛网膜，阻力会突然消失。成年马匹蛛网膜下腔平均深度为13 cm，针刺入蛛网膜下腔可能伴有兴奋、尾部运动、骨盆肢体屈曲或中轴肌收缩[1]。

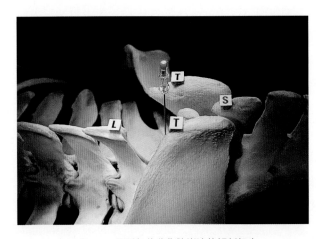

图11-2　腰荐部位收集脑脊液的解剖标志

针垂直于脊柱长轴插入，在中线和髂骨荐结节(T)的颅缘交点处。中线由第六腰椎(L)和第二荐椎(S)的棘突确定。

二、实验室评定

与其他体液一样，脑脊液化验分析包括大体外观检查、细胞计数、蛋白质含量测定、细胞鉴定和特殊化学分析[9]。细胞，尤其是中性粒细胞，由于其蛋白含量和电解质浓度较低，与相应的血浆值不同，在脑脊液中会迅速退变和溶解。因此，细胞计数和制备用于细胞鉴定的玻片涂片的程序应在收集后30min内完成。可以将8～10滴的新鲜脑脊液与1 mL 40%的乙醇混合，或者通过添加自体血清来保存用于制备载玻片的细胞[1]。在0.25 mL的脑脊液中加入1滴自体血清，储存在4℃，可在48h内保持细胞形态和分类计数结果[10]。蛋白质含量的测定和特殊的测定可以使用无添加剂的冷藏或冷冻的脑脊液进行。

1. 大体外观 采用自然光或白色背景对脑脊液样本的颜色和混浊度进行视觉检查是最好的选择[8]。一个带有白色线条背景的检测卡能够精准地判断颜色和混浊度。

正常脑脊液透明，无色，水样，不形成凝块[3,8]。任何颜色或混浊度的偏差都视为异常，应确定原因。脑脊液混浊的原因包括：细胞总数升高，存在微生物或蛋白质含量显著增加[1,8]。细胞计数大于400～500个/μL时脑脊液必然会变得混浊。骨髓造影剂或收集过程中吸入的脂肪也可能导致混浊。对脑脊液进行外观评估时发现的异常颜色有红色、鲜红色、黄色和不透明白色（图11-3）。带白色色调的云雾状脑脊液表示有核细胞显著增加。偏红色的或鲜红色液体表明病理性或医源性出血[1,4,8]。

对采集过程中的出血和由外伤或疾病引起的出血进行区分是十分重要的。医源性出血发生在脊椎穿刺针穿透脑膜血管或周围组织时。这可以通过在采样过程中仔细观察从针上滴下的液体颜色以及对样本进行大体和镜下检查来识别。脑脊液在收集开始时呈红色或血样，随后变透明，表明是医源性出血。此外，离心后上清液有明显的红色或血性液体表明是医源性出血。涂片染色进行显微镜检测可见血小板和不皱缩的红细胞。

由疾病引起的蛛网膜下腔出血可表现为脑脊液呈红色或带血，离心后上清液呈黄色。黄变是由红细胞分解产物、氧血红蛋白和胆红素引起的脑脊液的变黄。其他原因包括脑脊液蛋白浓度明显增加（＞400 mg/dL）和重度黄疸导致的血浆胆红素穿过血脑屏障。蛛网

图11-3 脑脊液的宏观检查

在检测卡上查看，以评估颜色和混浊度。从左到右，正常脑脊液，轻度黄变，中度黄染性脑脊液，出血引起的红色混浊性脑脊液，以及患有细菌性脑膜炎的马的混浊的红色脑脊液。

膜下腔出血可引起溶血导致红细胞释放氧血红蛋白，会在2～4h内发生黄变，24～36h达到高峰，并可能持续4～8d。

胆红素在蛛网膜下腔出血48h后会出现在脑脊液中，并可能持续3周或4周。病理性出血的显微镜下特征包括巨噬细胞内存在含铁血黄素、血红蛋白和噬红细胞现象。没有黄疸病史的马脑脊液中的黄变表明先前有出血，可能与创伤、肿瘤、血管疾病或传染病有关。

2. 蛋白质浓度和折射率　与其他体液相比，正常马脑脊液的蛋白质浓度和折光指数非常低（表11-1）。正常脑脊液中的大多数蛋白质是白蛋白，对于血清蛋白检测的常用方法，如双缩脲试剂或蛋白折射仪，是不敏感的。定量和定性的方法可用于脑脊液蛋白分析。

表 11-1　成年马脑脊液参考值

测 试	参 考 值
外观	透明，无色
白细胞计数	0～8个/μL
蛋白质	20～80 mg/L
折射率	1.334 7～1.335 0
分类计数	小淋巴细胞70%
	单核细胞、巨噬细胞30%

在离心样本的上清液中，脑脊液的折射率反映了蛋白质含量和其他溶质的浓度，如电解质或葡萄糖。悬浮颗粒（如细胞、细菌）会增加折射率。溶血红细胞上清液的血红蛋白变色或放射线造影剂的存在可能会错误地提高折射率[3]。对于透明无色的脑脊液，脑脊液折光指数的增加通常表明蛋白质浓度升高。

脑脊液蛋白的定量测定通常采用三氯乙酸比浊法、考马斯亮蓝或胭脂红染色结合法。这些方法需要一个分光光度计测定脑脊液中的白蛋白和球蛋白[8]。考马斯亮蓝法会降低球蛋白浓度。马脑脊液蛋白的参考范围远高于其他动物已报道的参考范围（表11-1）。高于此范围的值必须结合临床症状、神经系统检查和其他实验室结果来解读，因为已经确定的常马的脑脊液蛋白值在100～120 mg/dL范围内[3]。小于1周龄的小马驹的脑脊液蛋白值在90～180 mg/dL，在出生后2周内逐渐下降到成年马水平[6,11]。比较从寰枕和腰骶部位采集的样本的蛋白值有助于确定病变部位。当蛋白质浓度的差异大于25 mg/dL时，蛋白浓度较高的部位可能是病变区[12]。

Pandy和Nonne-Apelt试验可用于检测脑脊液中球蛋白水平的增加[1,8]。两种方法的试剂都会导致明显可见的球蛋白沉淀。Pandy试验试剂是将10 mg石炭酸晶体溶解在100 mL蒸馏水中的。在1 mL试剂中加入几滴脑脊液，观察溶液混浊度。Nonne-Apelt试验的试剂是硫酸铵饱和溶液。在1 mL试剂表面滴加几滴脑脊液，观察界面有无沉淀。对于这两个试验，沉淀量主观等级可分为0～3+。正常的脑脊液在两种测试中都不会产生明显的沉淀物，因为正常脑脊液中的主要蛋白质白蛋白不参与反应。Pandy和Nonne-Apelt试验已被定量方法取代，这些方法测量了疱疹病毒和原生动物脊髓炎的球蛋白、特异性免疫球蛋白（IgG、IgM、IgA）和抗体滴度[3]。

脑脊液蛋白升高的原因一般包括血脑屏障通透性增加，中枢神经系统中的免疫球蛋白合成增加，神经组织变性或坏死以及脑脊液循环受阻[2,8,13]。蛋白质浓度必须与细胞计数和细胞分类计数结合起来解释。在患有化脓性脑膜炎或脑炎的马匹中，蛋白质含量最高[13]。这些马的脑脊液中有核细胞数明显增加，主要是中性粒细胞和不同数量的细菌。患有中枢神经系统肿瘤马匹的脑脊液蛋白浓度往往会增加，但细胞计数结果通常正常或略有增加，主要以单核细胞为主。

非化脓性炎性疾病的特点是脑脊液蛋白浓度显著增加，但细胞计数结果正常。局部合成的免疫球蛋白和血管炎可能是蛋白质浓度和细胞计数结果之间缺乏相关性的机制。当总蛋白含量升高时，可能需要通过电泳或测量免疫球蛋白水平来定量白蛋白和球蛋白的组分，以区分原因，包括由坏死或炎症引起的椎管内出血和医源性出血，以及之前提到的原因[14,15]。蛛网膜下腔出血对总蛋白浓度的影响最小，但可影响免疫球蛋白水平。

3. 细胞计数　细胞计数需在采样后30 min内完成，因为脑脊液中的有核细胞在采集后会迅速退变。对于大多数脑脊液样本，红细胞（RBC）和白细胞（WBC）计数可以通过直接在血细胞仪中加入未稀释的脑脊液来进行[8]。细胞计数板可以静置5 min，以使细胞落在网格上。对九个方格内的红细胞和白细胞进行计数。所有9个方格中每种细胞类型的总数乘以1.1得到每微升的红细胞和白细胞的数量。在血细胞计数板中，红细胞为小的、折光的、浅褐色，呈圆形、盘状或皱缩的细胞（图11-4）。白细胞比红细胞大，有不规则的细胞边缘，颗粒状细胞质和几乎不可见的细胞核。细胞计数的正常范围见表11-1。如果细胞数较多或难以识别白细胞和红细胞，则将样本在含有0.2 g/dL结晶紫的10%冰醋酸中用白细胞移液管稀释[3]。这种液体可以着染白细胞核并溶解红细胞。将稀释液吸至移液管的刻度1，再吸取脑脊液样本至刻度11。搅动移液管，弃去前几滴，然后填充计数板。对所有9个正方形格中的细胞进行计数，总数乘以1.2得到每微升的白细胞数。

利用公式和因子对采集过程中外周血污染的细胞计数和总蛋白值进行校正。标准公式使用血液和脑脊液中的红细胞计数以及血液中的白细胞计数来校正脑脊液中的白细胞计数结果如下[2]:

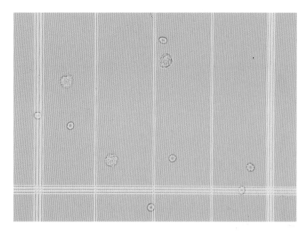

图11-4 血细胞仪网格上白细胞和红细胞的显微识别

在中间的3个大矩形中，每个矩形的格子边缘都有少许不规则的大细胞，它们都是白细胞。红细胞较小，浅褐色，呈圆形，中心有凹陷。（原始放大400倍）

校正后脑脊液中的白细胞数=脑脊液内白细胞数－（血液白细胞数×脑脊液内红细胞数/血液红细胞数）

总蛋白值可代替相应的白细胞值来计算校正后的脑脊液总蛋白。被广泛应用的衡量因素为脑脊液中红细胞数每上升1 000个/μL蛋白含量就上升1mg/dL，红细胞数量每上升500个/μL则脑脊液中的白细胞数就上升1个/μL。根据对马脑脊液的研究，这种换算方式并不适用。

4. 细胞分类计数和细胞鉴定 正常的脑脊液中只含有非常少的有核细胞。患有炎性疾病的马的白细胞计数很少超过1 000～2 000个/μL。因此，在显微镜检查前必须将细胞浓缩。脑脊液中的细胞成分可以通过沉淀、过滤或在标准实验室离心机或细胞离心机中离心浓缩[8,16]。无论采用哪种方法，应在采集后30min内进行制片，除非如前所述，将自体血清或乙醇添加到新鲜脑脊液中以保存细胞。如果没有选择适合的方式保存，大约1/3的细胞会在24h内解体，而化脓性脑膜炎动物的中性粒细胞会优先减少[10]。这表明，在处理不当的样本中，分类计数可能会出现偏差。

通过使用现有设备离心或沉淀浓缩细胞。用每分钟转速200r的离心机离心脑脊液5min（大多数台式机转速为1 000r/min）便可浓缩细胞。上清液吸出保存用于蛋白质的测定或其他测试。加入几滴血清或7%牛血清白蛋白溶液后，将沉淀物重新悬浮，并在载玻片上涂片。向沉淀物中添加蛋白质可保护细胞，提高涂片质量。载玻片可以用瑞氏染色剂、姬姆萨染色剂或Diff-Quik染色剂染色。

细胞可以用一种特殊的装置通过重力沉降浓缩（图11-5）[3,16]。用热手术刀从15 mL塑料离心管的开口端切下2 cm的圆环。圆环光滑的一端浸在熔化的石蜡或热石蜡中，放

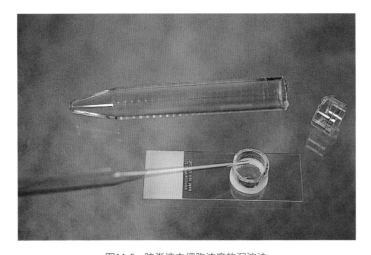

图11-5　脑脊液中细胞浓度的沉淀法

塑料离心管的断头用石蜡封在载玻片上。脑脊液通过管道进入腔室，30min内便会形成沉淀物。

在干净的载玻片上，将脑脊液(0.5～1.0 mL)吸入圆环腔内，使其沉淀30 min。沉淀后，轻轻吸去上清液，拆除圆环，用滤纸或无尘纸巾小心吸收少量剩余脑脊液。切片在染色前风干。

诊断实验室或教学医院可提供所需专门设备进行过滤和细胞离心。细胞离心机通过将液体直接旋转到玻片上，并将细胞集中在玻片上的一个小圆形区域，从而产生均匀的流体标本薄膜。膜过滤需要过滤设备，酒精固定和巴氏或苏木精伊红染色技术[17]。

正常脑脊液细胞多为单核白细胞(80%～90%)，其中又以小淋巴细胞为主，单核细胞和巨噬细胞较少（图11-6和图11-7）[9,13]，偶见中性粒细胞，罕见嗜酸性粒细胞。有核细胞计数增加(脑脊液细胞增多)或蛋白浓度增加的脑脊液样本需要仔细的显微镜评估。当出现中性粒细胞增多症时，应怀疑有细菌感染（图11-8）。观察到伴有嗜酸性粒细胞的混合脑

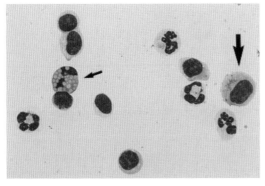

图11-6　非感染性脑膜脑炎马脑脊液混合炎症细胞反应

多数为小淋巴细胞，少数中性粒细胞，一个嗜酸性粒细胞(小箭头)和一个单核细胞(大箭头)。（原始放大500倍；瑞氏染色）

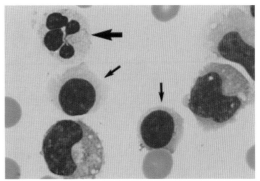

图11-7　脑脊液中正常的白细胞形态

两个小淋巴细胞(小箭头)被单核细胞和一个中性粒细胞(大箭头)包围。（瑞氏染色；放大1000倍）

脊液细胞增多时应考虑真菌、原生动物或寄生虫的移行[4]。病毒性疾病常引起轻度单核白细胞增多症，由淋巴细胞和数量较少的巨噬细胞组成[18]。

退行性疾病通常引起巨噬细胞、淋巴细胞和中性粒细胞的混合脑脊液细胞增多。当巨噬细胞数量显著升高时，应检查细胞质是否含有色素和吞噬物质。吞噬红细胞现象，或出现含铁血黄素，表明有出血。巨噬细胞吞噬细胞可能是退行性疾病或炎症过程的特征（图11-9）。在极少数情况下，受损神经纤维的髓鞘碎片在背景中出现或被巨噬细胞吞噬（图11-10）。

马中枢神经系统疾病的临床表现、神经学评估和一系列实验室检测结果已被描述[13,17~23]。表11-2中包含在多种疾病中的脑脊液变化的具体例子。

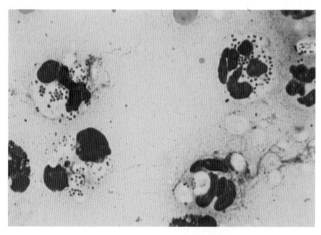

图11-8 来自感染性脑膜炎马驹的脑脊液

中性粒细胞退化，并含有大量吞噬细胞的球菌。（原始放大1000倍；瑞氏染色）

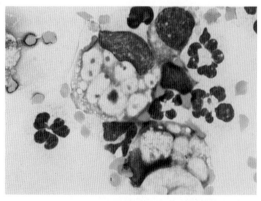

图11-9 溶解性脑膜炎的马脑脊液中的细胞吞噬现象

中性粒细胞、巨噬细胞和淋巴细胞的混合物。中心和底部的巨噬细胞含有吞噬细胞的细胞碎片，不应与真菌菌体混淆。（原始放大1000倍；瑞氏染色）

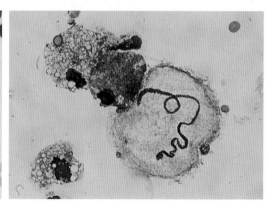

图11-10 坏死性脑脊髓炎马脑脊液髓鞘碎片

巨噬细胞旁边的大球状结构内含有一长螺旋状的髓鞘碎片。（原始放大400倍；瑞氏染色）

表 11-2　患有中枢神经系统疾病马匹的脑脊液检测结果

疾病	外观	白细胞 （个 /μL）	红细胞 （个 /μL）	蛋白质 （mg/dL）	细胞学检查 结果	其他的观察
医源性出血	淡红色的	8	2 300	60	红细胞 少量血小板	上清液透明
蛛网膜下腔出血	淡红色的	10	1 749	53	吞噬红细胞 现象	黄变
颈椎压迫	透明	0	5	59	正常	
原虫性脊髓炎	混浊黄变	80	1 900	96	M90%, L 8% S 2%	AST 25 IU/L CK 1 335 IU/L
蠕虫性脑脊髓炎	透明黄变	145	135	83	M 2%, L 25% S 68%, E 5%	
马尾神经炎	混浊黄变	6	666	108	M 5%, L 61% S 34%	
狂犬病	透明	88	102	60	M 13%, L 86% S 1%	AST 25 IU/L CK 1 335 IU/L
化脓性脑膜炎	混浊	1 870	671	340	M 6%, L 1% S 93%	细菌
单纯性脑脊髓炎	混浊黄变	5	1 655	108	M 14%, L 57% S 29%	

M，单核细胞或巨噬细胞；L，小淋巴细胞；S，中性粒细胞；E，嗜酸性粒细胞；AST，谷草转氨酶；CK，天冬氨酸转氨酶。

5. 特殊的化学分析　脑脊液中钠、氯和镁的浓度高于血浆，而葡萄糖、钾、肌酸激酶(CK)和天冬氨酸氨基转移酶(AST)等酶的浓度低于血浆[2,3]。这些化学差异来源于参与形成和吸收脑脊液的主动转运机制，以及来自血脑屏障和血脑脊液屏障。为了正确解读，脑脊液中的化学分析应与血清中的化学分析同时进行。参考范围列于表11-3，但是因为方法各不相同，各实验室应校准各自的参考范围[2,9,11,12]。

脑脊液中葡萄糖浓度与血浆浓度成正比，但比血浆浓度低30%~60%[89]。因此，高血糖和低血糖会相应地升高和降低脑脊液葡萄糖浓度。在有明显中性粒细胞增多症(感染性或非感染性)的马匹中，脑脊液中葡萄糖含量减少。这一现象可能由白细胞和细菌消耗葡萄糖引起。脑脊液葡萄糖测定在中枢神经系统败血症的诊断中并无价值，细胞学检查和细菌培养更有特异性。酶不会渗透穿过正常马的血脑或血脑脊液屏障。

表 11-3　马脑脊液化学分析参考值范围

化　验	参　考　值
钠（mg Eq/L）	140～150
钾（mg Eq/L）	2.5～3.5
氯（mg Eq/L）	95～123
钙（mg/dL）	2.5～6.0
葡萄糖（mg/dL）	30～70*
白蛋白（mg/dL）	34～64
IgG（mg/dL）	3.0～22
CK（IU/L）	0～8*
AST（IU/L）	7～24*

IgG，免疫球蛋白G；CK，肌酸激酶；AST，天冬氨酸转氨酶。
* 表示为进行解读，必须同时测定脑脊液值和血清值进行比较。

　　正常马脑脊液肌酸激酶和天冬氨酸转氨酶活性较低，是神经组织逐渐释放的结果。这些酶的增加是由于在异常的血脑脊液屏障通透、神经组织坏死或退化、急性炎症、出血以及采集过程中的血液或组织污染[1,2,8,12]。需要比较脑脊液和合并血清指标，以及细胞计数、蛋白浓度和细胞学检查来解释酶的检测结果。肌酸激酶活性的增加被认为是髓鞘变性的标志，但数值正常也并不能排除中枢神经系统疾病存在的可能[8,12]。在临床表现为中枢神经系统疾病的马匹中，脑脊液肌酸激酶活性的增加常常与原生动物脊髓炎有关[24]。其他原因可能包括创伤、特发性癫痫、肉毒中毒、关节突骨折、椎间盘突出和毒血症。疾病的严重程度并不总是与酶的活性结果相关，但当观察到酶活性增加时，预后较差。

参考文献

[1] De Lahunta: Veterinary Neuroanatomy and Clinical Neurology. 2nd ed.Philadelphia,1983,Saunders,pp 30-52.
[2] Bailey andVernue,in Kaneko:Clinical Biochemistry of Domestic Animals. 5th ed.New

York,1989,Academic Press,pp 786-827.

[3] Green and Constantinescu: Equine cerebrospinal fluid: analysis. Compend Contin Educ Pract Vet 15:288-302,1993.

[4] Mayhew: Large Animal Neurology: a Handbook for Veterinary Clinicians.Philadelphia,1989,Lea & Febiger,pp 49-55.

[5] Hayes:Examination of cerebrospinal fluid in the horse.Vet Clin North Am (Equine Pract) 3(2):283-291,1987.

[6] Adams and Mayhew: Neurologic diseases. Vet Clin North Am (Equine Pract) 1(1):209-234,1985.

[7] Sweeney and Russell:Differences in total protein concentration,nucleated cell count,and red blood cell count among sequential samples of cerebrospinal fluid from horses.JAVMA 217:54-57,2000.

[8] Duncan et al, in Oliver, Hoerlein, and Mayhew: Veterinary Neurology.Philadelphia,1987,Saunders,pp 57-64.

[9] Mayhew et al: Equine cerebrospinal fluid: reference values of normal horses.Am J Vet Res 38:1271-1274,1977.

[10] Bienzle et al:Analysis of cerebrospinal fluid from dogs and cats after 24 and 48 hours of storage.JAVMA 216:1761-1764,2000.

[11] Rossdale et al:Biochemical constituents of cerebrospinal fluid in premature and full term foals.Equine Vet J 14:134-138,1982.

[12] Smith et al:Central nervous system disease in adult horses.Part I.A data base.Compend Contin Educ Pract Vet 9(5):561-569,1987.

[13] Beech:Cytology of equine cerebrospinal fluid.Vet Pathol 20:553-562,1983.

[14] Bentz et al: Diagnosing equine protozoal myeloencephalitis: complicating factors.Compend Contin Educ Pract Vet 21(10):975-981,1999.

[15] Bernard:Equine protozoal myelitis:laboratory tests and interpretation.Proc Int Equine Neurol Conf,1997,pp 7-10.

[16] Jamison and Lumsden:Cerebrospinal fluid analysis in the dog:methodology and interpretation.Semin Vet Med Surg Small Anim3(2):122-132,1988.

[17] Freeman et al:Membrane filtration preparations of cerebrospinal fluidfrom normal horses and horses with selected neurologic diseases. Compend Contin Educ Pract Vet 11(9):1100-1109,1989.

[18] Smith et al: Central nervous system disease in adult horses. Part III.Differential diagnosis and comparison of common disorders.Compend Contin Educ Pract Vet 9(10):1042-1053,1987.

[19] Smith et al: Central nervous system disease in adult horses. Part II.Differential diagnosis. Compend Contin Educ Pract Vet 9(7):772-780,1987.

[20] Miller and Collatos: Equine degenerative myeloencephalopathy. Vet Clin North Am (Equine Pract) 13(1):43-52,1997.

[21] MacKay: Equine protozoal myeloencephalitis. Vet Clin North Am (Equine Pract) 13(1):79-96,1997.

[22] Wilson:Equine herpesvirus-1 myeloencephalopathy.Vet Clin North Am (Equine Pract) 13(1):53-72,1997.

[23] Yvorchuk-St.Jean:Neuritis of the cauda equina.Compend Contin Educ Pract Vet 3(2):421-

428,1987.

[24] Furr and Tyler: Cerebrospinal fluid creatine kinase activity in horses with central nervous system disease: 69 cases (1984-1989). JAVMA 197:245-248,1990.

第 12 章 子宫内膜

　　母马的生殖健康评价基于该母马的繁殖历史、生殖状况和体检结果，并据此建立一个更全面的数据库来辅助决策和预测。子宫内膜炎的诊断应采取循序渐进的方法。

　　检查首先从外部评价开始，包括尾部、外生殖器结构、会阴、两后肢内侧和外阴，作为判断是否有化脓或出血性分泌物的依据。然后再通过直肠触诊和超声检查对马匹进行内部生殖道的彻底检查。直肠触诊有助于确定子宫大小，对称性和超声回声结果，尽管少量宫内积液可能无法检测到，但大量积液的检测还是比较容易检测的。如果结果符合妊娠反应，就应当引起重视。触诊后，进行内部生殖结构直肠超声检查，可对以下方面有更精准的判断：①检测怀孕；②评估子宫和宫颈回声，子宫大小和内容物；③确定胎儿的生存能力（如有）；④对宫内少量积液进行评估。确保母马未怀孕是在进行进一步侵入性操作来诊断和评估子宫内膜炎或子宫内膜异位症之前的关键诊断步骤。使用经直肠超声检测宫内积液在临床上是有用的，因为它与子宫腔液的检测，子宫内膜细胞学检查中炎症细胞的回收以及子宫内膜培养样本中病原菌的分离呈正相关 [1,2]。此后采集活组织样本和"保护"（受保护的）拭子子宫内膜样本进行细胞学试验，好氧或微需氧培养和组织病理学检查。医生将根据母马的年龄、繁殖历史和目前存在的问题决定进行上述的一项或多项检测。

Diagnostic Cytology
and Hematology of the Horse
Second Edition

一、样品采集

据报道，早在1961年子宫内膜细胞学已成为兽医文献临床上的实用技术[3]。之后许多其他临床和对照研究也对细胞学检查作为种母马诊断程序的实用性，解读和有效性进行了报道[4~24]。

子宫内膜细胞学样本的采集方法有：用湿润的无菌棉签或海藻酸钙拭子，进行环状刮取，对子宫使用少量液体冲洗。海藻酸钙拭子优于棉签，来避免棉纤维脱落到载玻片上[11]。如果能满足下述条件，这些方法的临床差异不大：①采样过程不损伤子宫内膜，或将病原体引入子宫内；②足以获得可靠的细胞学结果的子宫内膜和其他细胞。对于从业者而言，所选择的检查项目应该相对快速并且材料常见简单易行，这些耗材应在临床中容易获得或能运送到农场中。

应将母马尾巴包裹固定在一旁，使用水、棉花和温和的非消毒肥皂进行会阴擦洗，然后用干净的水彻底清洗，并用干净的纸巾擦干。医生应戴无菌、及肩长的塑料产检手套，然后将无菌的非抑菌产科润滑剂放在戴着手套的手背面。无菌采集装置应由戴着手套的手保护，并引导通过外阴进入阴道，避过腹侧的尿道开口，并向颅侧推进，直到触到宫颈。动作轻柔地将一个或两个手指完全插入子宫颈，停在子宫体内。然后小心地将收集装置从手指之间导入子宫内。

无论是使用一个有防护的无菌棉签，还是藻酸钙拭子用于收集样本，还是使用人工授精枪无菌冲洗导管，用盐水灌洗以收集样本，都应遵循该基本程序。在引入防护拭子之前，对阴道和宫颈应进行彻底的指检，从而节省时间并减少母马阴道被入侵的次数。

使用一个无菌的子宫培养保护装置，在采集子宫内膜培养物和细胞学检测样本时，使用无菌载玻片，避免培养样本被污染的风险。还有许多设计各异的带有或不带有保护的子宫内膜培养装置可供选择。关键在于用手或通过采集工具的设计来保护拭子，避免污染从外阴、阴道和宫颈细胞中回收的细胞学样本。防护拭子装置也可以与阴道镜一起使用，作为一种替代无菌产检手套或手动方法的方案。

收集子宫内膜细胞的另一种方法是少量液冲洗或灌洗。将无菌授精移液管插入子宫体后，使用连接在移液管远端的60mL注射器将50mL的无菌0.9%氯化钠溶液迅速冲入子宫。在用注射器快速抽回液体时，操作者的食指应在宫颈内引导移液管尖端。左右和上下移动移液管，以便回收液体。大多数情况下，可回收1~5mL。回收后，在母马阴道口处保护移液管尖端，将移液管中吸出的液体放入干净或无菌的容器中进行处理。

与拭子相比，用冲洗或灌洗的方式回收的方法可以提供更具有代表性的子宫腔内细胞样本[20]。尽管在一些母马上需要考虑这一点，但出于实际考虑（例如，细胞学和培养的同时取样），更多地使用了保护拭子技术。在获得用于培养和细胞学检查的样本之后，可收集用于组织病理学检查的子宫内膜活检样本，以避免血液污染样本。

二、样本处理

准备预清洗过的无菌载玻片，放在塑料或纸质的信封中灭菌。灭菌前在信封外再加套一层信封，有助于确保运输和储存期间的长期无菌。如果样本是通过带有棉质或海藻酸钙尖端的防护拭子获得的，则摘除保护套，并将拭子的尖端在玻片的长轴上轻轻滚动几次，使收取的细胞转移到无菌载玻片上。每次细胞学检查做好两张玻片，一张让医生染色进行即时评估，另一张用作备份以防运输中第一张玻片破裂或损坏，并可以选择另一种方法进行染色。然后将相同拭子的尖端放入无菌微生物转运培养基中，以保存可能已经回收的细菌病原体。

使用Accu-Culshure装置时，要用浸有酒精的纱布或干净的纸巾擦拭外套管的顶端，将装置顶端的材料推到无菌载玻片上，使用另一片干净的载玻片将收集的材料在放有样本的载玻片表面推开或涂开。通过Accu-Culshure回收的细菌培养样本要与细胞学样本的回收区分开。微生物培养的部分根据说明书进行适当处理。这样制成的载玻片可放回载玻片邮寄盒中，以便运输到医生办公室或邮寄到实验室。载玻片可以风干，也可在农场或诊所立即进行迪夫快速染色。

使用生理盐水洗涤、冲刷或灌洗获得的样本比使用防护拭子获得的样本需要更多的处理。所收集的液体样本可以放置在无菌的干净试管中或放置在含有5mL 40% 乙醇防腐剂的试管中。液体样本必须离心，取离心管底部沉淀细胞进行细胞学涂片制备。

三、染色方法

风干或乙醇固定后的载玻片可立即用改良的瑞特或迪夫快速染色。风干法与细胞学标本湿固定法比较各有优劣。风干可保存细胞材料（更少的损失），但损害细胞细微结构。含有较多黏液的样本，当风干时会因黏蛋白物质的深色染色，而掩盖载玻片上的细胞，影响观察。湿固则使部分黏蛋白脱离载玻片，保留细胞的细节。当用于子宫内膜细胞学检查的保护拭子回收物含有中等到大量的黏液时，涂抹的载玻片应立即用迪夫快速染色，而不是等到它风干。或者，可以将黏液污染拭子放入盐水或40％乙醇溶液并离心回收样本的细胞。迪夫快速染色为大多数常规子宫内膜细胞学检查提供了足够的染色和细胞细节。其他染色方法包括湿固定样本的快速巴氏三色染色法[22]和风干样本的革兰氏碘液染色法或瑞氏姬姆萨染色法。

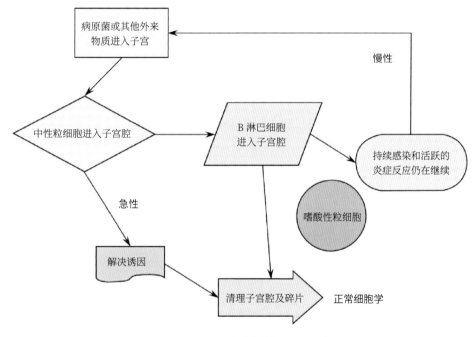

图12-1 马子宫内膜炎性细胞级联反应

四、评价与解读

子宫内膜细胞学检查的主要临床应用是确定子宫内是否存在表明活跃炎症反应的细胞(图12-1)[23,25]。细胞学检查应验证或支持进一步检查的必要,如子宫内膜培养。因此，细胞学检查应该在农场或收集当天在医生的诊所(或其他方便地方进行光学显微镜检查)及时进行来确定是否需要子宫内膜培养。若立即操作或采样后不久操作,检查结果可进一步为医生提供动物对宫内或系统性治疗反应的信息。医生可以在母马仍在接受检查期间确定是否需要进行进一步的治疗或诊断性测试。当同一个样本的细胞学检查结果未观察到相应的炎症反应时，医师应该对子宫内容物分离培养获得的微生物的临床意义提出质疑。

在马养殖业中，越来越多地将子宫细胞学检查结果阴性（无炎症）作为让母马进行自然交配或人工授精的标准，而不是子宫内膜分离培养结果阴性（未分离到病原菌）。非常多的母马仅有子宫培养阳性结果，而缺乏细胞学炎性结果，指示性的组织病理学结果，宫内积液的超声检查证据或阴道脓性分泌物的证据的情况下，就接受了毫无根据的宫内抗菌治疗。子宫内膜细胞学的炎性结果与子宫内膜分离培养获得病原微生物的相关性为76%~88%[10,13,14,23]。比较子宫内膜组织病理学和细胞学中的急性炎症变化，其正相关性为70%~75%[10,26]。

评价涂片应从光学显微镜的低倍镜（10倍物镜）开始（图12-2）。应检查载玻片以初步确定细胞数量和形态。

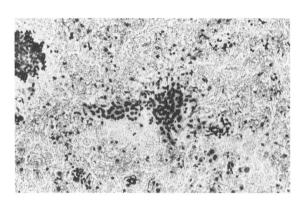

图12-2　正常母马的子宫内膜细胞学表现
(原始放大×100；Diff-Quik染色)

包括以下问题：

• 是否能回收足够的细胞，以便进行合理的解读？

• 细胞是均匀地分散、呈团块，还是聚集？

• 细胞是否得到充分保存和染色，以便进行正确的识别？

• 是否存在可能干扰细胞类型鉴定的外来物质（如黏蛋白渗出物）？

• 是否有异物（例如，棉纤维、头发、粪便或植物碎片、尿结晶、灰尘）？

经医生确定载玻片的制备质量足以达到预期目的后，应该使用40×物镜继续检查（图12-3）。子宫内膜上皮细胞通常是柱状，有或无纤毛。它们可能分散为单个细胞或呈细胞群、片状或团块状。部分细胞的细胞质中含有黏液滴，细胞核位于细胞底部，有深色或点状染色质图案；有些可见单个圆形核仁。上皮细胞的非典型表现可能包括细胞质颗粒增加，空泡化，核固缩或变性，以及"巨"细胞的形成。

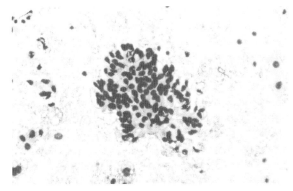

图12-3 正常母马的子宫内膜细胞学表现
（原始放大400倍；迪夫快速染色）

应注意炎症细胞的类型，数量和细胞的质量。中性粒细胞（多形核白细胞，PMNs）可能数量很少，在细胞结构上保存良好，或许多中性粒细胞可能出现在各个视野，从保存完好到退化不等（图12-4）。在超过数天的活跃的炎症反应后，常见中性粒细胞核分叶过多的现象（图12-5）。急性炎症反应时，中性粒细胞数多但具有相对非退化的核。

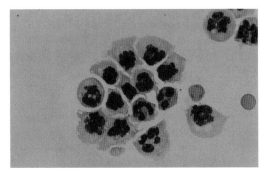

图12-4 子宫内膜细胞学中的多形核白细胞,来自兽疫链球菌感染母马
（原始放大1000倍；迪夫快速染色）

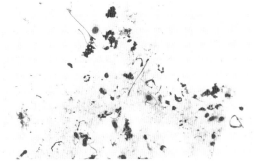

图12-5 慢性活跃性子宫内膜炎母马多形核白细胞在退化，表现为核分裂过多和固缩
（原始放大400倍；迪夫快速染色）

淋巴细胞表现为小的、胞质少、比较暗的细胞（图12-6）。可通过带有"钟面"样染色质的偏于细胞一侧的细胞核来识别浆细胞，与淋巴细胞相比，浆细胞的细胞质稍丰富并且蓝色更深（图12-7）。马的嗜酸性粒细胞在子宫内膜细胞学中通常比中性粒细胞大，并有粉红染色，细胞质内颗粒大而圆并且有分叶核（图12-8）。

巨噬细胞可能被观察到，尤其是在子宫内膜炎的消退期或在春季或秋季过渡期和冬季的乏情期。巨噬细胞通常都很大，具有泡沫状，浅灰色至浅蓝色的细胞质，并可能在细胞质中有空泡。有些可能在吞噬体中含有细菌或酵母。可能会在产后母马，或最近接受过子宫内膜活检的母马，以及一些有活动性炎症或其他宫内创伤的母马的样本中观察到呈淡染、浅灰色至粉红色的红细胞，在显微镜下可表现为分散在其他细胞之间的"影"细胞（图12-9）。

图12-6 子宫内膜细胞学中的小单核白细胞
（原始放大400倍；迪夫快速染色）

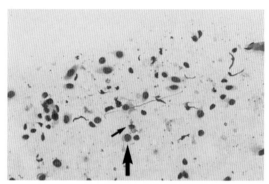

图12-7 子宫内膜细胞学中的浆细胞（箭头）
（原始放大400倍；迪夫快速染色）

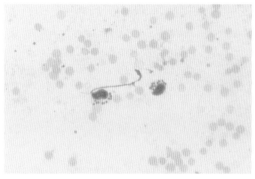

图12-8 子宫内膜细胞学中的嗜酸性粒细胞
（原始放大1 000倍；迪夫快速染色）

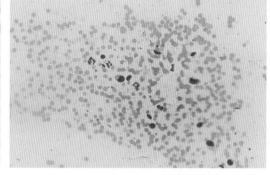

图12-9 子宫内膜细胞学中的红细胞
（原始放大400倍；迪夫快速染色）

出现无核的鳞状上皮型的阴道上皮细胞，表明样本被污染或收集不当，因为目标区域是子宫，而不是阴道（图12-10）。宫颈上皮细胞呈鳞状、立方形至柱状，比子宫内膜细胞体积小，染色更深，通常被发现呈片状和团块，而不是单独被发现（图12-11）。噬铁细胞是含铁血黄素巨噬细胞，通常出现在产后子宫复旧的各个时期中，最长可达30～45d。

黏液丝可能是明显的，散布在细胞或细胞团块之间，并应在发情期间收集的样本中更为突出。正常母马的黏液形态应该是比较轻薄并且染色较浅。在异常情况下，黏液往往趋向于变厚、重、颗粒状，染色较深，并伴有碎片或退化的细胞质团块。可能会见到尿结晶，表明尿液在子宫、子宫颈或阴道内淤积。

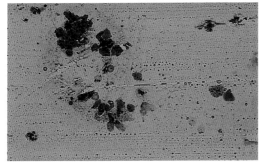

图12-10　子宫内膜细胞学中的阴道鳞状上皮细胞
（原始放大400倍；迪夫快速染色）

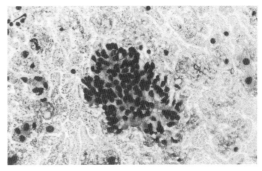

图12-11　子宫内膜细胞学中的宫颈上皮细胞
（原始放大400倍；迪夫快速染色）

每5个微观视野（400倍放大）出现一个或两个以上中性粒细胞就表明为活跃的炎症反应[4,9,11,18,24]。因为子宫内膜涂片的细胞结构可能根据生殖周期的不同阶段、采集方法和细胞学涂片制备而有所不同，因此每个高倍视野中的多形核白细胞数量不如镜下对100个或更多个细胞的分类计数一致和可靠。子宫内膜细胞/中性粒细胞比例小于40：1或在分类细胞学计数中发现2%以上的中性粒细胞，表明存在活跃的炎症反应[9,18]（图12-12）。细胞学检查未见炎症细胞被认为是正常的。嗜酸性粒细胞、淋巴细胞和巨噬细胞占主导地位，就可以表示子宫内膜炎症反应正在消退或出现慢性炎症反应[18]。阴道积气已被证明可导致子宫内膜细胞学涂片中嗜酸性粒细胞占优势[12]。

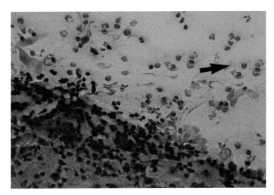

图12-12　子宫内膜细胞学中的子宫蓄脓
（原始放大400倍；革兰氏染色）

真菌性子宫内膜炎的诊断可以通过子宫内膜细胞学证实[27~29]。最常观察到的是炎症细胞，伴有菌丝或营养酵母形成。酵母经常用迪夫快速染色检测，但真菌菌丝的存在可能被忽略或未被观察到（图12-13）。酵母或真菌成分的分离鉴定应该用来支持细胞学结果。

在某些情况下可能需要获得子宫内膜活组织样本，并用格莫瑞六亚甲基四胺银染或用过碘酸-雪夫反应来染色固定过的样本，以证明更深层次的真菌性感染[29]（图12-14）。

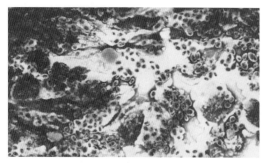

图12-13　子宫内膜细胞学中的营养酵母形态
（原始放大1000倍；迪夫快速染色）

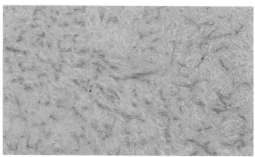

图12-14　子宫内膜组织病理学的真菌成分
（原始放大400倍；苏木精－伊红染色，绿色滤镜）

五、总结

子宫内膜细胞学最有助于筛查母马子宫中活跃的炎症反应[9,18]。它不能作为慢性子宫内膜炎的指标，也不能作为判断个别母马妊娠或足月妊娠的预后指标。利用子宫内膜活检和组织病理学检查评估子宫内膜腺体结构及腺周纤维化程度的做法仍然是最有用的临床诊断方法。

参考文献

[1] McKinnon et al: Diagnostic ultrasonography of the mare's reproductive tract.J Equine Vet Sci 8:329-333,1988.

[2] McKinnon et al:Ultrasonographic studies on the reproductive tract of mares after parturition:effect of involution and uterine fluid on pregnancy rates in mares with normal and delayed first postpartum ovulatory cycles.JAVMA 192:350-353,1988.

[3] Knudsen and Sollen: Methods for taking samples from the uterus of mares and cows.Nordisk Vet Med 13:449-456,1961.

[4] Knudsen:Endometrial cytology as a diagnostic aid in mares.Cornell Vet 54:414-422,1964.

[5] Solomon et al: A study of chronic infertility in the mare utilizing uterine biopsy, cytology, and cultural methods. Proc Am Assoc Equine Pract 18:55-68, 1972.

[6] Gadd:The relationship of bacterial cultures,microscopic smear examination and medical treatment to surgical correction of barren mares. Proc Am Assoc (Equine Pract) 21:362-367,1975.

[7] Wingfield and Digby: The technique and clinical application of endometrial cytology in mares.Equine Vet J 10:167-170,1978.

[8] Gadd and Bland:The cytology in the cervico-vaginal junction in the broodmare.Proc Soc Theriogenol pp 49-54,1980.

[9] Ley:Endometrial cytology in the mare. MS thesis,Large Animal Medicine & Surgery,Texas A&M University,College Station,1981.

[10] Wingfield, Digby, and Ricketts: Results of concurrent bacteriological and cytological examinations of the endometrium of mares in routine stud farm practice,1978-1981.J Reprod Fertil Suppl 32:181-185,1982.

[11] Cuoto and Hughes: Technique and interpretation of cervical and endometrial cytology in the mare.J Equine Vet Sci 4:265-273,1984.

[12] Slusheret al:Eosinophils in equine uterine cytology and histology specimens.JAVMA 184:665-670,1984.

[13] Brook: Cytological and bacteriological examination of the mare's endometrium.J Equine Vet Sci 5:16-22,1985.

[14] La Cour and Sprinkle:Relationship of endometrial cytology and fertility in thebroodmare.Vet Clin North Am (Equine Pract) 7:27-36,1985.

[15] Crickman and Pugh: Equine endometrial cytology: a review of techniques and interpretations.Vet Med 81:650-656,1986.

[16] Freeman et al: Equine endometrial cytologic smear patterns. Comp Contin Educ Pract Vet 8:S349-S360,1986.

[17] Ley:Additional tips for endometrial cytology.Vet Med 86:894,1986.

[18] Bowen et al: Dynamic changes which accompany acute and chronic uterine infections in the mare.J Reprod Fertil Suppl 35:675-677,1987.

[19] Saltiel et al:Cervico-endometrial cytology and physiological aspects of the post-partum mare.J Reprod Fertil Suppl 35:305-309,1987.

[20] Ball et al: Use of a low-volume uterine flush for microbiologic and cytologic examination of the mare's endometrium. Theriogenology 29:1269-1273,1988.

[21] Roszel and Freeman:Equine endometrial cytology.Vet Clin North Am (Equine Pract) 4:247-262,1988.

[22] Freeman:A rapid Papanicolaou stain for equine cytologic specimens.Vet Clin North Am (Equine Pract) 12:37-41,1990.

[23] Reiswig et al: A comparison of endometrial biopsy,culture and cytology during oestrus and dioestrus in the horse.Equine Vet J 25:240-241,1993.

[24] Dascanio et al: How to perform and interpret uterine cytology.Proc Am Assoc (Equine Pract) 43:182-186,1997.

[25] Brum-Medici et al: Considerations on the use of ancillary diagnostic aids in the diagnosis of endometritis due to infection in mares.J Reprod Fertil Suppl 44:700-703,1991.

[26] Kenney: Cyclic and pathologic changes of the mare endometrium as detected by biopsy, with a note on early embryonic death. JAVMA 172:241-262,1978.

[27] Hurtgen and Cummings:Diagnosis and treatment of fungal endometritis in mares.Proc Soc Theriogenol,pp 18-22,1982.

[28] Pugh et al:Endometrial candidiasis in five mares.J Equine Vet Sci 6:40-43, 1986.

[29] Freeman et al:Mycotic infections of the equine uterus.Vet Clin North Am (Equine Pract) 8:34-42,1986.

第 13 章　精液质量

动物繁殖学已经建立一套标准来评价种马的繁育性能（图 13-1）。为了在检查时获得较为准确的评价结果来保证繁育效果，种马需具备以下 6 点：①有适合交配的生理能力；②拥有较好的性欲；③有正常的外生殖器、阴囊、睾丸大小，有良好精子生成能力；④引发传染病或性病的细菌或病毒检测阴性；⑤有良好的精子质量；⑥检查前 1 周应停止交配，让种马休息，检查时连续采集 2 次精液，中间间隔 1h，第 2 次采集精液中精子数量不小于 1×10^9 个，且精子外形正常[4]。

评价种马繁育能力最好的精子样本是性腺外精子储备量耗尽之后采集到的精子，它是种马每日精子输出量的代表。这就需要 5 ～ 7 次 /d 的采精，因为耗时和耗力，所以绝大多数从业人员选择间隔 1h 的连续两次采精来代替评价种马精子质量。

Diagnostic Cytology
and Hematology of the Horse
Second Edition

530 教堂街 , 700 号
纳什维尔，田纳西州 37219
电话: 615/244-3060
传真号: 615/254-7047

动物繁殖协会

种公马繁育性能评价表

（第 1 页）

日期 _____

种公马信息	畜主／代理人
姓名 _____ 品种 _____ 毛色 _____	姓名 _____
唇纹 # _____ 注册号 _____	地址 _____
标记 _____	_____

种公马信息

姓名 _____ 品种 _____ 毛色 _____

唇纹 # _____ 注册号 _____

标记 _____

_____

配种现状

　　□ 休息　　　□ 频繁　　　□ 每日采精

预期用途 _____

_____

历史信息

畜主／代理人

姓名 _____

地址 _____

_____

电话 _____ 传真 _____

推荐兽医 _____

电话 _____ 传真 _____

兽医检查者 _____

地址 _____

电话 _____ 传真 _____

外形情况

外部生殖器检查

		左侧	右侧	
	* 睾丸			* 包皮 _____
检查方法	L×W×H（cm） _____ _____			* 阴茎 _____
□ 触诊	体积（cm³）_____ _____			* 阴囊
□ 超声	质地 _____ _____			总宽度 _____
□ 其他 _____	* 附睾 _____ _____			* 其他信息 _____
	* 精索 _____ _____			

内部生殖器检查

		左侧	右侧
□ 已检查	**检查方法**		
□ 未检查	□ 触诊	* 腹股沟环 _____ _____
	□ 超声波	* 精囊腺 _____ _____
	□ 其他 _____	* 壶腹部 _____ _____
		* 前列腺叶 _____ _____

* 腹股沟环 _____ _____

* 精囊腺 _____ _____

* 壶腹部 _____ _____

* 前列腺叶 _____ _____

行为以及配种能力

性格	性欲	勃起	爬跨	插入	射精
_____	_____	_____	_____	_____	_____

附加诊断结果

检查项目	检查日期	检查结果
_____	_____	_____
_____	_____	_____

动物繁殖协会
种公马繁育性能评价表
(第 2 页)

种公马姓名 _____   日期 _____

精液评估	射精		
采集时间 _____	第 1 次	第 2 次	第 3 次
采集方式 _____			
爬跨次数／第一次爬跨时间（min）_____			
容量（mL）一有凝胶块／无凝胶块 _____／_____			
肉眼印象 _____			
精液 pH／渗透压 _____／_____			
总活性（%）（累计）○原液 _____ ○稀释液 _____			
浓度（×10^9／mL）_____ 测定方法 _____			
总精子个数（×10^9）_____			
精液形态评估			
○黄油生理盐水　○相差显微镜　○明场显微镜			
○染色方法 _____ ○其他 _____			
正常精子（%）_____			
顶体异常（%）_____			
无尾精子（%）_____			
胞质小滴（%）_____			
远端小滴（%）_____			
形态异常／中部弯曲（%）_____			
尾部弯曲或卷曲（%）_____			
精原细胞 _____			
其他细胞（白细胞、红细胞等）_____			
总数 # 精子数 × 形态正常精子百分比（×10^9）_____			
寿命（活性）测试			
报告结果为储藏时间／总活力百分比			
_____ 原液　温度 ____℃			
_____ 10∶1 精子稀释液　温度 ____℃			
_____ 10∶1 精子稀释液　温度 ____℃			
_____ 精子稀释液（25×10^9 个／mL）　温度 ____℃			
_____ 精子稀释液（25×10^9 个／mL）　温度 ____℃			
培养和敏感性			
提前冲洗尿道 _____			
提前冲洗阴茎 _____			

培养和敏感性	射精		
	第1次	第2次	第3次
提前冲洗龟头 _____			
射精之后有排尿 _____			
其他 _____			

归类：根据该种公马的预期用途和此次检查结果的解读，该种公马被归类为：
○ 育种预期良好　　○ 育种预期不确定　　○ 育种预期不理想
○ 见附件-日期：_____　　　　　　签名：_____
* 版权1999属于动物繁殖协会·仅用于执业兽医师　　诊所名称：_____

图13-1　种马繁育性能评价表（由动物繁殖协会提供）

一、常规方法

评估精子质量的参数都大致相似，常用来评价各种家畜物种。马精子质量的参数已经很明确了，但这些参数与繁殖力的相关性确很微弱或中等。一个"好"的精子应该具备以下特征：①有完整的精子顶体；②有完整的细胞膜；③核染色质浓染；④有功能的线粒体；⑤精子有鞭毛。确保精子能到达受精部位，经历精子获能和顶体反应，穿透卵母细胞的透明带，并能完成受精过程。这些参数决定了单个精子的质量。

精液质量包括精液（或精液样本）中精子的数量和液体运输介质（精浆）的性质。种马精子质量评价参数至少应包括：①无凝胶稀释的射精总体积；②精子的浓度；③精子活力百分比；④形态正常精子百分比。以上每个参数可能随采精季节、种马的年龄以及采精的频率发生变化。

在实验室评估之前，必须正确收集和处理精液，以防止人为因素干扰样本质量的解读。精液采集和样本处理涉及以下基本要素：

• 人工阴道或其他收集装置和所有与射精直接接触的表面必须是温的(37℃)，并且不含杀精剂。

• 收集的精液应尽快输送到实验室，保护其免受阳光直射，保持在体温(37℃)下，并将其放置在(37℃)的暖浴锅或培养箱中。

精液中的凝固部分可以在精液采集过程中通过适当的线状过滤网(如尼龙微网过滤器)

或在实验室采集样本后去除。将所有精液注入一个无菌的、预热的漏斗中，这个漏斗有一个或两个玻璃棉球放置在漏斗颈部，以阻止凝胶块通过。或者可以使用无菌的60mL注射器从射精中抽吸出凝胶块。射精量（mL，无凝胶块部分）通常用预热的无菌量筒测量（图13-2）。应注意精液的颜色和黏稠性，以便估计精子数量和发现污染物（如尿液、血液、化脓性渗出物）。种马精液应该是不透明的白色，任何偏离都可能表明异常。如果与精液接触超过10～15min，尿液（黄色）和血液（红色）都会损伤精子。

射精的无凝胶块部分应分成两部分。一个样本保持原样，并应留在培养箱中。另一个样本应与等体积的预热精液稀释剂混合，并使其平衡至室温。种马可使用的精液稀释剂包括即用型包装（例如，EZ Mixin, Animal Reproduction Systems; Kenney Skim Milk Extender, Har-Vet; Skim Milk Extender, Lane）。或者，可以通过将24g干燥脱脂乳固体与26.5g葡萄糖和40g蔗糖溶于1L去离子水制备改良Kenney Extender。在实验室

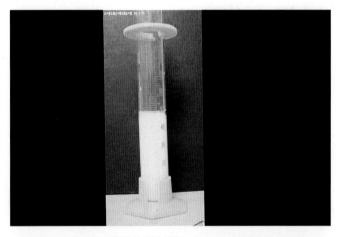

图13-2 密度计对精液浓度的体积、颜色和不透明度进行测量

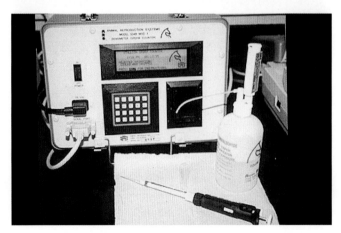

图13-3 无凝胶块种马精液精子浓度分光光度法测定
（动物生殖系统提供）

中，可选择添加抗生素，可以向每升脱脂乳稀释液中加入100万单位的青霉素钾和/或1g硫酸阿米卡星。

1. 浓度和pH 精子浓度测定需以精液原液为标本，可以用血细胞计数器（框表13-1）、精子计数板或最常用的光度法（图13-3）测量精子浓度，分光光度计是测定液体样本中可视成分的密度，因此牛乳扩容剂中存在的小颗粒可能会引起错误读数，应该使用精液原液进行测试[2, 4]。成熟精子之外的细胞（如红细胞、中性粒细胞和圆形细胞）都有可能错误地提高读数。精确测量（每毫升精子数量）是必不可少的，因为种马精液质量和繁殖性能的评估是基于射精中可用的总精子数量（无凝胶块体积精子浓度）。精子总数量会随着季节、射精频率、睾丸大小、不完全射精、性腺外精子储备以及内在生殖道疾病或阻塞而改变。

2. 活力和形态 精子活力的评估既可以用精子原液，也可以用稀释液（精液扩容液）[5]。将一滴精液原液滴在预热（37℃）的载玻片上，在有加热平台的相差显微镜下观察。明场显微镜的使用更为频繁，因为该领域的从业者拥有的相差显微镜数量有限。视觉评估应该包括总体精子活力，或者在几个显微镜视野中表现出任何形式的运动性的精子百分比，以及前进精子活力，或几个显微镜视野中以快速线性方式移动的精子百分比。表13-1列出了正常值范围。

精子速度的估计分为0～4个等级。许多因素可以改变活力估计的结果。如上所述，pH可以改变运动性，温度波动可能导致"冷休克"和降低活力。精液样本浓度越高，活力

表 13-1　马精液质量正常值范围

参数	正常低值	正常高值
去凝胶块体积（mL）	25	150
凝胶块（mL）	0	100
活力（%）	30	75
总活力（%）	40	70
精子浓度（×10^6 个 / mL）	30	175
每次射精的精子总数（×10^9 个）	3.0	12.0
正常形态学（%）	40	80
每次射精，形态正常且有活力的精子数（×10^9 个）	1.0	8.0
pH	7.25	7.65

框表 13-1 血细胞计数板测定种马精子浓度的方法

样本稀释
在血细胞计数板计数前，有 3 种方法可以稀释精液样本。Unopette 稀释系统有专有稀释剂。对于 Throma 和 Large-Volume 法，可以使用生理盐水稀释剂。为了更好地保存稀释后的样本，可以使用甲醛稀释剂。由 100mL 37% 甲醛和 9.0 g 氯化钠 (NaCl) 组成，加入去离子水至体积为 1L

Unopette 法
Unopette 系统使用标准的一次性血液稀释移液管，其预先设定的稀释率为 1：200。 　　1. Unopette 系统由储液器、毛细吸管和保护套组成。 　　2. 用保护套的尖端刺穿储液器的塑料薄膜，注意不要溅出任何稀释剂。 　　3. 保护套与毛细吸管分离，将毛细管尖端浸入完全混合的无凝胶精液样本中。 　　4. 让精液进入毛细吸管中。 　　5. 从样本中取出毛细吸管，用纸巾擦拭试管外多余的精液，不要让纸巾接触毛细吸管的开口端，因为这可能会导致精液被纸巾吸收。 　　6. 挤压储液器，将毛细吸管插入其中并固定在储液器的颈部，释放压力，从而将精液虹吸到稀释剂中。仔细冲洗吸管几次，挤压储液器，使溶液进入毛细吸管中，但不要流出。 　　7. 把食指放在毛细吸管的末端，轻轻反复颠倒 10 次。 　　8. 取出毛细吸管，开口朝上，固定在储液器的颈部，并盖上保护套。 　　9. 将储液器放入热水中 1min，杀死精子。 　　10. 将稀释后的精液滴在血细胞计数板之前，先丢弃最开始的几滴。样本通过轻轻挤压储液器来获得

Thoma 法
在 Thoma 毛细吸管中包含一个红色的混合珠，管壁上有 "101" 标识，可以进行 1：100 的稀释。 　　1. 盖上精液储藏器的瓶盖，反复颠倒几次来混匀精液样本。揭开盖子。 　　2. 将 Thoma 毛细吸管插入精液样本中，让它充盈到刻度 "1" 位置。小心不可以超过该刻度，精子会黏附在吸管壁上。 　　3. 用纸巾小心擦拭 Thoma 毛细吸管的外壁，在吸入稀释剂至刻度 "101" 位置。小心不可以超过该刻度，否则它会放大误差。 　　4. 轻轻上下晃动吸管 90s 来混匀毛细吸管。注意不能上下颠倒，因为这会造成稀释后的样本溢出。 　　5. 将稀释后的精液滴在血细胞计数板之前，先丢弃最开始的几滴。样本通过轻轻吹毛细吸管的末端来获得

大容量法 (Large-Volume 法)
大容量法可制备 1：20 的精液稀释液，并允许使用较大的稀释容器，如注射器和量筒。推荐使用较大容量的吸管（至少 1mL），这有助于彻底将混合稀释剂和样本混匀，方便精子计数。 　　1. 盖上精液储藏器的瓶盖，反复颠倒几次来混匀精液样本，揭开盖子。 　　2. 量取 19mL 的预配制稀释剂到试管中。

大容量法（Large-Volume 法）
3. 用吸管从精液储藏器中吸取 1mL 精液，放置在上述试管中。
4. 为确保所有精子都从移液管中冲洗干净，请将溶液吸入并排出移液管 3 次。
5. 盖上盖子，轻轻晃动至少 10 次以混合溶液，打开试管盖。
6. 取 1mL 稀释液放到干净的吸管中。在将稀释后的样本放入血细胞计数板前，先将最初几滴液体丢弃

血细胞计数板的使用

精子计数是在改良纽鲍尔计数板上进行，这个计数板上有明亮的线，这些线相互交错以形成许多细小的明亮区域，血细胞计数就是在这些明亮的方格中进行。血细胞计数板的盖玻片（20mm×26mm×0.4mm）并不是直接与计数区域直接接触，而是与计数区两侧的凸起相接触，这就形成了一个可容纳 0.1mL 精液样本量的计数区。V 形凹陷网格区的两侧是填充计数室。

3×3 的分割线划分出 9 个大方格。4 个角的大方格更进一步分为 16 个中方格。最中央的大方格又平均分为 25 个中方格。中方格中又平均分成 20 个小方格。精子计数就是在中央大方格进行

血细胞计数板的准备

1. 确保血细胞计数板和盖玻片的洁净。

2. 把盖玻片放置在计数板的凸起处。

3. 将精液稀释样本的试管滴头放置在 V 形凹槽处。

4. 慢慢地滴加样本直到填满计数区域。避免样本溢出计数室进入周围的凹槽。

5. 样本需在 3～5min 内进行计数

计数

1. 把血细胞计数板固定在显微镜的载物台上，先使用低倍镜（10 倍）来定位到中心大方格区域。

2. 切换到高倍镜（40 倍）来进行计数。

3. 计数 5 个中方格区域中的精子数量，既可以选择斜对角线的 5 个中方格，也可以是 4 个对角中方格及其中心。

4. 计数时原则为数上线，不数下线，数左线，不数右线，以减少误差。

5. 记录精子数目，丢弃计数标本和清洁血细胞计数板和盖玻片。

6. 再重复计数程序 7 次，共进行 8 次计数。这 8 次的平均数用于计算每毫升精液中的精子总数。记得在加样进血细胞计数池前一定要轻轻地混匀精液稀释液

计算

1. 精液的浓度通常表示为个 /mL。精子浓度计算为：个 /mL= 精子计数 × 血细胞计数因子 × 稀释倍数。

2. 血细胞计数因子：5 次中方格的精子计数仅为中央大方格（1cm^2）精子数量的 1/5，假设精子在网格中平均分布，上述值乘以 5 的得数就代表了 1cm^2 面积中的精子数量。

因为计数池深度为 0.1mm，上述值乘以 10 即得到每立方毫米（1μL）空间中精子数量。

为了计算出每立方厘米（1mL）稀释液中精子数量，需要乘以 1 000，因为 1 000mm^3 =1cm^3（1 000μL=1mL），为了缩短上述计算，只需将平均数值（来自 5 次中方格计数）乘以血细胞计数因子 50 000

（续）

计算
3. 稀释倍数：这个稀释倍数会因所使用的稀释方法略有不同。 如果使用的 Unopette 方法（1：200 稀释），乘以 200 以可得出精子数量，个 /mL。 如果用 Thoma（1：100 稀释），乘以 100。 如果使用大体积稀释法（1：20 稀释），乘以 20

注：美国俄克拉何马州立大学提供。

的主观评价越高。因此，建议评估稀释至每毫升2 500万个精子的精液扩容液，以提高活力评估的准确性和可重复性。

其他精子活力评估的替代方法也逐步开展应用。计算机辅助精子分析技术（CASA）可得出相对客观的结果。这种仪器分析计算精子头部的运动和尺寸[4,6]。可测定以下几个参数，包括总样本活力、个体精子速度、鞭毛搏动频率和侧头位移。CASA已被运用于人类、公牛及种马。CASA较视觉评估和微观录像法也更容易重复[9]。若浓缩精液样本中有大量交叉的精子头部轨迹，可能会导致错误的读数。CASA活力测定结果与种马的繁殖力只有微弱的正相关性[10]。这些设备的费用限制了它在大型生殖转诊中心，不孕症诊所和研究机构中的使用。

将无凝胶块精液的容积（mL）乘以精液原液或扩容精液中的浓度（精子数/ mL）和精子活力百分比（%），即得到精液中有活力的精子总数。

精液样本中精子活力的持久度可以以恒温（25℃）的精液原液为样本，评估4～12h。也可以以扩容精液（浓度为2 500万/ mL）为样本，扩容精液可以放置在室温，也可放置在恒定冷藏温度（5℃），需评估12～48h。方法为：将上述任意样本的等份加热至37℃，室温样本每小时，冷藏样本每8h，检查其精子总数和精子活力百分比。当精子活力百分比下降至0～10%时，评估结束。

精子形态的评估方法是在明场显微镜下放大1 000倍（100×物镜）评估染色载玻片上精子的形态。用于精子形态学的其他方法包括使用相差显微镜、微分干涉相衬（DIC）显微镜，以及电子显微镜和计算形态测量。无论采用何种方法，均可进行分类计数，方法是在多个视野下任意计数200个细胞，识别其中正常和异常精子个数，计算出正常和异常精子的百分比。

形态正常的精子百分比乘以有活力的精子总数可以帮助评估具有良好特征的精子总体可用性（表13-1）。该数值是有活力且形态正常精子的总数，该数值决定了可使母马受精的冷冻精液分装剂量，也决定了繁育的满意度。这是繁殖生理学会推荐的评估方法。

3. 染料 种马精液明场显微镜评价最常见的染色方法是汉考克染色（曙红Y-苯胺黑染

色）（图13-4）。替代染色包括曙红B-盐酸蓝染色（图13-5）、印度墨水染色（图13-6）和迪夫快速染色。顶体的特殊染色可以使用Spermac染色，可以用Feulgen染色进行细胞核的染色[11]。

可以使用通用细胞染色剂（如瑞氏-姬姆萨、苏木精-伊红）来更好地描绘精液样本中的生殖细胞和其他体细胞。

使用相差显微镜和DIC显微镜进行样本评估时（图13-7至图13-11），用甲醛 - 盐水（0.1%）缓冲溶液与精液原液以1∶1的比例混合放置在载玻片上置于显微镜下观察。一些形态学染色已被证明会导致精子细胞异常，特别是头部和尾部形状的改变[12]。

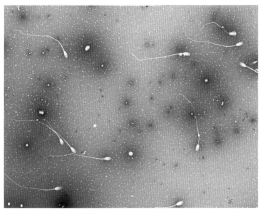

图13-4 马精子（汉考克染色）

　　大多数精子是白色的（未染色的或"活的"），与紫色（苯胺黑）背景相映衬。右上角的一个细胞是略带粉红色的染色，表明它已经摄取了染色的曙红部分; 着色则被认为是"无活性"精子。（原始放大200倍）

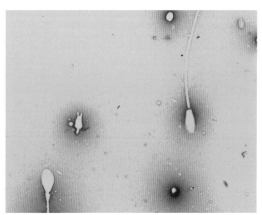

图13-5 马精子

（曙红B–盐酸蓝染色，原始放大1 000倍）

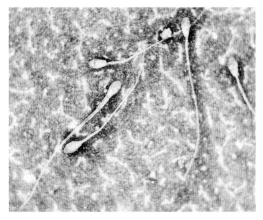

图13-6 马精子（印度墨水染色）

　　因细胞结构的模糊，很难辨别出正常或异常。（原始放大1 000倍）

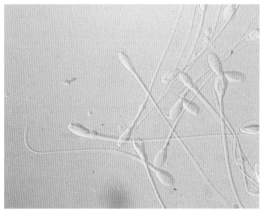

图13-7 微分干涉相差显微镜（DIC）下的精子

　　靠上区域两个精子的头部发生偏转，代表顶体旋转缺陷。（原始放大1 000倍）

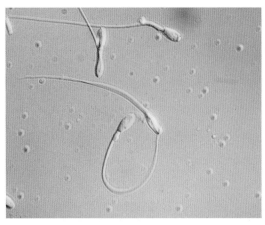

图13-8　DIC显微镜下的精子

　　每一个精子的三维特性都得到了较好的展现。右上方的精子有一个发夹在中段弯曲。在左上角的精子顶体出现折叠。虽然在中心的细胞似乎有一个头部较小，但其实是因为湿涂片而引起的，视野中可观察到精子的侧面而不是正面，其他大多数精子也如此。右边中心的精子有一个"胞质小滴"，或聚集呈束状的线粒体在中段的近端部分。（原始放大1 000倍）

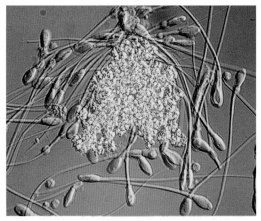

图13-9　精子（DIC显微镜），在中心有大量聚集的非细胞物质

（原始放大1 000倍）

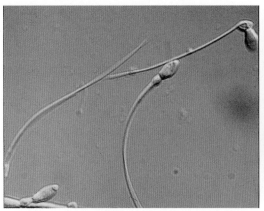

图13-10　精子（DIC显微镜），该马有明显的顶体旋转缺陷且近端细胞质有一个小滴

（原始放大1 000倍）

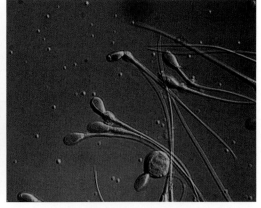

图13-11　精子（DIC显微镜），图片底部的圆细胞是一个生精上皮细胞

（原始放大1 000倍；绿色滤镜）

　　4. 形态学分类　人们已经为种马建立了精子形态分类[13,14]，精子异常可分为第一类（原发性）、第二类（继发性）和第三类（其他因素）[13]。第一类多由睾丸异常引起，形态学特征为精子头、中段（图13-12）和近端有细胞质小滴[2,4]（图13-13）。第二类在导管系统的运输过程中发生，形态包括头部分离、尾部弯曲（图13-14）和远端有细胞质小滴[2,4]。第三类是由于收集后精液处理不当引起的诱发缺陷或人工假象。

　　一些科学家倾向于使用不同的形态分类方案：严重缺陷和轻微缺陷[14]。头部和中部异

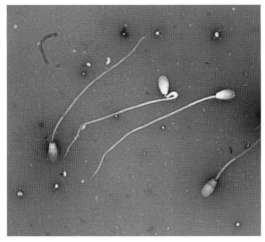
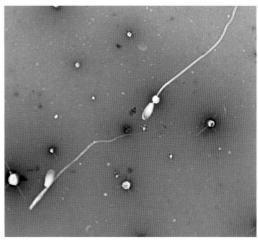

图13-12 中间的精子发生180°的弯曲
（原始放大1 000倍；汉考克染色）

图13-13 右上的精子近端有胞质小滴，左下角的精子已经弯曲或中段折断
（原始放大1 000倍；汉考克染色）

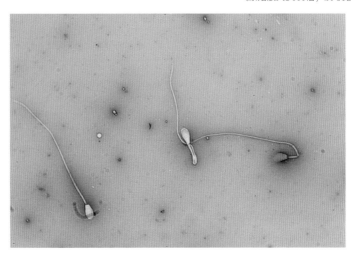

图13-14 右侧精子细胞有一个90°的弯曲或是在中段折断，轻微缺陷。中央的精子中段呈疏松且S状弯曲，提示较大缺陷
（原始放大400倍；汉考克染色）

常被归类为严重缺陷，并且与种马的配种失败有关。轻微缺陷包括尾部弯曲和远端的细胞质小滴，可能不会显著影响生育能力。

精子特征可分为可补偿性性状和不可补偿性性状。可补偿性性状可以通过增加精子的受精剂量（即每剂增加精子数量）来克服[15]。这些性状包括不具备受精能力或不能刺激受精阻滞的性状。受精阻滞的性状包括缺乏活力（或死精子）、质膜完整性异常、中段或尾部异常[15]。不适应的性状不能通过增加精液剂量来克服。受精部位由这种精子到达受精区发生，多精子受阻[15]。但受精不能完成，胚胎也不能形成，或者死亡率可能增加。

在种马中，被认为是正常但在其他物种中异常的精子结构包括头部不对称，尾部背面位置（图13-15）和顶体体积较小[13]（图13-16）。

目前，大多数马生殖学家运用分类计数来判断精子头部是否正常，顶体扭转，近端细胞质内小滴，精子中部膨胀或异常，尾部盘绕，以及头部分离（图13-17至图13-21）。

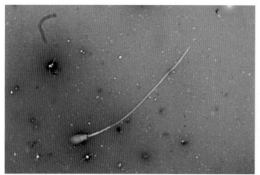

图13-15 种马的精子尾部附着在头上
（原始放大1 000倍，相差显微镜，湿抹片）

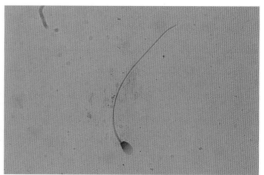

图13-16 马精子染色显示精子头部的顶体尺寸相对较小。顶体染色较淡，而顶体之后区域染色较深
（原始放大1 000倍；Wells-Awa染色）

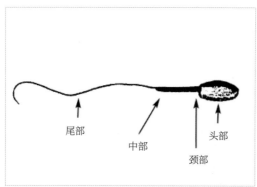

图13-17 正常马的单精子

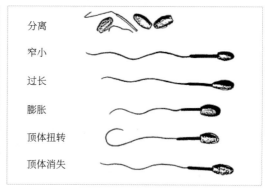

图13-18 马常见的精子头部异常

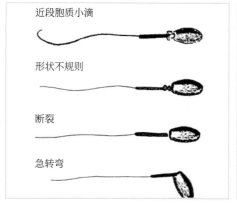

图13-19 马常见精子颈部异常

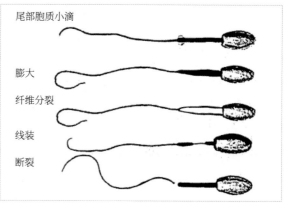

图13-20 马常见的精子中部异常

特定缺陷的大量出现将有助于评估者更好地解读精液中所有细胞受到的影响，避免对原发或其他影响因素做出错误判断。一些细胞缺陷（如脱落的头部）可能是第一类、第二类或第三类异常。其他未知原因的缺陷可能对精液质量产生不确定的影响。

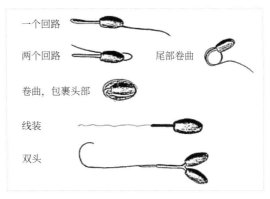

图13-21 马常见的精子尾部异常

一个回路
两个回路
尾部卷曲
卷曲，包裹头部
线装
双头

形态正常的精子百分比与种马的生育能力呈正相关[14]。形态异常可能表明生物应激、创伤、毒素暴露或冷冻损伤[16]。然而，一些育种试验表明尽管精子形态学检查符合精子形态要求的最低参考标准，但其生育能力仍然有可能很差[17]。对于冷冻精液来说尤其如此，形态检查可能在可接受的范围内，但是当母马受精后却不能实现妊娠[4,5]。关于正常精子形态百分比与种马受精率相关性很差的报道只评价了小群种马有限的育种数量。一项研究在两年内对99匹种马的正常精子形态百分比和每周期内生育率相关性进行了评估，结果表明正常精子形态百分比与种马生育能力呈微弱正相关性（$r = 0.34$，$p < 0.01$）。

研究人员发现，冷冻精液中精子活力和形态评估不能充分地评价其繁殖能力。研究人员逐步意识到必须对精子的其他部分进行评估，并且需要进行深层次的测试以更好地评估精液质量。

二、其他可选方法

1. 顶体反应　精子在适当的时间内进行获能和功能性顶体反应的能力是穿透透明带所必需的，并且可以使用DIC显微镜在公牛和公猪精液中进行评估。但是，这种能力在种马中并不那么容易评估[17]。Spermac染色已被用于评估顶体完整性，并取得了不同程度的成绩[5]。它可以使完整顶体呈绿色，从而实现更好的可视化（图13-22）。

具有5种特征染色模式的荧光金霉素（CTC）染色已被用于区分真正发生顶体反应的精子和正在进行顶体反应的精子[19]。无透明带仓鼠卵母细胞穿透试验可评估精子完成顶体

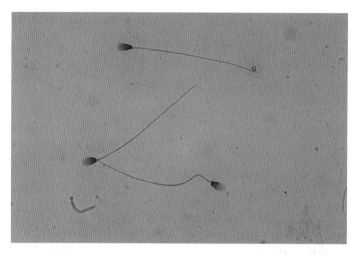

图13-22 Spermac染色后，马精子头部顶体染色较顶体后帽区域染色更浅（原始放大1 000倍）

反应的能力[20]。有些人质疑这种穿透试验的有效性，因为已经去除了（精子进入）卵母细胞质膜外的所有阻碍。

2. 质膜完整性和质量　已经使用低渗膨胀（HOS）测试评估了精子质膜完整性。 将细胞置于低渗透溶液中，使水通过被动扩散进入精子。 如果质膜是完整的，围绕鞭毛的质膜将膨胀并导致尾部卷曲[21]。HOS测试是可重复的、准确的，并且可用光学显微镜完成。然而，它与形态和活力相关性较差，与无透明带仓鼠卵母细胞渗透试验无关[22]。结果与种马生育能力的相关性存在冲突[5]。

3. 精浆检测　已经有部分生化测试被用于评估精浆质量。精子与附性腺的相互作用是影响精液中精子质量的重要因素。已经报道了甘油磷酸胆碱（GPC）、麦角酸、柠檬酸、电解质、碱性磷酸酶、天冬氨酸转氨酶和其他蛋白质水平。 GPC可用作附睾标记物，它在精浆中的存在与否表明射精完全与不完全。

4.荧光和流式细胞技术　很多新技术的有效性、重复性以及与精子功能和生育能力之间的相关性正在被评估。这些测试中会使用光学或荧光显微镜，耗费人力并且仅能评估一部分数量的细胞。流式细胞仪被认为是一种更准确、快速和客观的工具，目前正在研究如何用于精子的多部分评估[16,24,25]。荧光染色对某些精子结构具有特异性（如线粒体，内部或外部顶体膜，单链或双链DNA），可用于标记正常或异常的精子。使用流式细胞仪，借助激光激活标记在个体精子上的荧光分子，每分钟可以评估10 000个细胞。这种技术可以更快获得结果，提高客观性，并在与育种试验的结果相关时提高统计检验的能力。虽然不适用于精液质量的现场评估，但转诊中心和兽医诊断实验室可能很快会对从马匹中收集的精液进行此类检测。

参考文献

[1] Varner and Society for Theriogenology: Stallion Breeding Soundness Evaluation form. Proc Soc Theriogenol, 1992. pp 113-116.

[2] Hurtgen: Evaluation of the stallion for breeding soundness. Vet Clin North Am (Equine Pract) 8:149-165, 1992.

[3] Rousset et al:Assessment of fertility and semen evaluations of stallions.J Reprod Fertil Suppl 35:25-31, 1987.

[4] Jasko: Evaluation of stallion semen. Vet Clin North Am (Equine Pract) 8:129-148, 1992.

[5] Magistrini:Semen evaluation.In Samper:Equine Breeding Management, WB Saunders, Philadelphia, 2000. pp 91-108.

[6] Braun et al: Effect of seminal plasma on motion characteristics of epi- didymal and ejaculated stallion spermatozoa during storage at 5 degrees C. DTW Dtsch Tierarztl Wochenschr 101:319-322, 1994.

[7] Amann: Can the fertility potential of a seminal sample be predicted accurately? J Androl 10:89-98, 1989.

[8] Jasko et al:A comparison of two computer-automated semen analy- sis instruments for the evaluation of sperm motion characteristics in the stallion. J Androl 11:453-459, 1990.

[9] Varner et al: Use of a computerized system for evaluation of equine spermatozoal motility. Am J Vet Res 52:224-230, 1991.

[10] Jasko et al: Comparison of spermatozoal movement and semencharacteristics with fertility in stallions: 64 cases (1987-1988). JAVMA 200:979-985, 1992.

[11] Card: Detection of abnormal stallion sperm cells by using the Feulgen stain. Proc Am Assoc (Equine Pract) 44:176-177, 1998.

[12] Dott:Morphology of stallion spermatozoa. J Reprod Fertil Suppl 23:41- 46, 1975.

[13] Bielanski et al: Some characteristics of common abnormal forms of spermatozoa in highly fertile stallions. J Reprod Fertil Suppl 32:21- 26, 1982.

[14] Jasko et al:Determination of the relationship between sperm morpho- logic classifications and fertility in stallions: 66 cases (1987-1988). JAVMA 197:389-394, 1990.

[15] Saacke et al: Relationship of semen quality to sperm transport, fertil- ization,and embryo quality in ruminants.Theriogenology 41:45-50,1994.

[16] Graham:Analysis of stallion semen and its relation to fertility.Vet Clin North Am (Equine Pract) 12:119-130, 1996.

[17] Voss et al: Stallion spermatozoal morphology and motility and their relationships to fertility. JAVMA 178:287-289, 1981.

[18] Saacke and White: Semen quality tests and their relationship to fertili- ty. Proc NAAB Tech Conf Artif Insem Reprod 4:22, 1972.

[19] Varner et al: Induction and characterization of acrosome reaction in equine spermatozoa. Am J Vet Res 48:1383-1389, 1987.

[20] Zhang et al:Acrosome reaction of stallion spermatozoa evaluated with monoclonal antibody and zona-free hamster eggs. Mol Reprod Dev 27:152-158, 1990.

[21] Nie: Development of a hypoosmotic swelling (HOS) test for stallion semen. Proc Soc Theriogenol, 1998. p 146.

[22] Chan et al:The relationship between the human sperm hypoosmotic swelling test, routine analysis, and the human sperm zona free hamster ovum penetration test. Fertil Steril 44:668-672, 1985.

[23] Kosiniak and Bittmar:Analysis of the physiological processes connect- ed with sexual maturation of stallions. Pol Arch Weter 27:5-21, 1987.

[24] Garner et al:Assessment of spermatozoal function using dual fluores- cent staining and flow cytometric analyses. Biol Reprod 34:127-138, 1986.

[25] Evenson et al:Comparative sperm chromatin structure assay measurements on epiillumination and orthogonal axes flow cytometers. Cytometry 19:295-303, 1995.

第 14 章 外周血涂片

　　完整的血细胞计数必须包含血涂片检查，它也是血液学常规检查中最重要的一部分。进行外周血涂片检查的目的包含：确认各类型白细胞的数量；检查红细胞和白细胞细胞形态的改变；检查血液寄生虫（如焦虫）和立克次体包涵体（如马艾利希体）。血涂片也可作为质量标准来确认白细胞增多、白细胞减少或是血小板减少等异常，尤其是当血液计数明显不符合临床表征的时候。在私人机构，样本经由良好的制备、系统性的检验及迅速进行血涂片检查，即可确定主要的血液学变化。

　　本章节提供了基本的信息和图例，使从业人员掌握制备及检验血涂片的方法，能辨认正常血细胞和血小板，对患病动物血样进行白细胞分类计数，辨认血细胞的异常形态及包涵体。本章也提供了血液样本采集及分析中更细节的信息，包含血细胞与血小板计数，血红蛋白的测定，红细胞指数的计算，以及血浆蛋白测定和纤维蛋白原的测定 [2~6]。

Diagnostic Cytology
and Hematology of the Horse
Second Edition

一、造血异常的临床症状

血液包含红细胞、白细胞、血小板以及血浆，血浆中有许多在生物学上有重要作用的蛋白。一旦这些成分有严重的改变就会造成与疾病相关的临床症状。

红细胞主要参与氧气运输。红细胞数量的减少（贫血）或是红细胞载氧功能的下降（高铁血红蛋白血症）可造成运输到身体组织的氧气减少。贫血的临床症状包含黏膜苍白、运动不耐受、虚弱、呼吸加快、心动过速，以及血液黏稠度下降造成的继发性二尖瓣杂音。当严重溶血时可能观察到血红蛋白尿，甚至观察到黄疸，不过许多疾病也可能导致黄疸，例如，血管外溶血、厌食以及肝脏疾病。由高铁血红蛋白所引起的红细胞功能紊乱，可使黏膜呈现巧克力棕色，如误食入红枫叶。血红蛋白的氧化性损伤可能造成亨式小体的形成，进而造成红细胞溶解，或因细胞吞噬作用被清除。

白细胞数量或功能改变所造成的临床症状，可能很不明确，但经常有感染的迹象（伤口、囊肿、肺部呼吸音加重、鼻腔分泌物）。临床上最重要的导致白细胞减少的病因是细菌感染，通常为中性粒细胞的减少。白血病可能会伴随一些非特异性临床症状，如体重快速下降，或是特异性症状，如出血、瘫痪或单肢跛行。这些特异性症状可能会造成误诊，直到进行全血细胞计数或是血涂片检查。

血小板可维持血管的完整性。在严重的血小板减少症（小于20 000个/μL），可能会在黏膜表面或是皮肤观察到点状出血。

二、血液学参考区间

参考区间，也被称为"正常范围"，其意义是作为参照以确认病畜在全血细胞计数上是否异常[6]。参考区间是建立在一群既定的（年龄、品种、性别、生产状况、生理活力、地理位置）临床上健康的马匹的全血细胞计数之上。将这些资料进行统计分析后，即可确定健康动物常用数值的最小区间，即为参考区间。这些数值范围狭窄的参考区间，可作为快速诊断生病动物的实验室参考依据。

表 14-1　马血液值参考区间 *

红细胞	
血细胞比容 (%)	32 ～ 48
血红蛋白含量 (g/dL)	10 ～ 18
红细胞数 ($\times 10^6$ 个 /μL)	6 ～ 12
网状细胞比 (%)	0
平均红细胞体积 (fL)	34 ～ 58
平均红细胞血红蛋白含量 (pg)	13 ～ 19
平均红细胞血红蛋白浓度 (g/dL)	31 ～ 37

白细胞		
细胞种类	百分比 (%)	绝对数值 (个 / μL)
白细胞	—	6 000 ～ 12 000
中性粒细胞		
分叶核粒细胞	30 ～ 75	3 000 ～ 6 000
杆状核粒细胞	0 ～ 1	0 ～ 100
淋巴细胞	25 ～ 60	1 500 ～ 5 000
单核细胞	1 ～ 8	0 ～ 100
嗜酸性粒细胞	1 ～ 10	0 ～ 800
嗜碱性粒细胞	0 ～ 3	0 ～ 300

血小板	
血小板计数 ($\times 10^5$ 个 / μL)	1 ～ 6
平均血小板体积 (fL)	4.1 ～ 6.9

蛋白质	
血浆蛋白 (屈光计 , g/dL)	6.0 ～ 8.5
纤维蛋白 (加热沉淀 , mg/dL)	100 ～ 500

*数据源为在佐治亚大学兽医教学医院所检验的马。

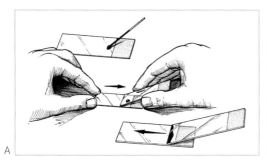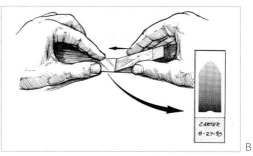

图14-1 制备楔形血涂片的步骤

A.在载玻片磨砂边附近滴上一滴血液，将分散用载玻片先拉向血液与之接触 B.将分散用载玻片快速地以均匀力度向相反方向移动。制备良好的血涂片应具可识别的羽毛边缘，单细胞层以及起始段

表14-1为美国佐治亚大学兽医教学医院用来判读马血液学数据的参考区间。这些参考区间来自乔治亚动物诊所检测的普通马匹的血液学参考区间，不能完全适用于特种马（军马、使役马、赛马、马驹），或是应用于美国其他区域，因为在这些区域的血液学检查结果可能稍有差异。

三、制作血涂片

制作良好的血涂片可将红细胞、白细胞与血小板分散开来，使涂片在染色后可清楚地分辨这些细胞。EDTA-抗凝的全血涂片，可用1×3in的边缘磨砂载玻片（楔形法），或24 mm×24 mm方形盖玻片（盖玻片法）来制作。由于马的血细胞易快速地沉淀，在制作涂片之前，必须要将血液样本混合均匀。

1. 楔形法 制作满意的楔形抹片需要不断地练习。楔形抹片的制作方式需使用两个干净的玻璃载玻片（图14-1）。先用毛细管在一片载玻片的磨砂边附近滴上一小滴血液，再将第二片载玻片（又称分散用载玻片）夹在大拇指和食指之间。将分散用载玻片以约30°角放在第一片载玻片上，并回拉至血滴的位置。当血液沿着分散用载玻片的短边扩散时，将此载玻片以快速且流畅的方式向前移动，同时携带血液分散开来，以完成血涂片的制作。载玻片立即进行风干，用铅笔在磨砂边标示编号，进行后续染色。

由于分散用载玻片本身的重量足够制作良好的抹片，并不需要在分散血液载玻片上施加向下的压力。通过改变分散用载玻片的维持角度，可制作较厚和较短（大于30°角）的血涂片，或较长和较薄的涂片（小于30°角）。所以当样本为"水样"（严重贫血的血液）时，可在抹片制作的时候将抹片载玻片提高约45°，可确保有良好的血涂片羽毛边缘，同时血液样本不超过载玻片边缘。

2.盖玻片法　制作良好的盖玻片法血涂片比楔形法需要更灵巧的技术和练习。由于盖玻片所制作的血涂片较薄，使辨认血液细胞更为容易。血细胞，尤其是白细胞，更容易单独地散布，使白细胞分类计数时单核细胞的比例会轻微升高。相对来说，质量较差的楔形法血涂片可能发生白细胞分布不当的状况，尤其是会累积在羽毛状边缘。

血涂片由两片干净的方形盖玻片所制成（24mm×24mm, #1 ½）（图14-2）。用拇指和食指夹住一片盖玻片，再用毛细管于盖玻片中心滴上一滴血液。将另一片盖玻片以交叉的方式迅速放置在血滴上。血液会快速地平均扩散至盖玻片之间。当血液扩散完成时，扩散的血液会沿着边缘产生放射状，此时再将盖玻片以平稳方式向侧边拉开完成血涂片制作。快速风干血涂片后，以铅笔在血涂片底部进行标示，随即进行染色。

要制作薄血涂片但要避免盖玻片黏在一起，其关键在于在正确的时机将抹片拉开，而恰当的时机则借由练习而掌握。贫血的血液样本扩散速度较快，而红细胞增多时血液样本扩散速度较慢。

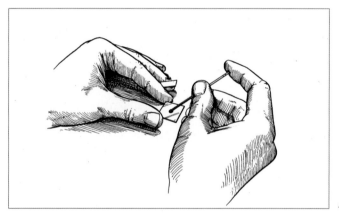

A

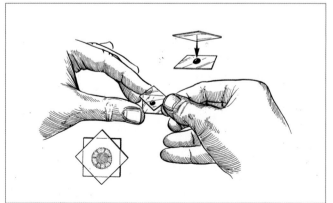

B

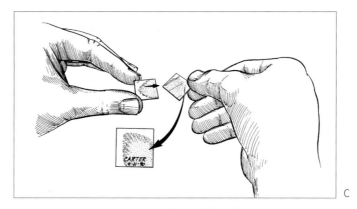

图14-2 制备盖玻片血涂片的步骤

A. 用毛细管在盖玻片中心滴上一滴血液　B. 将第二片盖玻片交叉地盖在血滴上，使血液扩散。出现放射状条纹时表示血液完成扩散　C. 当出现放射状条纹时，将盖玻片快速并稳定地往外拉。可将标示写在血涂片底部，以辨识病患

四、血涂片染色

操作者需要有基本的血液染色知识以及分析解决常见染色问题的能力。注意每一个细节可稳定制作出高质量的染色血涂片。常用的染色方式为罗曼诺夫斯基染色法（瑞氏法、姬姆萨法、利什曼染色法）。此染色方式会呈现3种颜色（红色、蓝色、紫色），因此这些染色也被称为多重性染色。瑞氏染色和罗曼诺夫斯基改良法常用于私人诊所。这些染色方式大致相同，在着色特性以及染色技巧上有些微差异。

1. 瑞氏染色　将血涂片置于染色架上，浸入染液中。染色3min，使红细胞和血小板适当固定。再加上等量的瑞氏缓冲溶液，接着轻轻地在混合染剂表面吹气使染剂混合，并作用3min。染色将会在此过程中进行，并在染剂和缓冲液混合物表面形成黄绿色金属光泽或薄膜。染色结束时，用自来水冲洗玻片来除去染色剂。将玻片背面残余的染剂擦除后，写上标识并风干。整体的染色时间约为6min。

2. 迪夫快速染色　迪夫快速染色包含3种颜色的溶液：浅蓝色、橘红色、蓝紫色，分别放置在不同的容器或染缸。染色过程开始于将血涂片浸入在浅蓝色溶液约5次，使细胞适当地固定。接着再立刻将血涂片浸入橘红色溶液约5次，使特定细胞结构染上红色。最后再将血涂片浸入蓝紫色溶液约5次，使血涂片染上蓝色和紫色。染色后用自来水冲洗，

再将残存于血涂片另一面的染剂擦除，最后风干。整个染色时间大约15s。

3. 常见染色问题的解决方式　在使用罗曼诺夫斯基染色法时常遇到两个基本问题：红细胞及血小板不恰当的染色，沉淀物使细胞和血小板细节被掩盖。

(1) **着色过浅**　不恰当的染色，包括红细胞和嗜酸性颗粒被染成亮红色，以及白细胞细胞核被染成蓝色而非紫色（图14-3）。在使用瑞氏染色时观察到此结果通常表示染色时间不适当，或是缓冲剂过量造成染色剂的损失。遇到此情况可以重新染色作为补救方法。为了避免此问题的产生，需要增加染色时间，或是减少缓冲剂的量。

迪夫快速染色带来的染色问题包含染色时间不恰当，或是第三步染料（蓝紫色）不足。可重复染色流程以补救。如果染色结果仍然不理想（紫色显色不明显），表示最后溶液中的染料已经用尽，因此在重新染色前需更换所有染剂。

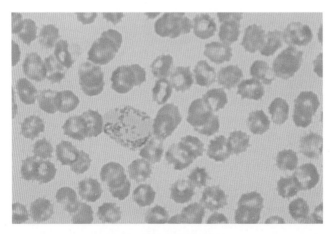

图14-3　染色不足的血涂片

嗜酸性粒细胞的核和颗粒缺乏紫色着色，该血涂片可再次染色作为补救。

(2) **沉淀物**　沉淀物的形成会使细胞结构模糊不清，影响血涂片的观察（图14-4 和图14-5）。虽然不一定能补救，但形成沉淀物的原因是可立即解决的。瑞氏染色法比迪夫快速染色法更容易观察到此问题。

使用瑞氏染色法时，当染剂作用时间过长，会形成粗糙球状的沉淀物（图14-4）。因染料完全溶解于无水乙醇之中，当酒精逐渐挥发，会形成粗糙的染料沉淀。因此需小心计时染剂的作用时间来避免形成沉淀。

网状沉积物：瑞氏染色过程中，如加入缓冲剂之后的冲洗不完全，会让金属光泽的膜沉积在血涂片上，引起玻片上出现网状染色沉积物（图14-5）。此金属膜会阻碍辨别细胞结构。因此最后的血涂片冲洗过程需要小心并冲洗完全，避免在血涂片上形成沉淀物。

沉淀物可能出现在储存液或正在使用中的染剂中。为了避免瑞氏染色的染剂形成沉淀物，染剂的储存液和工作液必须用滤纸（Whatman 1号或2号滤纸）过滤至干净的容器中。在使用迪夫快速染色法时，也必须用同样的方式将蓝紫色的染剂过滤到染缸中。

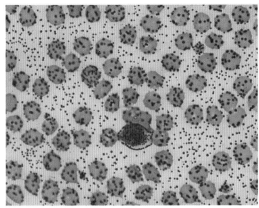

图 14-4　球状粗糙的染料沉淀阻挡了细胞结构。当酒精从染色剂中挥发后会形成沉积物

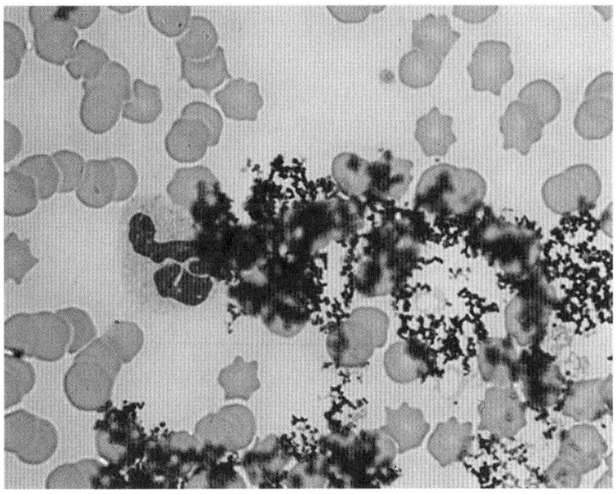

图 14-5　网状的染剂沉淀物遮盖了细胞结构细节。由于染色后冲洗不完全而使染液形成的金属色薄膜残留在血涂片上

五、正常血液细胞的组成

健康马的红细胞直径约5.7μm。这些细胞被染成红色，且中央有轻微苍白区域。因健康马红细胞会快速沉淀，常可见到红细胞呈钱串状（图14-6）。豪乔氏小体（呈紫色点状的DNA残余物）在健康马血涂片中不常见，但在严重贫血的马血涂片上常看到（图14-7）。网状红细胞或多染色性的红细胞可能在骨髓穿刺样本中见到，即使在严重贫血的状况下，在外周血涂片中也少见。

如在血涂片未完全干燥时立即观片，可能会在红细胞膜上见到具有折光性的褶皱（图14-8），经验较少的阅片人可能会将此折光性褶皱的人为现象误认为寄生虫或是病理性异常。当血涂片干燥速度较慢，或是当红细胞接触到强碱性的载玻片时（"玻璃效应"），可能会观察到锯齿状的红细胞。外形为红细胞膜上具有相对均匀间距、钝圆的点状突出（图14-8）。

白细胞被分类为中性粒细胞、嗜酸性粒细胞、嗜碱性粒细胞、淋巴细胞和单核细胞。中性粒细胞进一步细分为分叶核细胞和杆状核细胞。如果存在严重或退行性的核左移，则

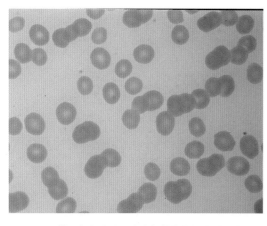 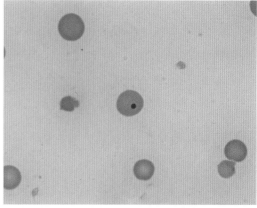

图 14-6 正常马红细胞呈现中央轻微苍白并排列呈钱串样　图 14-7 豪乔氏小体为红细胞中心深紫色的点状包涵体

可以在中性粒细胞系中对晚幼粒细胞（幼年细胞）、中幼粒细胞、早幼粒细胞和成髓细胞（如果存在）进行细分。

中性粒细胞通常具有分叶状的细胞核、粗糙的染色质，以及相对无色的细胞质（图14-9）。有些马的中性粒细胞可能具有不易分辨的核分叶、粗糙的染色质，且细胞核具有清晰的边缘。因此，在这样的血涂片上辨别是否有左移现象比较困难。在健康马血涂片上很少见到杆状核中性粒细胞。

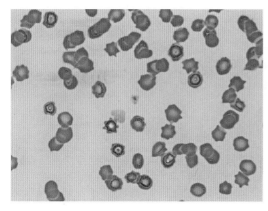 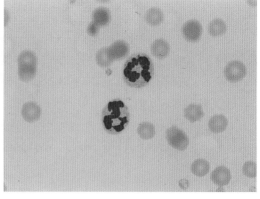

图 14-8 干燥不完全，会在红细胞上形成具折旋光性的人　图 14-9 中性粒细胞呈现分叶核，粗糙的染色质形态，
　　　　为现象。散布的红细胞具有锯齿状且有相似间　　　　　以及无色的细胞质
　　　　距的细胞膜上点状突出

嗜酸性粒细胞比中性粒细胞稍微大一些，状似树梅。嗜酸性粒细胞具有分叶的细胞核，并包含许多大小相似、亮红色圆形的细胞质颗粒（图14-10）。

嗜碱性粒细胞比中性粒细胞稍微大一些。具有分叶的细胞核，并包含许多细小、深紫色颗粒，时常挡住细胞核的细节（图14-11）。

成熟淋巴细胞大小介于红细胞和中性粒细胞之间（图14-12）。其细胞核呈现轻微锯齿状，具有粗糙的染色质。其细胞核几乎占满整个细胞，仅可在细胞边缘辨识出稀薄的淡蓝色的细胞质。

免疫细胞或反应性淋巴细胞为被抗原激活的淋巴细胞（图14-12）。这些细胞比中性粒细胞稍大，具有品蓝色的细胞质，细胞质内可能包含苍白色的高尔基体区域。细胞核可呈现扇贝形边缘或类似三叶草的形状。细胞核的染色质呈轻微颗粒样。偶尔可见核仁的环状区域（位于核仁的位置，染色质的细微空白区域）。在白细胞分类计数上，反应性淋巴细胞会被计入淋巴细胞中。

单核细胞为外周血液中最大的白细胞（图14-13）。单核细胞的细胞核形状变化较多，可为卵圆形、双叶、马蹄形、三叶形或是不规则形。细胞核的染色质不及中性粒细胞致密。细胞质丰富并呈现灰白色。少见细胞质空泡，而在处理不及时的血涂片中较常见。沿着细胞膜边缘可能会见到毛发样的突起（伪足）。

马的血小板比其他动物小，染色也较其他动物更苍白（图14-14）。观片时需在低倍镜沿着血涂片羽毛状边缘观察是否有血小板凝集（图14-15）。血小板聚集体表明血液样

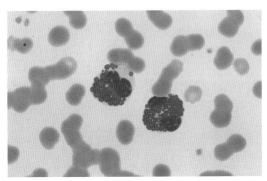

图 14-10　嗜酸性粒细胞具有大小相似、大且圆形的红色染色质颗粒。显微镜下这些细胞具有类似树梅的外观

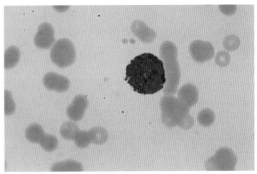

图 14-11　嗜碱性粒细胞具有分叶的细胞核，以及许多紫色的细胞质颗粒。这些颗粒会遮住部分细胞核的细节

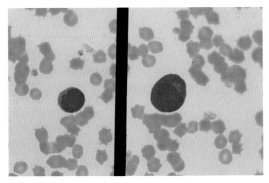

图 14-12　成熟的小淋巴细胞(左)以及免疫细胞(右)

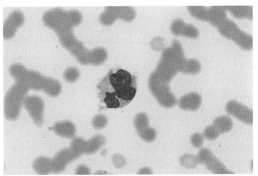

图 14-13　单核细胞具有分叶的细胞核，丰富的灰色细胞质，空泡以及伪足

本抗凝性差，会导致假性血小板减少症，因为被计数的血小板数量较少。少数情况下，血小板凝集是因接触到EDTA抗凝剂，此时需使用柠檬酸钠或肝素作为抗凝剂重复进行血小板计数。

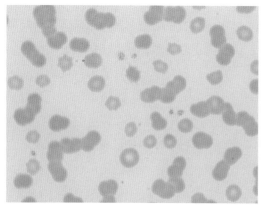

图14-14　健康马的血小板形态较小且染色苍白

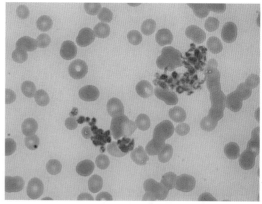

图14-15　血涂片的羽毛状边缘有大小不一的血小板凝块，表示血液样本的抗凝血不佳

六、血涂片检查

血涂片检查需按流程进行，以确保异常信息不被遗漏。首先在低倍镜（10倍物镜）下扫视血涂片整体，如发现血涂片有不恰当的染色，可依照先前所叙述的方式进行校正。检视血涂片羽毛状边缘时是否有血小板凝集以及不正常的大型细胞，大型细胞可能为肿瘤细胞。接着提高倍率（45倍或50倍物镜），观察血涂片羽毛状边缘，估测白细胞总数，羽毛状边缘的细胞呈单层分布，也是进行白细胞分类计数的常用区域。最后再提高倍率（100倍物镜）来检查白细胞分类计数的主要变化、红细胞和血小板的形态变化以及评价血小板的数量。

1. 白细胞分类计数　在对患病动物进行白细胞分类计数时会不断地产生许多问题，可以通过练习血涂片阅片来克服。

正确区分和量化分叶核中性粒细胞和杆状核中性粒细胞的数量对辨别核左移是非常重要的。然而区分分叶核中性粒细胞和杆状核中性粒细胞并不容易，尤其在某些健康动物中性粒细胞核分叶难以辨认时。分叶核中性粒细胞通常具有较粗糙的染色质以及超过细胞核一半宽度的细胞核凹陷（图14-16）。杆状核中性粒细胞有边缘平行的细胞核，细胞核的凹陷也很小（即小于细胞核一半的宽度）。

从单核细胞中区分中毒性中性粒细胞，特别是杆状核中性粒细胞和晚幼粒细胞也可能具有挑战性（图14-17）。有一些标准可供参考。中毒性中性粒细胞的细胞质染成淡蓝色，呈泡沫状，可能含有球形包涵体（参见中性粒细胞形态学）。相比之下，单核细胞的细胞质呈较深的蓝灰色，可能具有易辨识的、大小不一、清晰的细胞空泡。单核细胞的细胞膜边缘可能具有伪足。如果可辨认出核左移以及中性粒细胞的中毒反应，即使在白细胞分类计数时将1或2个细胞误算为中毒性晚幼粒细胞或单核细胞也无关紧要。必要时，可进行全血细胞计数以评价这些血液学的变化。

区分小淋巴细胞和有核红细胞偶尔也会出现问题（图14-18）。两种细胞的总体大小

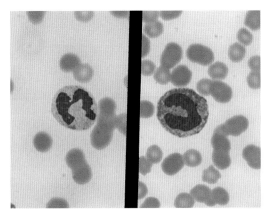

图14-16 分叶核中性粒细胞（左）具有细胞核分叶，而杆状核中性粒细胞（右）缺乏清楚的细胞核凹陷

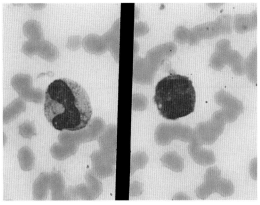

图14-17 中毒性中性晚幼粒细胞(左) 具有淡蓝色的细胞质以及球形包涵体。单核细胞（右）具有灰色细胞质，清晰的细胞质空泡以及伪足

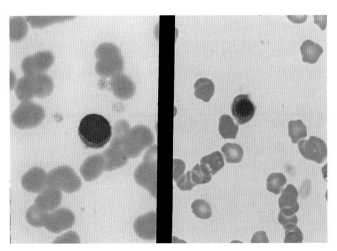

图 14-18 成熟小淋巴细胞（左）的细胞核几乎占满细胞质，然而有核红细胞(右)具有较小，偏离中心的细胞核，以及相对丰富的蓝灰色细胞质

相似。淋巴细胞的细胞核几乎完全填满细胞质，而晚幼粒细胞的细胞核很小，偏于一侧，染色质致密。成熟的淋巴细胞具有薄的浅蓝色细胞质边缘，而有核红细胞具有中等含量的蓝灰色至灰橙色细胞质。

免疫细胞（反应性淋巴细胞）的鉴定可能会使阅片新手在白细胞分类计数时出现混淆。这些细胞可能被误认为是单核细胞或肿瘤性淋巴细胞，或者只是可能无法进行分类（参见前文和图14-12）。在评估白细胞形态时，应注意记录免疫细胞的出现。

2. 红细胞形态学　红细胞数量的改变可大致分类为红细胞增多症（血细胞比容＞48%）或贫血（血细胞比容＜32%）。评价红细胞增多症或贫血时，必须要考虑到病患的水合状况以及血浆蛋白浓度（可用折射仪测定数值）。在诊断红细胞增多症以及贫血时，可利用流程图来协助诊断（图 14-19、图14-20）。

评价红细胞形态可帮助了解贫血的潜在病因。图 14-19 及图14-20由于马外周血中极少出现网状红细胞，使得诊断再生性贫血或是非再生性贫血较为困难[4,6,8]。可借由与血浆蛋白浓度、铁离子状态、骨髓的细胞学检查相关的基本信息协助诊断。

（1）**Howell-Jolly小体以及有核红细胞**　虽然有时候可在健康动物的血涂片中观察到Howell-Jolly小体（图14-7），当严重贫血时更容易观察到Howell-Jolly小体以及有核红细胞（图 14-18）。虽然Howell-Jolly小体以及有核红细胞数量的增加提示红细胞再生，但仍然需要联合骨髓检查以及连续的血细胞比容数值来确认。

（2）**小红细胞症**　小红细胞内有一个大小不定的中心苍白区（图 14-21）。小红细胞症伴随低色素（红细胞中心苍白区域增加）以及异型红细胞症（红细胞形状异常），可推测为铁缺乏所造成。小红细胞症可能与长期血液的损失有关，例如因寄生虫、肠胃道肿瘤，或是严重肠胃道溃疡。当铁储存减少时，也造成合成血红蛋白时铁的缺乏。

达到临界血红蛋白浓度时，骨髓会降低红细胞有丝分裂的能力。因身体血红蛋白生成减少，红细胞的前体会在血红蛋白到达临界血红蛋白浓度之前进行额外的有丝分裂，使得小红细胞数量增加。铁缺乏可以借由低血铁症来证明，包括正常至上升的总铁结合能力，或血清样本的血铁蛋白浓度减少，也可以在骨髓抹片上进行普鲁氏染色，以辨别铁储存是否减少。

（3）**红细胞破碎**　表现为红细胞形状异常（异形红细胞），尤其是在血涂片中出现裂红细胞（具有2至4个角或突起的红细胞碎片），或角状细胞（盔细胞）时。异形红细胞外形被拉长且末端凸起（图 14-22）。碎片状的红细胞与血管上皮细胞损伤以及纤维素沉积有关，常发生于感染、炎症反应或是血管丰富器官，包含肺、肝、脾、肾、骨髓以及胎盘（怀孕第三期之间）的肿瘤。

（4）**红细胞氧化性损伤**　红细胞的氧化性损伤可能与细胞膜脂质的过氧化、血红蛋白变性，或是铁原子的原子价状况改变有关。目前所知马红细胞的氧化性损伤可能由给予吩

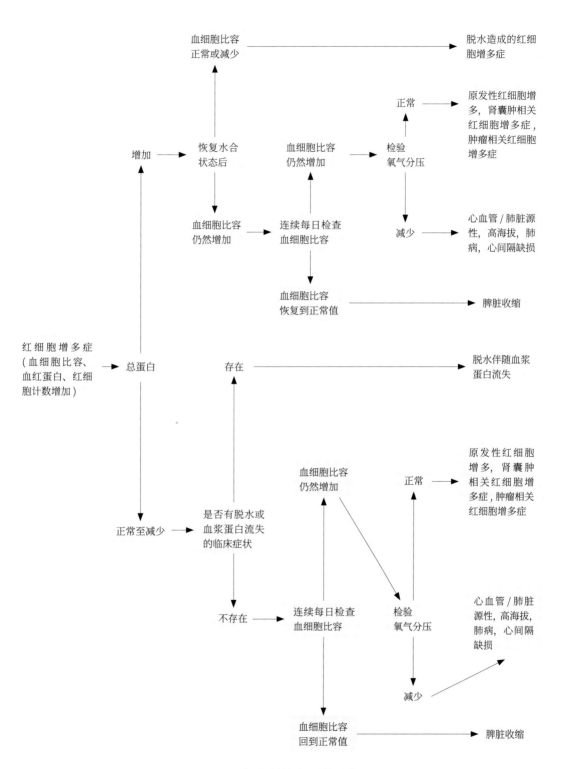

图 14-19　协助诊断红细胞增多症的流程

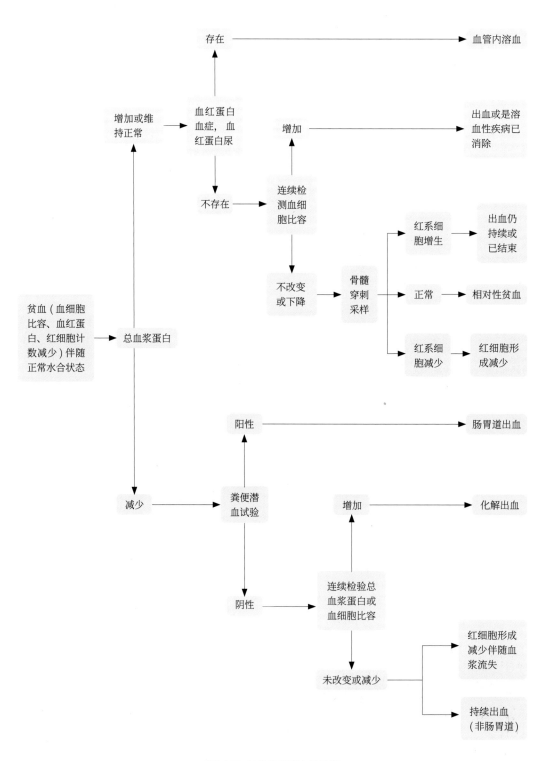

图14-20 协助诊断贫血的流程

噻嗪类抗驱虫药，食入野洋葱类植物或枯萎的红枫叶造成。早期氧化性损伤也与一种独特形态的红细胞有关，即偏心红细胞。这些损伤的红细胞具有完整但是部分交联的细胞膜。细胞膜交联的区域会缺乏血红蛋白，使红细胞具有非正圆形的形态（图14-23）。

　　海因茨小体（变性聚集的血红蛋白）也容易被观察到。用瑞氏染色的血涂片，海因茨小体经常突出细胞边缘，呈灯泡状，染色后为粉红色，类似于正常血红蛋白的颜色，也可能稍微浅一些（图14-24）。用新甲基蓝进行染色时，海因茨小体为深蓝色的点（图14-24）。当血涂片中见到许多海因茨小体时，也可能见到因为血细胞溶解形成的散布的红细胞"影"，这些血细胞已失去血红蛋白，但仍存在细胞膜结构。

　　（5）球形红细胞　球形红细胞为小而圆形的红细胞，但缺乏中心苍白区域（图14-25）。由于健康马的红细胞只有轻微的中心苍白区域，因此不容易在血涂片中观察到球形红细胞。球形红细胞的形成是因为单核细胞–巨噬细胞系统吞噬了红细胞的部分细胞膜，然而红细胞细胞质的体积维持不变。当红细胞的部分细胞膜被移除后，使双凹圆盘的红细胞变

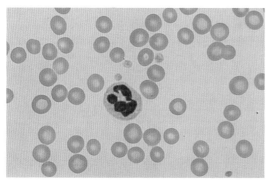

图14-21　缺铁性贫血的幼马血涂片，可见小红细胞伴随中心苍白区域增加

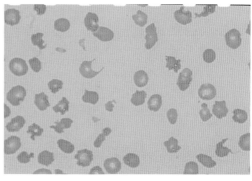

图14-22　包含异形红细胞的血涂片。推测为红细胞受到微血管病变的损伤

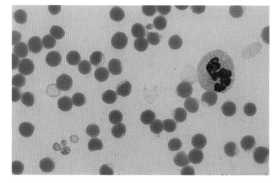

图14-23　偏心红细胞，具有部分缺乏血红素的特征。这些细胞提示早期的氧化损伤。在图中心区域左侧可见影细胞

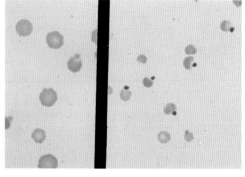

图14-24　在给予吩噻嗪驱虫药的马血涂片可见海茵茨小体。

　　左：海茵茨小体样貌为粉红色，并且突出细胞边缘（瑞氏染色）。右：海茵茨小体更明显，且染色下为深蓝色(新甲基蓝染色)。

成球状。红细胞细胞膜的移除，可能继发于与抗体或补体接触（如免疫介导性溶血性贫血）或是与海因茨小体造成的凹陷有关（如红枫叶中毒）。在病史上必须考虑到可能食入植物或曾使用的药物。此外可用库姆斯试验（特定病原抗血清）来确认病患是否有免疫介导性溶血性贫血。

（6）**嗜碱性彩斑** 嗜碱性彩斑是在红细胞中出现的细碎蓝灰色斑点，可在罗氏染色的血涂片中看到。嗜碱性彩斑可能出现在铅中毒的马红细胞中，但要辨认出嗜碱性彩斑需要良好的技术（如抗凝剂的使用、迅速地风干血涂片）。此外正性红细胞增多症（骨髓巨核细胞增多或有核红细胞增加）以及Howell-Jolly小体较容易在铅中毒病患的血涂片中观察到[14]。

（7）**寄生虫** 马巴贝斯虫（*Babesia caballi*，*Babesia equi*）是在北美洲具有重要临床意义的血液寄生虫[15]。这些原虫即使寄生在红细胞的数量很少，也可造成严重的贫血。当大于或等于0.1%的红细胞被寄生时，就可以观察到马巴贝斯虫。马巴贝斯虫的形态为泪滴形，每个红细胞可含1～4个虫体（图14-26）。当无法确认是否有寄生虫血症时，可使用血清学测试来检验。

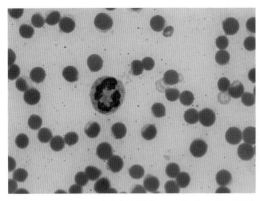

图14-25 在红枫叶中毒的马血涂片可见球形红细胞以及偏心红细胞

注意球形红细胞缺乏中央苍白区域。

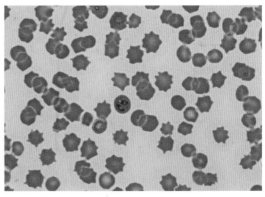

图14-26 被巴贝斯虫寄生的红细胞

此原虫被染为紫色呈泪滴状。

七、白细胞异常相关疾病

许多疾病会造成白细胞数量和形态的异常。快速的血涂片检查可初步确认白细胞数量和白细胞分类计数的改变。但血涂片检查较主观，仍然需要量化的全血细胞计数来确认白细胞的异常。

血涂片可帮助估算白细胞数量，可用进行白细胞分类计数的区域来估算。白细胞平均数量的估算方式为计算在45倍或50倍物镜下10个视野的白细胞数量，再乘以1 500或2 000。当估算数量少于6 000个/μL时，推测为白细胞减少症，然而大于12 000个/μL可推测为白细胞增多症。如果时间允许，需要用定量的血液检查进行验证。

高倍镜检查可对白细胞分类计数时的主要改变提供参考。一般不需要实际列出100～200个细胞的形态。这些现象包含中性粒细胞增多、中性粒细胞减少、是否有核左移现象、淋巴细胞增多、淋巴细胞减少、嗜酸性粒细胞减少、嗜酸性粒细胞增多以及嗜碱性粒细胞增多。框表14-1列举了这些异常发现的常见鉴别诊断。

其他血涂片检查时可见的白细胞异常形态变化会在后文中讨论。除白血病中可见的形态，其他白细胞的形态变化较不常见，不在此赘述。

框表 14-1 白细胞数量改变的鉴别诊断

中性粒细胞增多
生理性因素：恐惧，兴奋，短暂但剧烈的运动
皮质类固醇相关病因：药物，严重应激
炎症：（许多病因）
感染：细菌性、病毒性、霉菌性
粒细胞性白血病：罕见
中性粒细胞减少
骨髓内中性粒细胞形成减少：药物，辐射，骨髓坏死（细菌性），骨髓萎缩，骨髓纤维化，骨质石化症，分散性肉芽肿性炎症反应，肿瘤
组织过度消耗中性粒细胞：败血症/内毒血症（沙门氏菌感染，马驹败血症），严重细菌性感染，斑蝥中毒症，盲肠穿孔，急腹症，慢性肠炎，单核细胞性艾希体症（波多马克马热病），苯乙丁氮酮中毒，免疫介导性中性粒细胞减少
淋巴细胞增多
生理性因素：尤其在易兴奋的小型种
慢性感染：细菌性、病毒性
疫苗注射后并发症
淋巴肿瘤/淋巴细胞性白血病：少见至罕见
淋巴细胞减少
皮质类固醇相关病因：药物，严重应激
急性感染：细菌性、病毒性
免疫缺失：尤其是阿拉伯马

单核细胞增多
化脓，组织坏死
溶血，出血
化脓性肉芽肿性炎症反应
非造血性肿瘤
单核细胞 / 骨髓单核细胞性白血病（极罕见）
嗜酸性粒细胞增多
寄生虫感染：在幼马不显著
炎症 / 过敏反应
嗜酸性粒细胞增多症候群
嗜酸性粒细胞骨髓增生疾病，白血病（罕见）
嗜酸性粒细胞减少
皮质类固醇相关病因：药物，严重应激
急性感染（任何原因）
嗜碱性粒细胞增多
肠道疾病，包括寄生虫感染

1. 中性粒细胞形态学　疾病发生时中性粒细胞形态学的改变通常包含核型左移现象以及中毒性变化。在罕见的状况下，可能见到立克次体感染造成的细胞质内的包涵体。

（1）**核左移**　核左移表示外周血液中的杆状中性粒细胞以及幼稚中性粒细胞数量增加（图14-27）。 如果中性粒细胞数量仍在参考区间内，或数量增加，杆状中性粒细胞以及幼稚型中性粒细胞数量大于等于300个/μL，核左移具有重要临床意义。当中性粒细胞减少时，杆状核中性粒细胞以及幼稚型中性粒细胞大于或等于中性粒细胞数量的10%，即为显著的核左移。

杆状核中性粒细胞包含S形或U形的细胞核，比分叶核中性粒细胞具有更疏松的染色质（图14-16）。当细胞核的凹陷处小于细胞核宽度时的50%，表示细胞核缺乏分叶。马健康的中性粒细胞缺乏明显的核分叶，杆状中性粒细胞的辨认可借助于较疏松的染色质以及核突起变钝。

（2）**中毒性变化**　典型中性粒细胞的中毒性变化为嗜碱性染色的细胞质、泡沫状的细胞质空泡，以及Dohle bodies的形成（靠近细胞边缘的蓝灰色有棱角小颗粒）（图14-27）。中毒性的颗粒化（粉紫色细胞质的颗粒程度增加）是中毒性变化的另一种形式，但较不常在马的血涂片中见到。这些变化提示严重的系统性炎症、内毒素血症、感染，或是药物中毒。中毒性变化消失是良好的预后指标，如细胞质的嗜碱性开始增加，是在康复期中毒性变化逐渐缓解的一种形式。严重感染时，如急性沙门氏菌感染，中毒性中性粒细胞体积增大并具有形态异常的细胞核，如指环状 （图14-28）。

（3）**立克次体桑葚胚** 诊断马立克次体感染可凭借在中性粒细胞的细胞质内见到灰色、桑葚样的立克次体桑葚胚（图 14-29）。立克次体导致临床疾病时会出现桑葚胚，严重时可能出现在外周血的中性粒细胞中。然而，没见到桑葚胚不表示能排除感染的可能。如果马的艾力希体症为鉴别诊断之一，可通过确认急性期以及恢复期的抗体效价来协助最终诊断。

（4）**中性粒细胞细胞核的过度分叶** 自发性中性粒细胞细胞核过度分叶已经有报道。图 14-30上几乎所有的中性粒细胞细胞核都出现过度分叶，有些甚至大于11个细胞核分叶。 这种有趣的血液学异常不一定具有临床意义，可能与先天性异常有关。

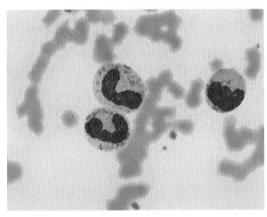

图 14-27 杆状核和幼稚中性粒细胞 (核左移现象) 伴随严重细菌感染。细胞质内嗜碱性增加以及Döhle bodies的出现表示中毒性变化

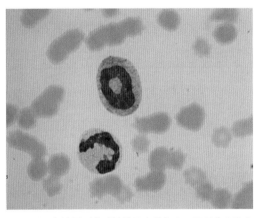

图 14-28 在沙门氏菌感染的马血涂片中，可见变大的中毒性中性粒细胞，具有指环状细胞核。下方为分叶核中性粒细胞

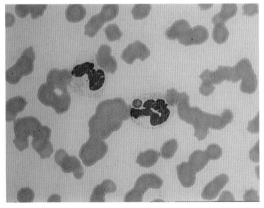

图 14-29 在右边中性粒细胞的细胞质内可见马艾力希体的桑葚胚

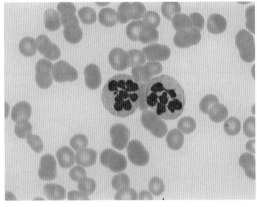

图14-30 不明原因的中性粒细胞细胞核过度分叶

中性粒细胞细胞核过度分叶比较常在给予皮质类固醇之后或是在内源性皮质醇的释出之后被观察到。受到皮质类固醇的影响，中性粒细胞在血液循环中的时间会延长，并且随着生存时间延长，会进行渐进式的核分叶。在皮质类固醇相关的过度分叶中，血涂片中只会看到少数的细胞受到影响。

八、白血病和骨髓增生性疾病

白血病和骨髓增生性疾病很少在马匹中发现。白血病是造血细胞系过度地增生，包含颗粒细胞、单核细胞、淋巴细胞、红细胞以及巨核细胞。不受控制的造血细胞过度增多可能单独或结合性地发生。骨髓增生性疾病的特性为细胞成熟分化受到干扰。白细胞减少或白细胞增生可能最终转变为白血病。一般来说，可利用罗曼诺夫斯基染色血涂片和骨髓抹片来辨识分化良好的、具有特征形态的白细胞，但却并不能区分幼稚母细胞系所造成的低分化白血病。这种鉴别诊断可在较大的兽医中心借由细胞化学染色以及电子显微镜进行。

白血病可借由血涂片检出母细胞，细胞成熟过程受干扰，以及偶尔在细胞计数上显著增加来推断（图14-31至图14-33）。此外也可通过骨髓穿刺来协助诊断。因为马很少见到白血病或是骨髓增生性疾病，可向血液学兽医师或是肿瘤学兽医师进行咨询，以加速诊断及对病患的处理过程。

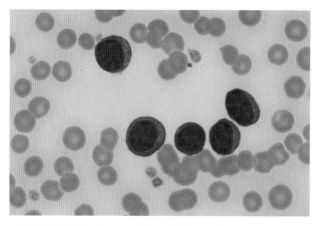

图 14-31　慢性淋巴细胞性白血病的血涂片，其细胞大小较小，具有较成熟的染色质型

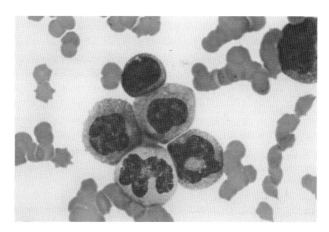

图 14-32 骨髓性白血病的血涂片，可见母细胞以及正在分化的单核细胞和中性粒细胞

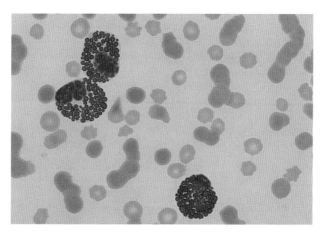

图 14-33 患嗜酸性粒细胞性骨髓增生疾病的马的血涂片，可见细胞核的分叶不足

参考文献

[1] Latimer:VPP 537-L Laboratory Manual of Clinical Pathology Techniques.4thed.Athens,1990,University of Georgia.

[2] Feldman, Zinkl, and Jain: Schalm's Veterinary Hematology. 5th ed.Philadelphia,2000,Lippincott Williams & Wilkins.

[3] Schalm: Manual of Equine Hematology. Santa Barbara, 1984,Veterinary Practice Publishing.

[4] Tyler et al: Hematologic values in horses and interpretation of hematologic data.Vet Clin North Am (Equine Pract) 3:461-484,1987.

[5] Lassen and Swardson: Hematology and hemostasis in the horse: normal functions and common abnormalities. Vet Clin North Am (Equine Pract)11:351-389,1995.

[6] Latimer and Mahaffey,in Colahan et al:Equine Medicine and Surgery.5th ed.St Louis,1999,Mosby,pp 1973-1981,1989-2001,2025-2031.

[7] Hinchcliff et al: Diagnosis of EDTA-dependent pseudothrombocytopenia in a horse.JAVMA 203:1715-1716,1993.

[8] Blue et al:Immune-mediated hemolytic anemia induced by penicillin in horses.Cornell Vet 77:263-276,1987.

[9] McSherry et al:The hematology of phenothiazine poisoning in horses.Can Vet J 7:3-12,1966.

[10] Pierce et al:Acute hemolytic anemia caused by wild onion poisoning in horses.JAVMA 160:323-327,1972.

[11] George et al:Heinz body anemia and methemoglobinemia in ponies given red maple (Acer rubrum) leaves. Vet Pathol 19:521-533, 1982.

[12] Tennant et al:Acute hemolytic anemia,methemoglobinemia,and Heinz body formation associated with ingestion of red maple leaves by horses.JAVMA 179:143-150,1981.

[13] George and Duncan:The hematology of lead poisoning in man and animals. Vet Clin Pathol 8:23-30, 1979.

[14] Burrows and Borchard:Experimental lead toxicosis in ponies:comparison of the effects of smelter effluent-contaminated hay and lead acetate. Am J Vet Res 43:2129-2133, 1982.

[15] Simpson et al:Comparative morphologic features of Babesia caballi and Babesia equi.Am J Vet Res 28:1693-1697,1967.

[16] Madigan:Equine ehrlichiosis.Vet Clin North Am (Equine Pract) 9:423-428, 1993.

[17] Prasse et al: Idiopathic hypersegmentation of neutrophils in a horse.JAVMA 178:303-305,1981.

[18] Latimer,in Colahan et al:Equine Medicine and Surgery.5th ed.St Louis,1999,Mosby,pp 2031-2034.

[19] Edwards et al:Plasma cell myeloma in the horse:a case report and literature review.J Vet Intern Med 7:169-176,1993.

[20] Monteith and Cole:Monocytic leukemia in a horse.Can Vet J36:765-766, 1995.

[21] Buechner-Maxwell et al:Intravascular leukostasis and systemic aspergillosis in a horse with subleukemic acute myelomonocytic leukemia. J Vet Intern Med 8:258-263,1994.

[22] Ringger et al:Acute myelogenous leukaemia in a mare.Aust Vet J 75:329-331,1997.

[23] Clark et al:Myeloblatic leukaemia in a Morgan horse mare.Equine Vet J 31:446-448,1999.

第 15 章 骨髓

骨髓是主要造血器官，主要制造红细胞、血小板、粒细胞、单核细胞和少量淋巴细胞。然而，大多数血液淋巴细胞来源于次级或外周淋巴组织，包括扁桃体、淋巴结、内脏相关淋巴组织、支气管相关淋巴组织和脾脏。

刚出生时，几乎身体所有的骨骼都参与造血。在新生动物的脾脏与肝脏也可能出现独立的造血活动。随着成年期的临近，造血活动通常仅发生在近端长骨和中轴骨（椎骨、胸骨、盆骨、肋骨）中[1]。当出现血细胞需求增加（如马传染性贫血）或血细胞生成紊乱，如原发性血细胞增多症（真性红细胞增多症）或白血病时，作为应激反应，长骨骨干、脾脏、肝脏可能恢复造血活动[2,3]。

Diagnostic Cytology
and Hematology of the Horse
Second Edition

一、骨髓穿刺

活体骨髓穿刺是评价造血组织疾病的一种很有价值的诊断技术。骨髓检查主要适应证包括贫血、持续的白细胞减少症、白细胞胞质及核成熟异常、持续的血小板减少症、原因不明的全血细胞减少症、疑似血液肿瘤和怀疑骨髓坏死或浸润性疾病,包括骨髓基质细胞扩散、感染或转移性肿瘤[1,4]。

1.禁忌证 活体骨髓穿刺是一种对马匹相对无害的检查方法。理论上,骨髓穿刺术后可能引发过度出血,但这种情况极其罕见[4]。如果存在严重的血小板减少症(<20 000个/μL)、凝血因子缺乏或弥散性血管内凝血,通过按压穿刺点4~5min通常可以改善出血状况[1]。当从胸骨穿刺抽吸骨髓时,应小心放置针头,以防止心脏被穿刺。曾有一匹马进行胸骨骨髓穿刺后,因左心室划伤引发心包填塞死亡。当马匹患有单克隆丙种球蛋白病和凝血缺陷时,很可能会导致心包填塞的发生[5]。医源性感染理论上可能存在,但当对穿刺点提前进行适当的准备和无菌操作时,这种可能性微乎其微[4]。

2. 样本采集 骨髓穿刺是一种简单的通过骨皮质的组织穿刺。可以使用18号脊椎穿刺针从胸骨、肋骨或髂骨中收集骨髓。穿刺点应剃毛、手术消毒液清洗以及用2%利多卡因做局部麻醉。麻醉剂应渗透到穿刺点的皮下组织和骨膜。

用11号手术刀片在皮肤上做一个小切口。将针刺入,直至穿透骨膜并感到明显阻力为止。逐渐增加刺入力度并旋转骨刺针,缓缓刺穿骨皮质。骨刺针刺入的深度及力度取决于获取骨髓的穿刺点和动物的年龄。一般来说,刺入成年马髋关节1~2cm即可,对于小马驹刺入深度较小。骨刺针穿透成年马骨皮质较难,而穿透小马驹骨皮质则较为容易。

一旦脊椎穿刺针准确进入骨髓腔,从穿刺针上拔出针芯,用含有1~2滴10%乙二胺四乙酸二钠(EDTA)或1~2mL 2%EDTA溶液的12mL注射器吸出骨髓。通常需要强大的吸力抽取骨髓,将注射器柱塞拉回至10mL刻度也几乎不会损伤造血细胞。骨髓抽取量以0.2mL(2~4滴)为宜。如果骨髓不能被吸出,更换穿刺针,根据临床判断穿刺针移动方位(近端或远端),再次尝试抽吸骨髓。当完成骨髓穿刺,可拆下注射器,将骨髓样本和抗凝剂旋转振荡混合。如果沿注射器的管壁可以观察到小的骨髓颗粒,即可将脊髓针移除。

有时候,可在尸体剖检时收集骨髓。必须在动物死亡30min内获取骨髓标本,因为死后细胞变性会阻碍检查。破开肋骨,仔细去除皮质骨碎片,轻轻地回收凝胶状的骨髓是获取骨髓最便捷的一种方式。随后可以使用骨髓样本准备细胞学触片或涂片,之后剩下的骨髓可以保存在10%福尔马林溶液做组织学评价。

3. 样本的制备和染色　将几滴骨髓悬液涂抹在保持垂直的载玻片上(图15-1)。骨髓颗粒随血液向下流动而黏附在载玻片上。取另一片载玻片垂直放置，轻轻压在第一片载玻片上并横向拖动制成压片(图15-1)。此外，骨髓可以放入一个培养皿中，用巴斯德吸管选取骨髓颗粒。将骨髓颗粒放在一个载玻片上，采用先前叙述的方法制作压片。采用骨髓穿刺获取的骨髓样本，可在组织固定前，将骨髓颗粒置于两个载玻片间轻柔地滚动以制作细胞学标本。尸体剖检样本，小部分的骨髓被用来做细胞学的触片或压片。

风干后，骨髓标本可采取传统的瑞氏染色法或使用Diff-Quik染液改良后的瑞氏快速染色法染色。采用传统的瑞氏染色，随着压片中细胞数的增多，染色和缓冲时间都应该延长到5min。使用Diff-Quik染色，骨髓涂片应随着细胞数量的增加而在两种溶液中分别浸润10～20次。在低倍镜（10倍）下，红色、蓝色和紫色的颜色应清晰。缺乏紫色，尤其

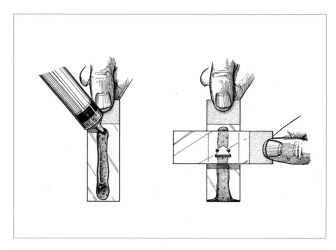

左

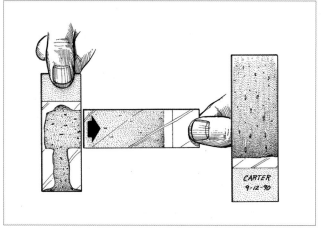

右

图15-1　骨髓压片制备

　　左图，把骨髓样本涂抹到一个垂直的载玻片上，骨髓颗粒随血液向下流动并黏附在载玻片上。第二张载玻片（涂抹玻片）与第一张载玻片呈一个直角。右图，轻轻按压并横向拉动第二张载玻片以完成涂片。完成的涂片进行标记、风干和染色。

是在细胞核处，表明染色不足。可重复染色过程，直至达到理想的着色效果（更多有关信息，请参见第14章）。

二、骨髓的评价

只有熟悉正常血细胞的发育情况及病马当前的全血细胞计数(CBC)数据信息，才能正确评价骨髓样本[6,7]。熟悉正常血细胞的发育可以迅速辨别血细胞成熟和形态异常，同样，可以检测骨髓液中异常的细胞群。当前血细胞数据信息可用于解读骨髓在各种疾病状态下的变化。例如，在非再生性贫血和正常白细胞象的触片中，粒系细胞/红系细胞（M/E）比值的升高表明红细胞发育不全。当中性粒细胞和红细胞比容正常时，M/E比值的升高表明粒性白细胞增生。

在大多数情况下，可以通过主观评价骨髓抽吸样本来完成对骨髓的评价。在临床实践中，基于500个细胞分类计数的结果计算一个精确的M/E比值的方法费力且常常价值有限。因此，对骨髓样本的粗略解读应针对与现有临床发现和CBC数据一致的变化。然而，对于希望进行500个细胞分类计数并精确计算M/E值的从业者，（我们也）列出了马的骨髓评价参考区间（表15-1）。

表 15-1　马的骨髓评价参考区间

细胞类型	范围（%）	平均值（%）
粒系（颗粒）细胞		
原始粒细胞	0～5	1.0
早幼粒细胞	0.5～3.5	1.7
中性粒细胞		
中幼粒细胞	1.0～7.5	3.2
晚幼粒细胞	1.5～15.0	5.6
杆状核粒细胞	6.0～6.5	15.7
分叶核粒细胞	3.0～16.5	8.4

细胞类型	范围（%）	平均值（%）
嗜酸性粒细胞（总）	0.0～5.0	1.8
嗜碱性粒细胞（总）	0.0～1.0	0.3
全粒系细胞	26.5～45.0	35.7
红系细胞		
原始红细胞、早幼红细胞	0.0～2.0	0.7
中幼红细胞、晚幼红细胞	29.5～89.5	55.0
总红系细胞	47.0～69.0	58.0
M/E 比值	0.48～0.91	0.71
其他细胞		
淋巴细胞	1.5～8.5	3.5
浆细胞	0.0～2.0	0.6
单核细胞、巨噬细胞	0.0～1.0	0.2
有丝分裂象	0.0～3.5	0.8

  骨髓样本的评价涉及颗粒细胞构成的主观评价；巨核细胞数量和成熟度；红系细胞和粒系细胞的发育、成熟度和形态。此外，还应该处理骨髓样本中的淋巴样细胞、巨噬细胞、基质细胞和不寻常的细胞群。应对样本进行系统的检查，以求重要的变化不被忽视。通常，在4～20倍率的显微镜物镜下评价颗粒细胞构成、巨核细胞数量和成熟度。红系细胞和粒系细胞的成熟度和细胞形态等关键检查应该使用45～50倍率和100倍率的显微镜物镜来完成。

  1. 颗粒细胞结构 骨髓细胞的精确评价，需要从活跃的造血部位或病变部位进行骨髓穿刺活检并进行组织学检查。很多人在临床诊治过程中通常不进行骨髓活检，而是在10倍物镜下对染色的骨髓涂片进行细胞学评价。细胞学检查中使用的骨髓样本由脂肪（显示为空白区域或气球样的脂肪细胞）和造血细胞群构成，致密的细胞群呈暗蓝紫色。观察发现，健康成年马的正常细胞样本由50%的脂肪和50%的细胞组成（图15-2）；细胞减少性的样本主要由脂肪(图15-3)构成；而细胞增多性的样本主要由细胞构成(图15-4)。在浸润性疾病、原发性或继发性肿瘤中，细胞减少性的骨髓样本暗示着造血功能的降低，细胞增多性的骨髓样本暗示着造血功能增强(正常或异常的反应)，在这些状况下都需要用高倍镜对骨髓中的细胞组成进行检查。

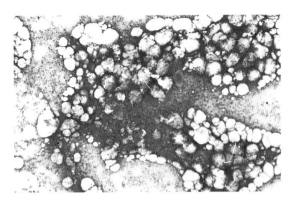

图15-2 正常的骨髓样本由50%的脂肪（空泡区域）和50%的造血细胞构成

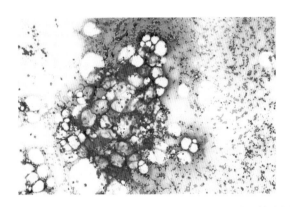

图15-3 细胞减少性的骨髓样本脂肪丰富（＞50%）并包含少量的造血细胞

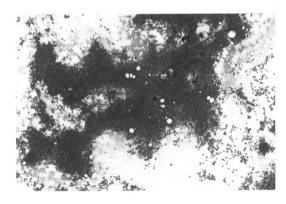

图15-4 细胞增多性的骨髓样本含有较多的造血细胞和少量的脂肪

2. 巨核细胞数量和成熟度 足够多的成熟巨核细胞对正常血小板的生成是十分必要的。巨核细胞通常是骨髓抽取物中所能见到的最大的细胞。虽然破骨细胞的体积也很大，但是，一般情况不常见且破骨细胞有明显的多核现象。巨核细胞直径约100μm，细胞质丰富且细胞核分叶。未成熟的巨核细胞体积较小，细胞核很少分叶且细胞质中含有蓝色颗粒（图15-5）。成熟的巨核细胞体积较大，细胞核分叶且细胞质中含有粉红色颗粒（图15-6）。

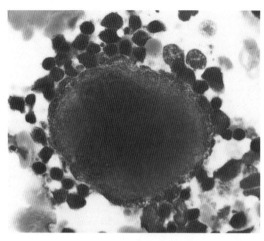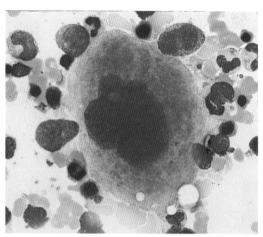

图15-5 未成熟巨核细胞核分叶少，细胞质内含有蓝色颗粒　图15-6 成熟巨核细胞核分叶，细胞质内富含粉红色颗粒

在正常状态下，10倍物镜的视野中可以发现一个或几个巨核细胞。不仅在骨髓样本颗粒的内部或周边巨核细胞显而易见，而且巨核细胞也可能单个地分布在整个涂片中。血小板减少症中的巨核细胞数减少暗示着血小板生成的减少，巨核细胞数增加暗示着血小板的消耗或破坏。

3. 红系细胞

（1）**在正常情况下**　在红细胞成熟过程中，细胞体积越来越小，核染色质逐渐浓缩，直到细胞核被挤出细胞外，随着新生细胞的核糖体合成用于运输氧气的血红蛋白，细胞质的颜色从蓝色变为灰色再转为橘红色。红细胞的成熟过程是连续而有序的，细胞成熟主要经历以下阶段:原始红细胞、早幼红细胞、中幼红细胞、晚幼红细胞、多染性红细胞（网织红细胞）和成熟红细胞。在健康个体内，大约5%的红细胞为早幼红细胞和原始红细胞，剩下95%的红细胞为中幼红细胞和晚幼红细胞。

原始红细胞体积相对较大，细胞核位于细胞中心，染色质形态较细，有一个或两个明显的核仁，细胞边缘有带状蓝染的细胞质颗粒，在细胞核附近的细胞质内可以看到呈浅染色的高尔基体(图15-7)。

除了核染色质有明显的细小颗粒外，早幼红细胞与原始红细胞无明显的区别，核仁不明显(图15-7)。

中幼红细胞在有丝分裂和成熟程度的不同阶段体积大小不一，刚形成的子代细胞和成熟的中幼红细胞体积较小，成熟的中幼红细胞染色质逐步聚集、浓缩，但细胞核仍位于细胞的中央位置(图15-8和图15-9)。

晚幼红细胞染色质进一步聚集、浓缩，细胞核呈"墨点"状。细胞核通常位于偏离细胞中心的位置，细胞质颜色呈淡蓝灰色至橙灰色(图15-9)。

采用罗曼诺夫斯基染色固定的骨髓涂片中，多染性红细胞是无核红细胞，细胞质呈均匀的蓝灰色至橙灰色，细胞质颜色的深浅取决于血红蛋白的浓度(图15-8)。在新亚甲蓝染色涂片中，由于核糖体聚集，细胞呈现出聚集或网状结构并被称为网织红细胞。因此，多染性红细胞和网织红细胞为同一细胞在不同染色方法中的不同称呼。

成熟红细胞是无核的，细胞中央颜色较浅，由于含有大量的血红蛋白，染色时呈现橘红色，这些细胞中很少能够看到含有一个小的、圆形、深染的染色质小体（见第14章）。

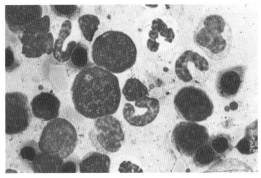

图15-7 贫血性疾病马骨髓涂片中红细胞增生，主要为原始红细胞、早幼红细胞和中幼红细胞

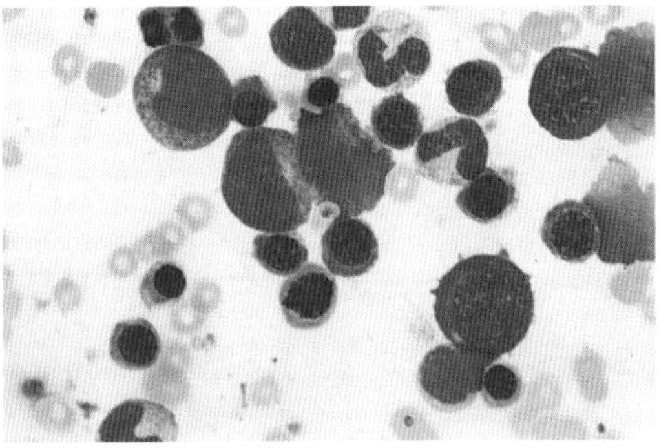

图15-8 贫血性疾病马骨髓涂片中红细胞增生，主要为中幼红细胞和晚幼红细胞。背景为多染性红细胞

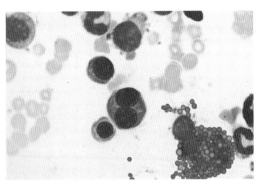

图15-9 非再生性贫血和白细胞减少症马骨髓涂片，双核红细胞的出现暗示着红细胞生成异常

(2) **在患病个体中** 评价红系细胞时首先要解决的基本问题是确定贫血是再生性的还是非再生性的。实验室基本的检测内容包括血涂片中细胞的充盈度和红细胞的外观形态，以及血浆总蛋白浓度(图14-20)。

在再生性贫血病例中，由于红系细胞数量占优势导致M/E比值降低(图15-7和图15-8)。

这些细胞大多是中幼红细胞和晚幼红细胞，但能被观察到的多为不成熟的红细胞(> 5%的红系细胞为早幼红细胞或更早期的红细胞)。采用罗曼诺夫斯基染色的骨髓涂片中，在背景中出现较高比例的多染性红细胞，这些细胞在新亚甲蓝染色的骨髓涂片中即为网织红细胞。此外，染色质小体的数量可能会增加。

总之，如果骨髓穿刺活检中M/E比值下降，则表明存在红细胞再生。样本经罗曼诺夫斯基染色后，多染性红细胞数量超过无核红细胞数量的5%；或新亚甲蓝染色后可观察到多于5%的网织红细胞。

在非再生性贫血病例中，红系细胞的细胞数量减少或这类细胞不易被观察到。一般来说，大部分的这类细胞为中幼红细胞晚期或晚幼红细胞，很少能观察到早幼红细胞和中幼红细胞。

尽管已经发现一例原发性红细胞增多症(真性红细胞增多症)的案例[3]，但是在马匹中出现红细胞瘤却非常罕见。通过骨髓检查对原发性红细胞增多症进行诊断效果不佳，原因在于尽管红细胞无限增多，但红细胞也会正常成熟。很少能够观察到红细胞成熟异常的情况，如双核红细胞或核胞成熟异步(图15-9)。同样，骨髓增殖性疾病在马匹也是十分罕见。

4. 白细胞系

（1）健康机体内的粒系细胞 粒系细胞包括中性粒细胞、嗜酸性粒细胞、嗜碱性粒细胞以及它们的前体细胞。在使用罗曼诺夫斯基染色的骨髓涂片中，越来越多的成熟细胞可通过特异性或次级颗粒的染色反应进行辨别。中性粒细胞颗粒呈无色或中性，嗜酸性粒细胞颗粒呈橘红色，嗜碱性粒细胞颗粒呈紫色。在中幼粒细胞的发育阶段可通过光学显微镜最早发现特定的细胞颗粒。细胞发育和成熟按以下顺序进行：原始粒细胞、早幼粒细胞(前颗粒性细胞)、中幼粒细胞、晚幼粒细胞、杆状核粒细胞和分叶核粒细胞。

在健康的机体中，85%或更多的粒细胞(尤其是中性粒细胞)为晚幼粒细胞、带状核粒细胞或分叶核粒细胞。剩余的细胞为早幼粒细胞或原始粒细胞。下面介绍这些细胞在骨髓成熟过程中的辨别特征。

初级粒细胞相对较大，细胞具有圆形中心核，染色质形态较细，具有一个或多个核仁(图15-10)。蓝色细胞质的边缘较薄，没有明显的颗粒。

早幼粒细胞(前髓细胞)染色质较为聚集且核仁不明显(图15-10和图15-11)。淡蓝色的细胞质中含有分散的略带粉红色的紫色初级颗粒。与嗜碱性粒细胞中的粗短特异性颗粒相反，早幼粒细胞内的颗粒都非常细小。

中幼粒细胞的细胞核多为圆形或椭圆形，无明显的核仁。染色质形态比早幼粒细胞的更为聚集。通过特异性(次级)颗粒的着色特性不同，将中幼粒细胞分为中性粒细胞、嗜酸性粒细胞和嗜碱性粒细胞(图15-12)。

晚幼粒细胞有一个两侧略显凹陷的细胞核，外观形似哑铃(图15-10和图15-11)，细胞质呈浅蓝色。

杆状核粒细胞有一个S形或U形的宽度均匀的核，染色质中度着色(图15-13)。如果存在细胞核凹陷，则凹陷程度小于细胞核宽度的50%。

尽管在一些马匹中分叶核粒细胞的核分叶不明显，但是一般情况下，分叶核粒细胞的细胞核都会呈分叶状 (图15-13)。在这些动物中，可观察到细胞核的边缘明显呈锯齿状。如果存在细胞核凹陷，则凹陷量大于细胞核宽度的50%。

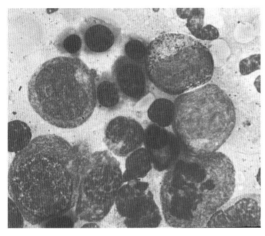

图15-10 粒细胞增生的马骨髓涂片，出现原始粒细胞、早幼粒细胞和中性粒细胞带

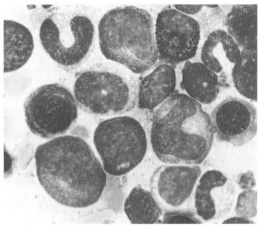

图15-11 粒细胞增生的马骨髓涂片。原始粒细胞、早幼粒细胞和晚幼粒细胞（中心）被杆状核中性粒细胞、中幼红细胞和嗜碱性晚幼粒细胞包围

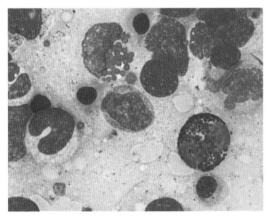

图15-12 嗜碱性粒细胞和嗜酸性粒细胞前体显示了特异性嗜碱性颗粒和嗜酸性颗粒的大小

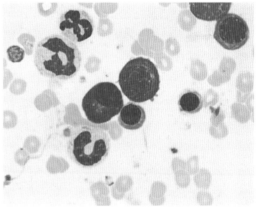

图15-13 杆状核和分叶核中性粒细胞与中幼红细胞和单个浆细胞混合

（2）疾病中的粒系细胞　有严重的系统性炎症、感染(内毒素血症、菌血症)或骨髓毒素,骨髓的变化可能会比血液提前3～5d。例如，一匹患有急性沙门氏菌病和中性粒细胞减少症的马，如果骨髓正准备对中性粒细胞需求的增加做出反应，骨髓抽取物会表现出粒细

胞增生(图15-10、图15-11)。此外，杆状核粒细胞和分叶核粒细胞的储存量减少，暗示着细胞向不成熟转变，这时骨髓前体细胞将大量增殖以促进中性粒细胞的生成。在这种状态下，有可能观察到中性粒细胞系的细胞表现出中毒性变化(胞质嗜碱性、细胞质形成空泡、杜勒小体、中毒颗粒)和细胞核成熟异常(环形核) (见第14章)。

在全血细胞减少症中，骨髓前体细胞(尤其是中性粒细胞前体)可能会被耗尽。引起全血细胞减少症的原因包括药物、毒素和电离辐射，但在某些情况下，全血细胞减少症的确切原因可能无法解释[8~10]。

细菌毒素可导致骨髓坏死。从患有粒细胞减少症的动物体内抽取的骨髓着色较差，细胞易裂解或极易退化。骨髓穿刺活检是从主观上证实骨髓坏死的必要手段。

已经在一匹马中观察到中性粒细胞先天性核分叶过多的情况[11]。血液中大多数的中性粒细胞核分叶过多，有时会出现超过11个核分叶。在骨髓内的中性粒细胞的细胞核继续分叶成熟(图15-14和图14-30)。因尚未发现该马匹为易感染体质，中性粒细胞核分叶过多呈现良性。尽管其遗传特性未知，在其他报道的病例中，中性粒细胞核分叶过多可能是先天性的。

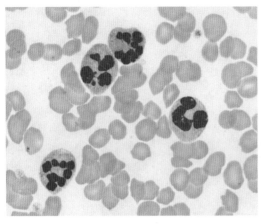

图15-14　先天性中性粒细胞核分叶过多马骨髓涂片，正在进行核分叶的中性粒细胞

（K.W.Praase博士馈赠）

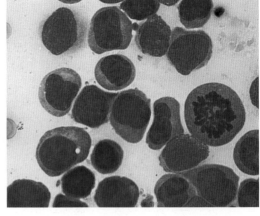

图15-15　慢性中性粒细胞性白血病马骨髓涂片。发育中的细胞核呈现一定的浓缩，且出现有丝分裂象

（Julia Blue博士馈赠）

很少有关于马患非淋巴性白血病的报道[1,12~16]。白血病是骨髓中造血细胞不受调控地进行生成的一种疾病。当血液中突然出现大量原始细胞和未成熟细胞，或者血液中有大量成熟的细胞，且细胞系呈现不同程度的成熟时可以怀疑个体患有白血病。

骨髓抽取物主要由细胞构成，且含有大量的原始细胞。通过仔细的辨别，一些特殊的细胞系能够被识别出来。这些发现已经在患有粒细胞性白血病、单核细胞性白血病和粒单核细胞性(中性粒细胞和单核细胞的混合物)白血病的马病例中报道过(图15-15)[1,12~16]。嗜酸性粒细胞性白血病/骨髓增殖性疾病也有报道，但它很难与嗜酸性细胞增多综合征区分

(图15-16、图15-17)[17,18]。对于涉及干细胞和原始细胞的白血病，需要借助细胞化学的染色或肿瘤细胞系的超微结构检查来诊断[1,7,12]。诊断白血病需要咨询兽医血液学家或肿瘤学家。

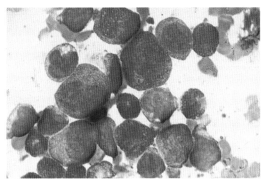

图15-16　嗜酸性粒细胞增多症马骨髓涂片。成熟的原始粒细胞和早幼粒细胞体积较小，细胞质内富含圆形嗜酸性红染颗粒，正常情况下，原始粒细胞和早幼粒细胞内不含有特殊颗粒

（Debra Deem Morris博士馈赠）

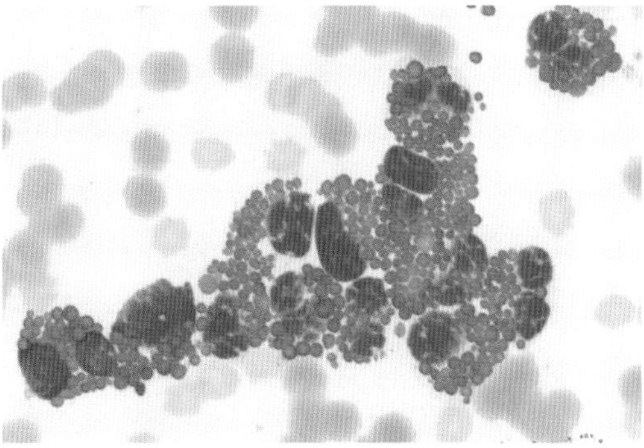

图15-17　嗜酸性粒细胞增多综合征马骨髓涂片。从嗜酸性中幼粒细胞到分叶核中性粒细胞，细胞内染色颗粒形态逐渐明显

　　（3）健康个体中的其他细胞　健康马骨髓抽取物制作的涂片中，很少能够看到淋巴细胞、骨髓干细胞、浆细胞、单核细胞、巨噬细胞、有丝分裂象、成骨细胞和破骨细胞。

　　淋巴细胞是小细胞，其大小介于红细胞和粒细胞之间。它们具有一个稍有凹陷的细胞核，几乎充满细胞质。核染色质致密、深染，可以看到较薄的淡蓝色细胞质边缘。淋巴细胞占总骨髓有核细胞的2%～9%。在使用瑞氏染色法的骨髓涂片上，很难区分骨髓干细胞和小淋巴细胞。在全血细胞减少症中，淋巴细胞和骨髓干细胞更为明显。

　　浆细胞有一个圆形、偏离中心的细胞核和粗糙且呈片状的染色质(图15-13)。细胞质丰富，呈深蓝色，通常包含一个高尔基体区。细胞的这些特性便于实验人员将其与中幼红细胞区分开来。在正常骨髓有核细胞中，浆细胞含量不到2%，但在有抗原刺激时浆细胞数量可能会有所增加。

　　单核细胞和巨噬细胞的细胞核呈椭圆形或分叶状，染色质边缘呈锯齿状，富含灰色的细胞质。单核细胞可能有伪足，巨噬细胞可能含有含铁血黄素或细胞碎片(图15-18)。这些细胞占骨髓有核细胞总数的1%或更少。与中性粒细胞一样，骨髓中不存在存储和促进这些细胞成熟的区域，因此，在健康的骨髓样本中，很难观察到单核细胞。在中性粒细胞减少的情况下很容易辨认单核细胞，特别是在白细胞象表现出单核细胞增多症时。

　　有丝分裂象的特点是带状染色体、蓝色细胞质和清晰的细胞膜(图15-19)。有丝分裂象占整个骨髓有核细胞总数的4%或更少。在健康个体中，相当多的造血细胞会发生更新；在

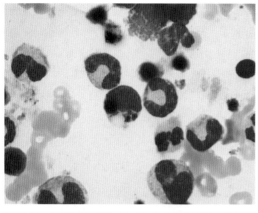

图15-18　骨髓巨噬细胞（中心）包含被吞噬的细胞核物质和金黄色的含铁血黄素颗粒

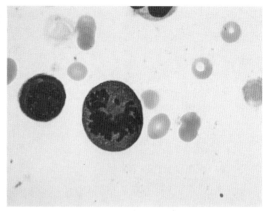

图15-19　骨髓涂片中的有丝分裂象和中幼红细胞

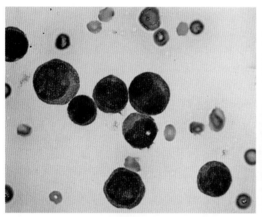

图15-20　弥散性淋巴肉瘤马骨髓涂片。以一个小的、分化完全的淋巴细胞为标准，将未成熟的淋巴细胞分为中淋巴细胞和大淋巴细胞

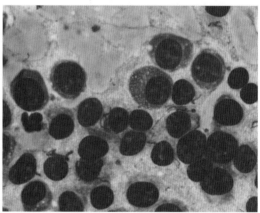

图15-21　浆细胞性骨髓瘤马骨髓涂片。淋巴细胞发生明显的浆细胞化

患病个体中，发生细胞更新的细胞数量会增加。有丝分裂活动是正常的，有丝分裂象的出现并不总是意味着肿瘤的发生。

5. 疾病中的其他细胞　淋巴肿瘤很少见，但是在这种情况下，骨髓抽取物中含有形态相对均匀的细胞群体[1,5,7,12,19]。波及骨髓的淋巴肉瘤，肿瘤细胞体积较大，染色质形态清晰，含有多个核仁，细胞质内含有蓝色颗粒，以及一个淡染色的高尔基体区(图15-20)。在浆细胞性骨髓瘤/白血病中，骨髓抽取物含有15%～20%的浆细胞(图15-21)。此外，还可能存在单克隆丙种球蛋白病、本周氏蛋白以及骨质溶解病[19]。

虽然在极少数情况下增多的成纤维细胞、成骨细胞和破骨细胞能被观察到，但是细胞学检查很难辨识基质反应。骨髓穿刺活检是诊断骨髓纤维化、骨硬化和坏死等疾病的首选方法。

参考文献

[1] Latimer and Mahaffey,in Colahan et al:Equine Medicine and Surgery. 5th ed.St Louis,1999, Mosby,pp 1973-1981,1989-2001,2025-2031.

[2] Valli and Parry, in Jubb et al: Pathology of Domestic Animals. 4th ed.Academic Press,New York,1993.pp 101-265.

[3] Beech et al:Erythrocytosis in a horse.JAVMA 184:986-989,1984.

[4] Cowell,Tyler, and Meinkoth: Diagnostic Cytology and Hematology of the Dog and Cat. 2nd ed. St Louis, 1999, Mosby, pp 284-304.

[5] Jacobs et al:Monoclonal gammopathy in a horse with defective hemostasis.Vet Pathol 20:643-647,1983.

[6] Schalm: Manual of Equine Hematology. Santa Barbara, Calif, 1984, Veterinary Practice Publishing.

[7] Feldman, Zinkl, and Jain: Schalm's Veterinary Hematology. 5th ed. Philadelphia, 2000, Lippincott Williams & Wilkins.

[8] Brown: Physiologic responses to exercise of irradiated and nonirradiated Shetland ponies: a five year study. Am J Vet Res 36:645-652, 1975.

[9] Bello et al:Effects of the immunosuppressant methotrexate in ponies. Am J Vet Res 34:1291-1297,1973.

[10] Berggren:Aplastic anemia in a horse.JAVMA 179:1400-1402,1981.

[11] Prasse et al: Idiopathic hypersegmentation of neutrophils in a horse. JAVMA 178:303-305,1981.

[12] McClure: Leukoproliferative disorders in horses.Vet Clin North Am Equine Pract 16:165-182, 2000.

[13] Searcy and Orr: Chronic granulocytic leukemia in a horse. Can Vet J 22:148-151, 1981.

[14] Ringger et al: Acute myelogenous leukaemia in a mare. Aust Vet J 75:329-331,1997.

[15] Monteith and Cole:Monocytic leukemia in a horse.Can Vet J 36:765-766, 1995.

[16] Buechner-Maxwell et al:Intravascular leukostasis and systemic aspergillosis in a horse with subleukemic acute myelomonocytic leukemia. J Vet Intern Med 8:258-263,1994.

[17] Morris et al:Eosinophilic myeloproliferative disorder in a horse.JAVMA 185:993-996,1984.

[18] Latimer et al: Extreme eosinophilia with disseminated eosinophilic granulomatous disease in a horse.Vet Clin Pathol 25:23-26,1996.

[19] Edwards et al:Plasma cell myeloma in the horse:a case report and literature review.J Vet Intern Med 7:169-176,1993.

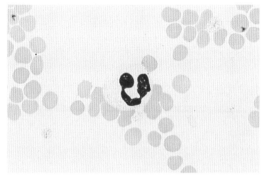

1A. 非退化性中性粒细胞。嗜碱性的核染色质深染、紧密相连

（瑞氏染色法，原始放大250倍）

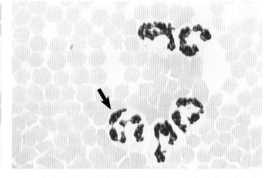

1B. 一个多叶核中性粒细胞（箭头），核分叶的多少与年龄有关

（瑞氏染色法，原始放大250倍）

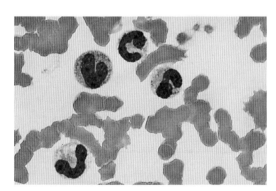

1C. 骨髓炎症引起中性粒细胞产生的毒性带状中性粒细胞

（瑞氏染色法，原始放大250倍）

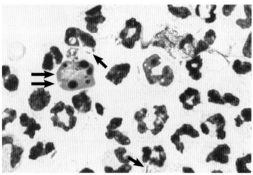

1D. 中性粒细胞呈水泡变性（退化的中性粒细胞）

内毒素作用于机体后，中性粒细胞从血液迁移至炎症反应区并发生水疱变性。值得注意的是，与非退化性中性粒细胞相比，退化的中性粒细胞核染色质分散，富含细胞质和嗜酸性颗粒。一些中性粒细胞胞质内出现棒状细菌（箭头）。圆形固缩细胞的核染色质内有时也会出现嗜酸性颗粒（双箭头）（瑞氏染色法，原始放大250倍）

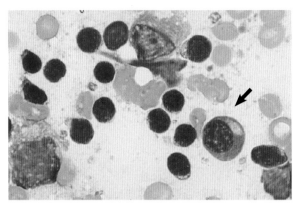

1E. 浆细胞（箭头），其特征是细胞核偏于一侧，富含深蓝色的胞质和清晰的高尔基体区，以及一些小淋巴细胞

（瑞氏染色法，原始放大250倍）

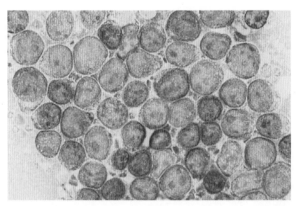

1F. 淋巴母细胞具有适中的蓝染细胞质和点状核染色质，可见核仁

（瑞氏染色法，原始放大250倍）

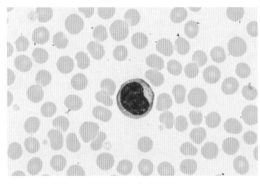

1G. 反应性淋巴细胞蓝染的细胞质量增加

（瑞氏染色法，原始放大250倍）

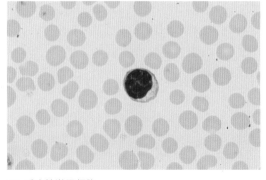

1H. 反应性淋巴细胞

（瑞氏染色法，原始放大250倍）

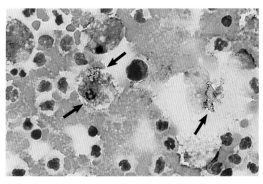

2A. 大的泡沫状巨噬细胞的细胞质内含有金黄色的胆红素结晶（箭头）。胆红素是红细胞分解产物，常被称为组织胆红素。它的出现通常表示组织内或腔内出血

（瑞氏染色法，原始放大250倍）

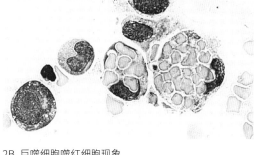

2B. 巨噬细胞噬红细胞现象

（瑞氏染色法，原始放大250倍）

（由美国斯蒂尔沃特市的俄克拉何马州立大学馈赠）

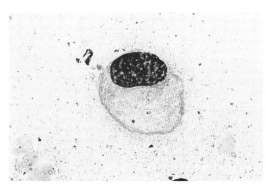

2C. 上皮样巨噬细胞

（瑞氏染色法，原始放大250倍）

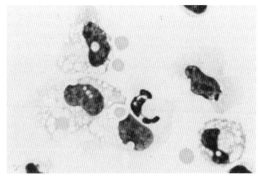

2D. 腹腔液中的泡沫状巨噬细胞

（瑞氏染色法，原始放大100倍）

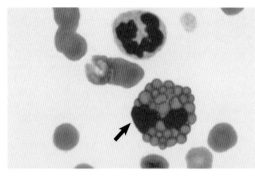

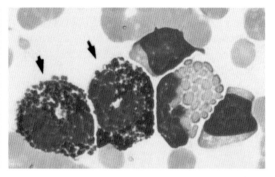

2E. 马的嗜酸性粒细胞（箭头）的特点是细胞体积大、圆形，细胞质内有嗜酸性颗粒（红色）

（瑞氏染色法，原始放大250倍）

（由美国斯蒂尔沃特市的俄克拉何马州立大学馈赠）

2F. 嗜酸性粒细胞、淋巴细胞和嗜碱性粒细胞（箭头）。马嗜碱性粒细胞的特点是分叶核，细胞质内含有大量小的嗜碱性颗粒

（瑞氏染色法，原始放大330倍）

（由美国斯蒂尔沃特市的俄克拉何马州立大学馈赠）

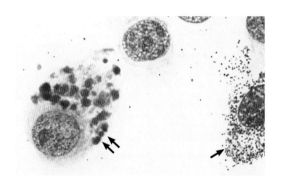

2G. 鼻腔冲洗样本涂片包含一个肥大细胞（箭头）和杯状细胞（双箭头）。肥大细胞有一个圆形至椭圆形核，细胞质内含有中等或大量的紫红色颗粒。杯状细胞有一个圆形的细胞核，细胞核较大，但大小不一，细胞质内含有红色和蓝色颗粒

（瑞氏染色法，原始放大330倍）

（由美国斯蒂尔沃特市的俄克拉何马州立大学馈赠）

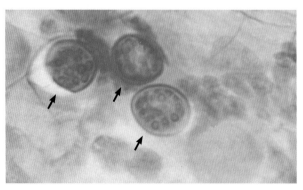

2H. 在鼻腔肿块穿刺物中几个鼻孢子虫属的内生孢子（箭头）

（瑞氏染色法，原始放大250倍）

（由美国斯蒂尔沃特市的俄克拉何马州立大学馈赠）

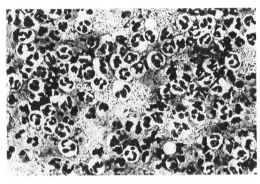

3A. 化脓性炎症的特点是中性粒细胞占优势，许多中性粒细胞发生退化

（迪夫快速染色法，原始放大125倍）

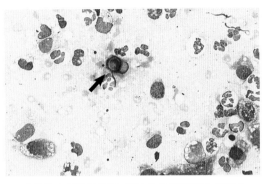

3B. 化脓性肉芽肿性炎症。图中为皮炎芽孢菌（箭头），且有中性粒细胞、巨噬细胞和炎性巨细胞的存在

（瑞氏染色法，原始放大250倍）

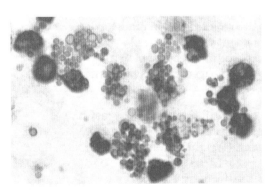

3C. 嗜酸性粒细胞性炎症的特点是含有大量的嗜酸性粒细胞。嗜酸性粒细胞的细胞质内含有嗜酸性颗粒易于辨别

（瑞氏染色法，原始放大250倍）

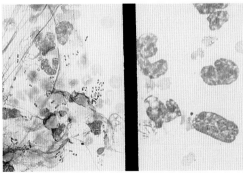

3D. 左图细胞外含有许多小的双极型棒状细菌

（瑞氏染色法，原始放大250倍）

右图中含有几个退化的中性粒细胞，其中一个中性粒细胞吞噬了棒状细菌

（瑞氏染色法，原始放大330倍）

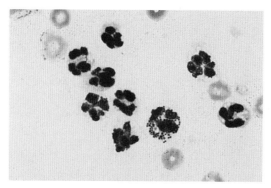

3E. 吞噬了球菌的中性粒细胞

（瑞氏染色法，原始放大250倍）

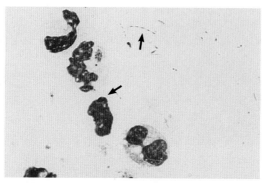

3F. 退化的中性粒细胞和细菌。放线菌属的特征是偏蓝染
的带有红色小点的长丝状细菌（箭头）

（瑞氏染色法，原始放大250倍）

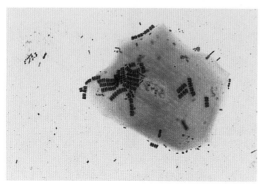

3G. 鳞状上皮细胞表面黏附了大量的西蒙斯菌属细菌以及
一些棒状细菌和球菌。在显微镜下西蒙斯菌属细菌较
大，通常由几个细菌并排分布，呈条纹状外观

（瑞氏染色法，原始放大250倍）

3H. 吞噬了细菌的中性粒细胞

（瑞氏染色法，原始放大250倍）

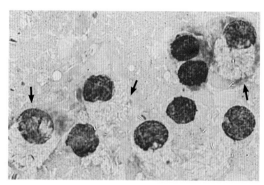

4A. 巨噬细胞内含有未着色的杆状细菌，细胞（箭头）内清晰的痕迹显示为分支杆菌感染
（瑞氏染色法，原始放大400倍）

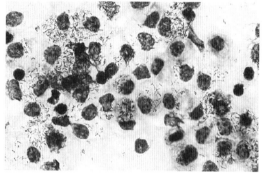

4B. 与图4A相同来源的组织进行抗酸染色，分支杆菌呈紫红色
（瑞氏染色法，原始放大250倍）

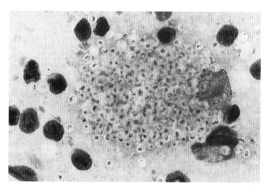

4C. 巨噬细胞内含有大量的组织胞浆菌。组织胞浆菌较小（直径为1～4μm），呈圆形或椭圆形，似酵母样。在深蓝色/紫色的核周围有一个薄的、清晰的晕环
（瑞氏染色法，原始放大250倍）

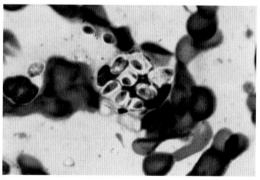

4D. 视野中的中性粒细胞吞噬了大量的申克孢子丝菌的菌体。申克孢子丝菌很小（直径为1～4μm），呈圆形或椭圆形，有一个薄的、清晰的晕环。它们的大小与组织胞浆菌相似，可以通过部分菌体梭形或椭圆形的形态进行区分
（瑞氏染色法，原始放大250倍）

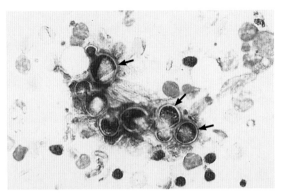

4E. 罗曼诺夫斯基染色，皮肤芽孢杆菌（箭头）是一种蓝
色、球形、壁厚、酵母样，菌体直径8~20μm，细菌偶
尔会出现芽孢
（瑞氏染色法，原始放大250倍）

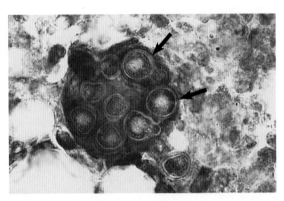

4F. 巨噬细胞中的皮肤芽孢杆菌（箭头）
（瑞氏染色法，原始放大250倍）

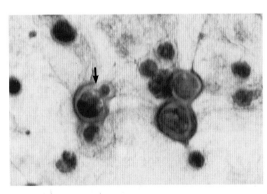

4G. 皮肤芽孢杆菌的芽孢（箭头）
（瑞氏染色法，原始放大100倍）

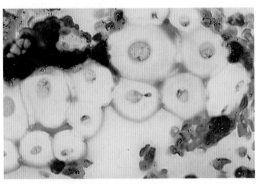

4H. 新生隐球菌呈球形似酵母样，通常有一个厚厚的、
染色透明的黏液囊。其黏液囊大小为8~40μm。偶
尔可能存在单个的芽孢。大多数的芽孢和未出芽的
新生隐球菌的黏液囊着色较浅
（瑞氏染色法，原始放大250倍）

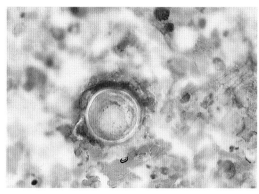

5A. 球孢子菌体积较大，呈双轮廓、蓝染的球形（直径为10～100μm）。偶尔在一些较大的球孢子菌中可以看到直径在2～5μm的内生孢子

（瑞氏染色法，原始放大125倍）

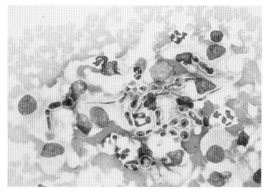

5B. 视野中出现大量的真菌菌丝。较多巨噬细胞和中性粒细胞的存在表明有化脓性肉芽肿性反应

（瑞氏染色法，原始放大250倍）

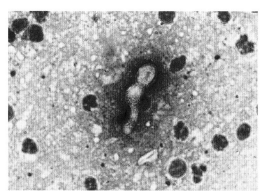

5C. 视野中可以见未着色的真菌菌丝。有些真菌不能用常规的罗曼诺夫斯基染色法染色，大多数细菌都可以用新亚甲蓝染色

（瑞氏染色法，原始放大250倍）

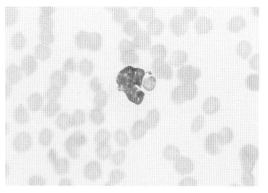

5D. 中性粒细胞细胞质内的桑葚胚埃立克体

（瑞氏染色法，原始放大250倍）

（由美国斯蒂尔沃特市的俄克拉何马州立大学馈赠）

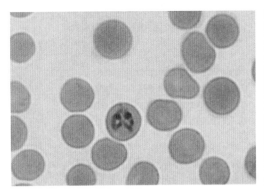

5E. 红细胞内的巴贝斯虫

（瑞氏染色法，原始放大250倍）

（由美国斯蒂尔沃特市的俄克拉何马州立大学馈赠）

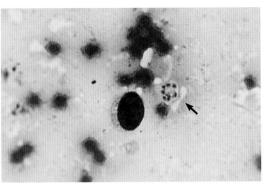

5F. 肺组织切片中出现卡氏肺孢子虫（箭头）。虫体直径为5～10μm，通常包含4～8个直径为1～2μm的囊内小体。罗曼诺夫斯基染色后，完整的包囊外观上易于辨识，但游离滋养体与碎片很难区分

（瑞氏染色法，原始放大250倍）

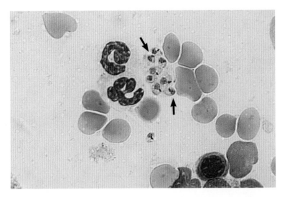

5G. 大量的杜氏利什曼原虫虫体（箭头）。杜氏利什曼原虫体积较小，呈圆形或椭圆形。虫体内细胞质清亮呈淡蓝色，细胞核呈椭圆形，并且含有小的、黑色的腹侧运动质体

（瑞氏染色法，原始放大330倍）

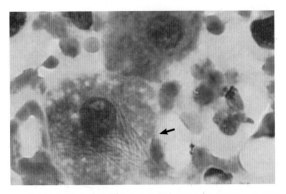

5H. 肝组织切片中的肝细胞内含有泰泽氏菌（泰泽病）（箭头）

（瑞氏染色法，原始放大250倍）

（由美国斯蒂尔沃特市的俄克拉何马州立大学馈赠）

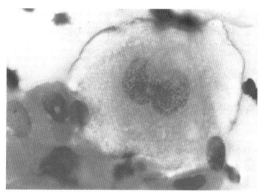

6A. 几大较大的肿瘤细胞

（瑞氏染色法，原始放大250倍）

（由美国斯蒂尔沃特市的俄克拉何马州立大学馈赠）

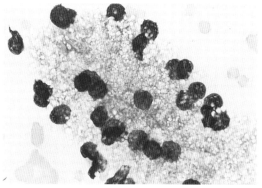

6B. 皮脂腺瘤抽吸样本中皮脂腺细胞成簇或葡萄串状

（瑞氏染色法，原始放大250倍）

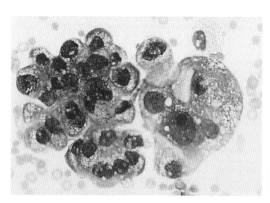

6C. 恶性腺上皮细胞癌细胞团，腺泡样排列和大量液泡能够提示腺体起源。核染色质形态粗糙，细胞大小不一，细胞核大小不均，核仁明显较大。其中一个细胞内含有一个比红细胞更大的细胞核

（瑞氏染色法，原始放大125倍）

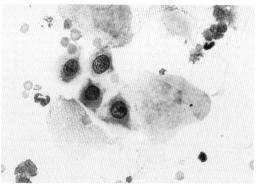

6D. 4个基底鳞状细胞和3个成熟的浅表鳞状细胞

（瑞氏染色法，原始放大100倍）

（由雅典佐治亚大学的安德瑞森博士馈赠）

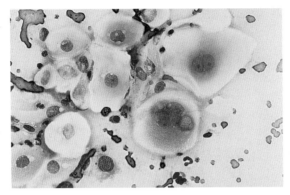

6E. 鳞状细胞癌抽吸样本。几个核质比不一致、核仁明显的鳞
　　状上皮细胞
　　　　　　（瑞氏染色法，原始放大132倍）

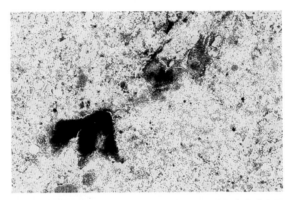

6F. 黑色素细胞具有一个圆形或椭圆形的细胞核和少量或大量
　　的灰黑色色素。通常，许多组织细胞在抽取和/或涂片过
　　程中破裂，导致大量的黑色素颗粒分散在整个涂片中
　　　　　　（瑞氏染色法，原始放大250倍）
　　　　　　（由美国斯蒂尔沃特市的俄克拉何马州立大学馈赠）

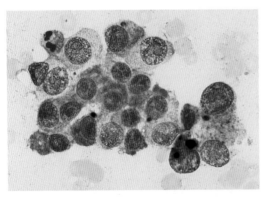

6G. 恶性黑色素瘤抽吸样本中出现几个含有黑色素颗粒
　　的黑色素瘤细胞。出现恶性肿瘤特征，如细胞大
　　小不均；染色质粗糙；核质比增大；核仁突出、
　　大小不一、畸形
　　　　　　（瑞氏染色法，原始放大250倍）

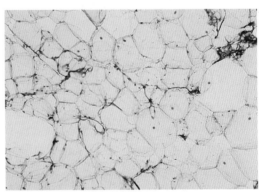

6H. 脂肪瘤抽吸样本中含有大量脂肪细胞。细胞大而圆，
　　核致密，胞质透明
　　　　　　（瑞氏染色法，原始放大25倍）

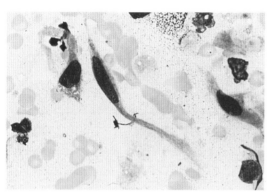

7A. 纤维细胞的细胞核呈细条状，沿细胞核走向的细胞质有一个细长的尾巴

（瑞氏染色法，原始放大250倍）

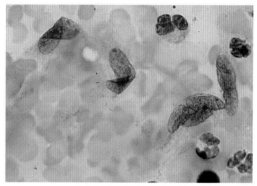

7B. 血管瘤抽吸样本中出现几个纺锤状细胞。需要注意的是血管瘤细胞很薄，细胞核可能发生折叠

（瑞氏染色法，原始放大250倍）

（由美国斯蒂尔沃特市的俄克拉何马州立大学馈赠）

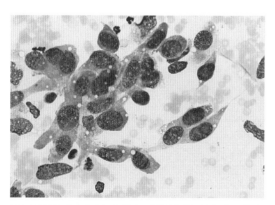

7C. 恶性梭形细胞瘤抽吸样本。梭形细胞呈恶性的标准包括：细胞大小不均；染色质粗糙；核仁突出、大小不一、畸形；核质比增大

（瑞氏染色法，原始放大250倍）

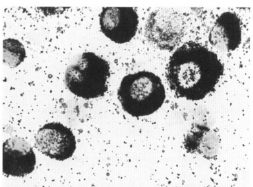

7D. 肥大细胞的核呈圆形或椭圆形，细胞质内含有红紫色颗粒

（瑞氏染色法，原始放大100倍）

（由美国斯蒂尔沃特市的俄克拉何马州立大学馈赠）

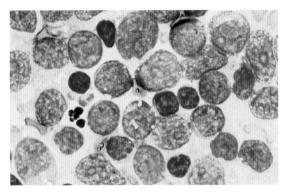

7E. 淋巴细胞瘤抽吸样本中超过50%的淋巴细胞是淋巴母细胞，它们比涂片中出现的小淋巴细胞大

（瑞氏染色法，原始放大330倍）

（由美国斯蒂尔沃特市的俄克拉何马州立大学馈赠）

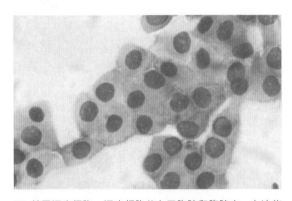

7F. 单层间皮细胞。间皮细胞分布于胸腔和腹腔内，在这些体腔内的器官或液体中有时也能够收集到间皮细胞

（瑞氏染色法，原始放大100倍）

（由美国盖恩斯维尔市佛罗里达大学的梅耶博士馈赠）

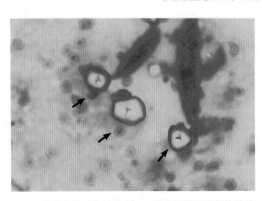

7G. 三个手套粉颗粒（箭头）。手套粉颗粒是细胞涂片中常见的污染物，应注意与微生物或细胞区分

（瑞氏染色法，原始放大100倍）

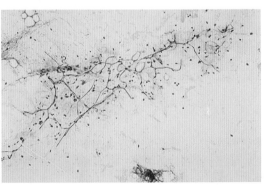

7H. 骨髓抽吸样本涂片。通过显微镜可以观察到毛细血管扩展延伸

（瑞氏染色法，原始放大250倍）